第Ⅰ部　気候危機─激甚化する川

第1章　2015年関東・東北豪雨・鬼怒川水害─2015年9月台風18号と線状降水帯

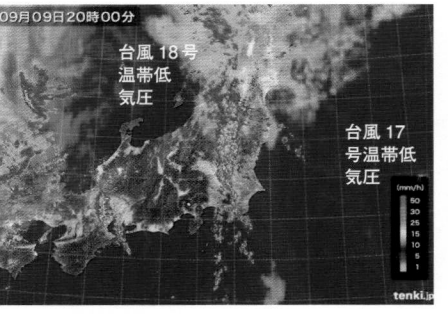

口絵1　関東・東北豪雨災害をもたらした線状降水帯（気象協会：2015.9.9.20時）

第2章　2016年東北豪雨水害：岩手県小本川・久慈川─2016年8月台風10号

口絵3　洪水氾濫は小本川支川清水川の市街地に架かる大橋に捕捉された流木から始まった。（小本川漁協八重樫彰氏提供）

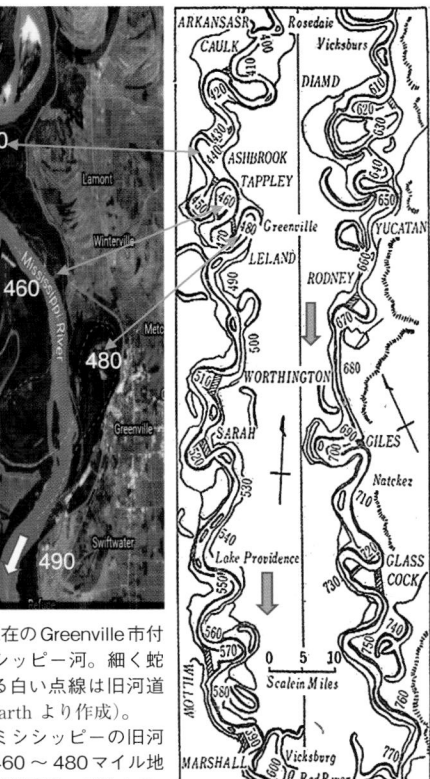

口絵2　現在のGreenville市付近のミシシッピー河。細く蛇行している白い点線は旧河道（Google Earth より作成）。

　右図はミシシッピーの旧河道。上流460～480マイル地点の新旧河道の違いが分かる。捷水路工事の箇所は斜線部。河相論（安芸）より引用

第58圖　Mississippi 河平面圖
（Arkansas 河合流點より Red 河合流點に至る區間）

口絵4　小本川に隣接する3階建の介護老人保健施設「ふれんどりー岩泉」と併設された斜め平屋の高齢者施設「楽ん楽ん」死者9名が犠牲者となった（毎日新聞）

口絵5　久慈川・JR鉄道橋に捕捉された流木、手前は河川敷のグランドに転倒するネットフェンス（久慈市消防課）

第3章　2017年柳瀬川の水難事故—2017年8月30日東京・埼玉の記録的短時間大雨

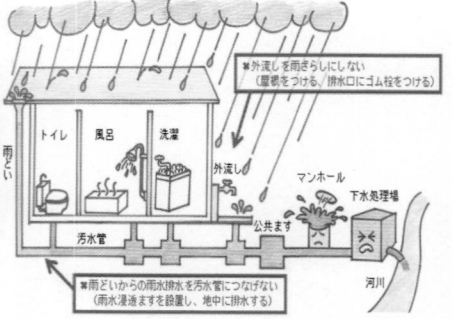

口絵6　令和元年度台風19号の豪雨に伴う被害
　多摩地域の皆さんへのお願い〜屋外の流しへのふた設置など〜（東京都下水道局）

口絵7　分流式下水道区域にお住まいの皆様にご協力いただきたいこと。2020年6月9日（東京都小平市環境部下水道課）

第4章　2018年西日本豪雨水害：高梁川水系小田川—2018年7月梅雨前線の停滞と線状降水帯

口絵8　2018年7月7〜8日西日本豪雨災害。倉敷市真備町地区の小田川の堤防決壊と氾濫。集落は対岸の山裾にあり、国道486号は水没し小田川と並行して井原鉄道の高架が走る。天井川の末政川、高馬川が小田川に直角に流入している。（撮影：アジア航測㈱に加筆）

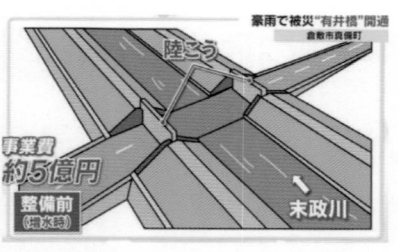

口絵9　天井川の末政川の陸閘門箇所の堤防決壊：末政川とクロスする国道486号線上の陸閘が使われず堤防（犬走り）が決壊し氾濫した箇所。写真上は2018年7月7〜8日の洪水対策に使われなかった陸閘門、下は直下の崩壊した堤防と被害家屋（撮影：土屋）。この有井橋の陸閘は撤去され架け替え工事は2022年12月26日終わり開通している（OHK岡山放送）。

天井川の高馬川・小田川が合流する箭田地区の堤防決壊

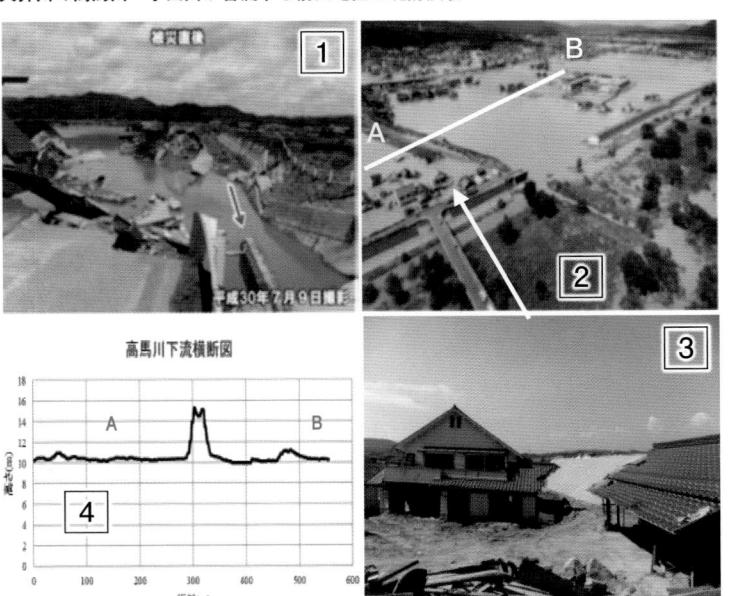

口絵 10 箭田地区の堤防決壊：高馬川の両岸決壊箇所1（撮影：岡山県）、小田川の堤防決壊2（撮影：国土交通省）、二棟損壊箇所3（撮影：土屋）、高馬川下流地形横断面図4（A-B）は同2の全景個所（撮影：国土交通省）

真備町の水害の痕跡と小田川の河川管理の課題

口絵11 写真左上の1：小田川矢形橋の左岸から河道内の樹林の繁茂の状況。同右上2は遠田樋門、越水時の浮遊ゴミが残されている。同左下3は宮田堰ラバーダム上流を望む。同右下4は堤内地側の樋門の状態。内水排水の機能不全による氾濫痕跡が樹林に見られる。写真1～4（撮影：土屋）

第5章　2019年東日本豪雨・千曲川水害─2019年10月台風19号

口絵 12　千曲川右岸側の須坂市上空から鳥瞰する浸水した北相之島地区の住宅団地。対岸は堤防が決壊した長野市長沼地区穂保。遠方右は水没する北陸新幹線車両基地（長野県提供）

口絵 13　千曲川左岸の穂保地区の堤防決壊と洪水流（共同通信社提供）

口絵 14　長野市穂保地区の決壊箇所下流左岸(55.5k＋133～213m) 越水により堤防（側帯）裏法の侵食箇所から崩落した非常用の土砂（2019.11.7撮影：土屋）

口絵 15　長野桜づつみ工事標準断面図、盛土の側帯は非常用の土砂、桜は木流し用の材料（国土交通省北陸地方整備局資料に加筆）

口絵 16　桜つづみ堤防（側帯）の決壊により法面崩落地点周辺の砂礫堆積物に埋められた信州林檎（堆積深1.5～3.0m）。後方は氾濫流により損壊した家屋群（2020.1.17撮影：土屋）

口絵 17　桜づつみ堤防（側帯）崩落地点、吸出し防止材を境に裏法面の崩落がみられる
①決壊部上流側　2019.10.13撮影（国土交通省資料）

口絵 18　河川敷リンゴ果樹園の土砂堆積深の計測平均堆積深さ23.2cm、推定300,185（m3／2km区間）。4tダンプ車75,000台に相当する。左岸55.5k付近（撮影：土屋）

口絵19 洪水後、落橋した上田電鉄橋梁、上田橋の前後の河床変動は図5-23（本文）の洪水前と比較して左岸側の砂州が一掃されている（千曲川河川事務所）

口絵20 左岸根固め工・木工沈床が洗掘と沈下を受け損壊。下流の橋脚も傾斜している。広大な砂州があり引き込み水路があった。（撮影：土屋）

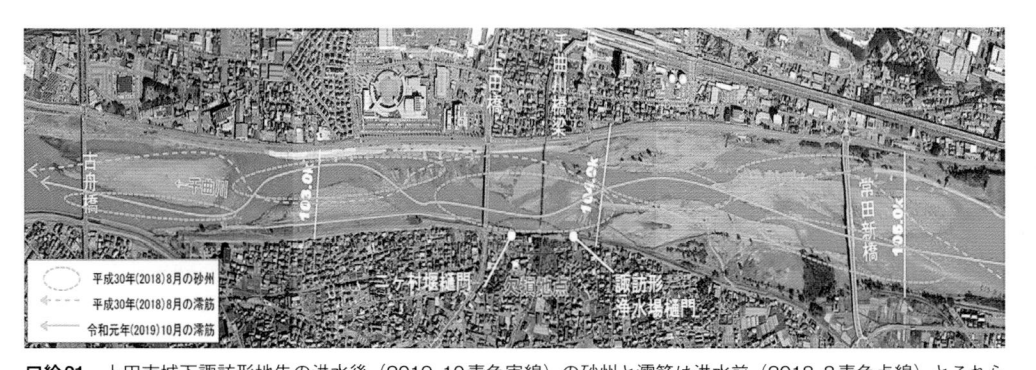

口絵21 上田市城下諏訪形地先の洪水後（2019.10青色実線）の砂州と澪筋は洪水前（2018.8青色点線）とこれら位置が反転している。交互砂州が形成される個所の特徴を示している（2019.10.16撮影：国土交通省資料に加筆）

vi

口絵22　千曲川右岸の護岸・道路・橋梁基礎が約250m にわたり崩壊し、直下を走るしなの鉄道は不通、橋に共架していたガス管は大音響で落下した（2019.10.19撮影:近隣住民の提供）

口絵23　県道81号の田中橋右岸の橋桁崩落地点から浸食した左岸を望む。通行中の車1台がここから下流に流されて一時3人が行方不明となったが、奇跡的にも自動車の中から救助された。（撮影:土屋）

口絵24　東御市市道の布下橋。千曲川左岸にあった吊り橋の木橋と堤防がすべて流失（撮影:豊田政史氏）

口絵25　志賀川の畳石・下宿地区土砂災害、粒径20cm〜1mほどの中礫、大礫である。「警戒度合のランクB」であり、予想される危険は「左右200mが堤防高不足、越水・水位1.3m」。対策工法は積土嚢となっていた。右岸下流から上流を望む（撮影:土屋）

口絵26　千曲川支川滑津川左岸堤防320m決壊、氾濫面積約35ha。実りの水田地帯が砂礫の海となる。長野県の評価は警戒度合Bランク、予想される危険は「水位1.3m、延長200m堤防決壊」であった。（写真:土屋）

口絵 27（左上）　谷川の護岸が浸食・決壊し道路の基盤まで洗堀崩壊（長野県佐久建設事務所）
口絵 28（右上）　口絵27（左上）と同地点の洪水前の入沢地区の全景（Google Earth）
口絵 29（左下）　谷川沿いの生活道路の橋に流木が捕捉。越水氾濫による浸水（住民提供）
口絵 30（右下）　雨川の新宮代橋下の右岸護岸約150mにわたり洗堀し崩落（撮影：土屋）

口絵 31（左）　洪水前の南佐久大橋（堰堤上）から下流を望む（Google Earth）
口絵 32（右）　洪水により左岸の護岸を円弧状に洗堀している。堰の設置基準では橋梁と堰堤との距離が「川幅以上、又は200m以上必要」となっている。現地の計測では川幅でもある橋長L=85.6m、堰堤との距離75mであった。どちらも堰の設置基準を満たしていないことが分かった。（南佐久大橋から撮影：土屋）

口絵33（左）　佐久穂町余地川に架かる梅田橋。直下の左岸の家屋の全壊、橋台損壊・落橋、下水施設の洗堀損壊、下流は合流する抜井川の左岸（撮影：土屋）
口絵34（右）　洪水前の梅田橋から余地川下流を望む。口絵33と同一箇所（Google Earth）

口絵35　抜井川に架かる梨の木橋（橋長33.2ｍ×幅員4ｍ）が落橋し、流亡した2スパンの橋桁床板（丸印）。左岸も溢水し洗堀・流亡している水田。当該箇所の警戒度評価は「予想危険度A、左岸500ｍ、予想水位1.5ｍ、崖崩れ、決壊」となっている。対策工は木流しである。実際の被害は左岸約500ｍにわたり溢水し、護岸が決壊し水田が流亡している。（撮影：土屋）

口絵36（左）　警戒度合の予測にはなかった余地川の決壊箇所、左岸の護岸と道路の基盤まで洗堀され損壊（佐久建設事務所）。
口絵37（右）　口絵36と同一箇所、洪水前の平日の余地川（Google Earth）

第Ⅱ部　劣化する川の再生をめざして

第1章　利根川上流の河川生態系の変貌

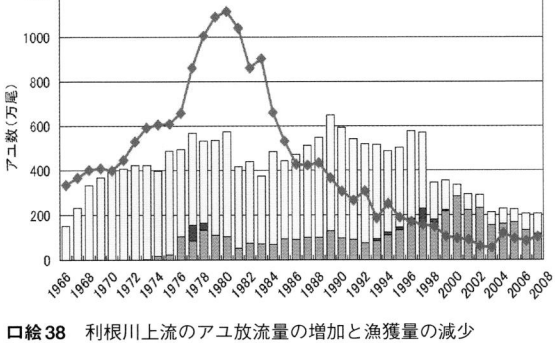

口絵38　利根川上流のアユ放流量の増加と漁獲量の減少

口絵39　礫・レンガの付着藻類（49日後）（5×5cmコドラート）

大間々扇状地の石田川涵養域の地下水濃度分布
T-N（mg/l）18×13.5km（243km²）

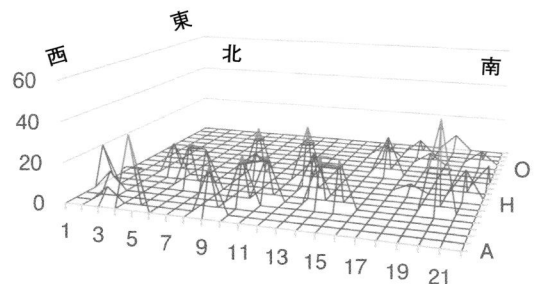

□0-20　□20-40　□40-60

口絵40　大間々扇状地石田川流域・涵養域の地下水（井戸）のT-N濃度（mg/l）の空間分布（南北18km・東西13.5km）、井戸の個所は 図1-30を参照を参照

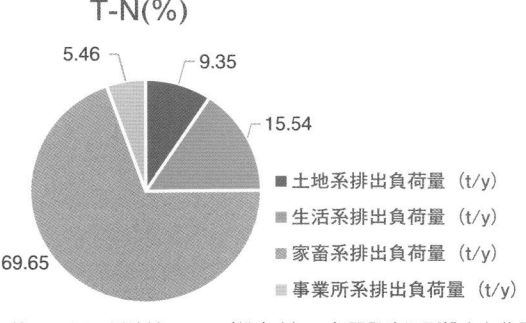

口絵42　石田川流域のT-N（総窒素）の年間発生源別排出負荷量の割合

- ■ 土地系排出負荷量（t/y）
- ■ 生活系排出負荷量（t/y）
- ■ 家畜系排出負荷量（t/y）
- ■ 事業所系排出負荷量（t/y）

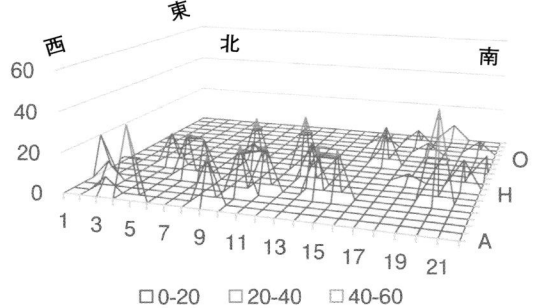

口絵41　石田川流域硝酸性窒素（NO₃-N mg/ℓ）濃度分布

x

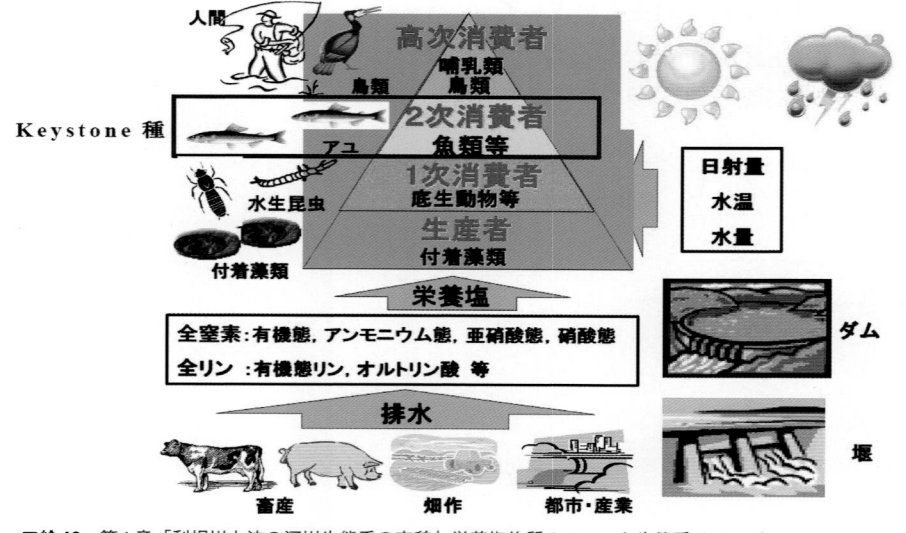

口絵43　第1章「利根川上流の河川生態系の変貌」栄養塩物質のフローと生態系イメージ

第2章　釣り師が好む川の流れと瀬・淵構造

口絵44　跳水　薄根川・真田の里（撮影:土屋十圀）

口絵45　一般的な流れの水面形

口絵46　瀬・淵　黒部川・猿飛狭（撮影:土屋十圀）

第3章　多摩川水系における河川生態系の攪乱と再生
多摩川水系の河川に棲息する主な魚類と底生動物

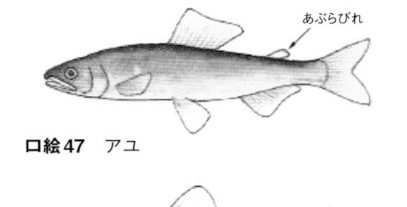

あぶらびれ

口絵 47　アユ

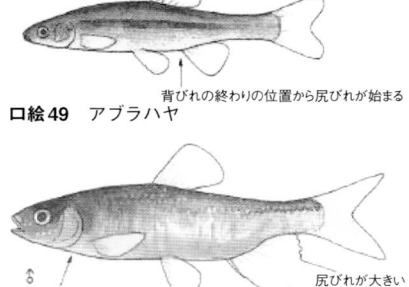

背びれの終わりの位置から尻びれが始まる

口絵 49　アブラハヤ

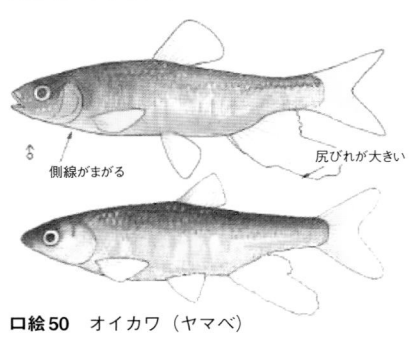

側線がまがる

尻びれが大きい

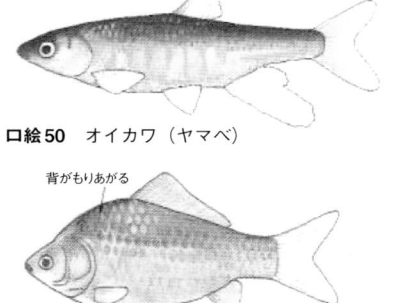

口絵 50　オイカワ（ヤマベ）

背がもりあがる

口絵 52　ゲンゴロウブナ（ヘラブナ）

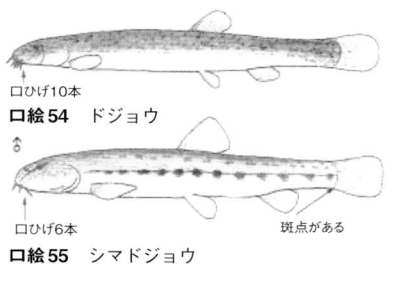

口ひげ10本

口絵 54　ドジョウ

口ひげ6本

斑点がある

口絵 55　シマドジョウ

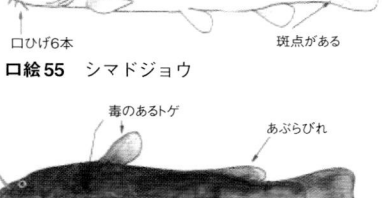

毒のあるトゲ

あぶらびれ

口絵 57　ギバチ（ギギョ）

3本の赤い婚姻色

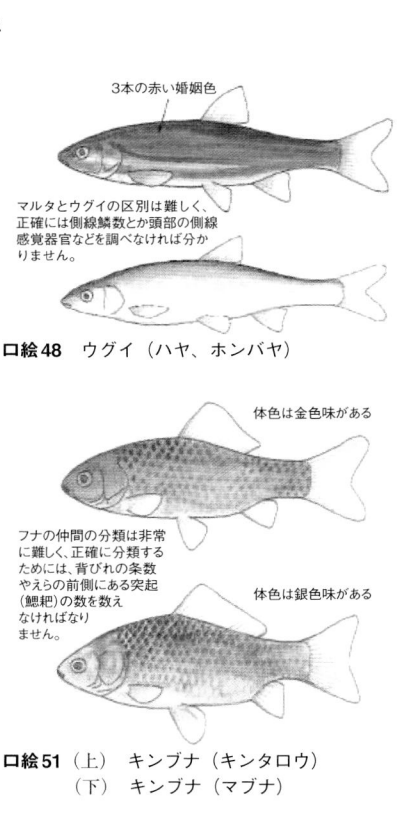

マルタとウグイの区別は難しく、正確には側線鱗数とか頭部の側線感覚器官などを調べなければ分かりません。

口絵 48　ウグイ（ハヤ、ホンバヤ）

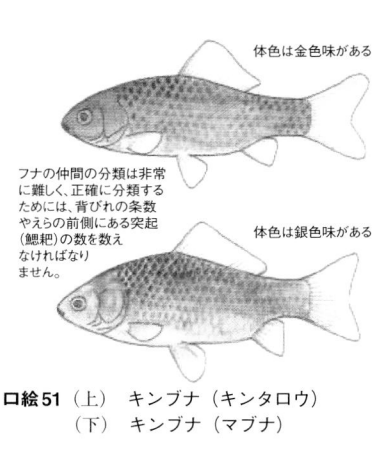

体色は金色味がある

フナの仲間の分類は非常に難しく、正確に分類するためには、背びれの条数やえらの前側にある突起（鰓耙）の数を数えなければなりません。

体色は銀色味がある

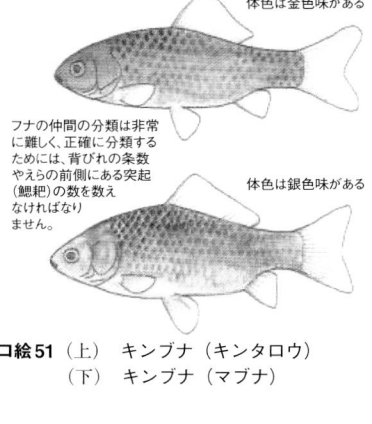

口絵 51　（上）　キンブナ（キンタロウ）
　　　　　　（下）　キンブナ（マブナ）

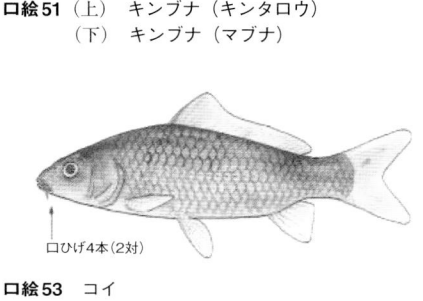

口ひげ4本（2対）

口絵 53　コイ

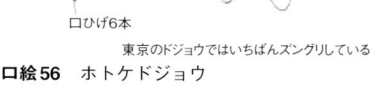

口ひげ6本

東京のドジョウではいちばんズングリしている

口絵 56　ホトケドジョウ

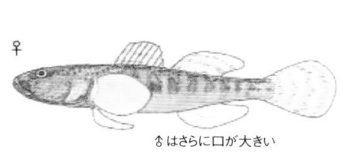

はさらに口が大きい

口絵 58　ジュズカケハゼ

xii

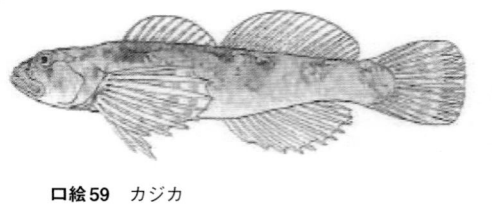

口絵 59　カジカ

口絵 60　掘潜型（burrowing）ミズムシ

身近な水辺の観察・FIELD NOTE 東京の川の魚より引用（東京都環境保全局 平成10年3月）

ウルマーシマトビケラ　Uruma shimatobikera

シマトビケラ科 Hydropsychidae シマトビケラ属
学名　Hydropsyche orientalis Martynov

成虫（Adult）　前翅に淡色斑点が顕著にある

距式は2-4-4

成虫実物大　全長13ミリ
（体長9ミリ）　　**幼虫実物大　体長14ミリ**

幼虫（Nymph）　点腹の周りに淡色部

エラは房状

口絵 61　造網型（net-spinning）ウルマーシマトビケラ

シロタニガワカゲロウ　Shiro tanigawakagerou

ヒラタカゲロウ科 Heptageniidae タニガワカゲロウ属
学名　Ecdyonurus yoshidae Takahashi

山地渓流・平地渓流から平地流。下流まで広く生息する。渓流の強い流れを好み、川では平瀬緩流部や瀬、瀬でも石が多い早瀬には生息する。付着藻類を食べているが、石表面だけでなく裏側にもいる。「きれいから やや汚れた」水質でも見られる。

実物大・体長12ミリ

幼虫（Nymph）

頭部前縁部に4個の淡色な斑がある

黒っぽい体色

水の流れと木状のエラが 両方ある

テイルが3本

口絵 62　匍匐型（creeping）シロタニガワカゲロウ

ヤマトビケラ　Yamatobikera

ヤマトビケラ科 Glossesomatidae ヤマトビケラ属
学名　Glossosome sp.

山地渓流から平地渓流。きれいな水のある平地流まで、もっとも普通に生息しているトビケラ。幼虫は砂粒で作られた半球型のケースに入っており、這い回りながら付着藻類を食べている。危険を感じると、ケースの蓋を利用してポトンと落ちて逃げる。

ケース実物大　全長10ミリ
（幼虫体長7ミリ）

幼虫（Nymph）
ヤマトビケラには数種がいるが、ケースや中の幼虫を見ても種の同定は難しい

半球型

砂粒で作られたケース

ケース腹面、穴が2つあいている

口絵 63　携巣型（case-bearing）ヤマトビケラ

フタバカゲロウ　Hutabakagerou

コカゲロウ科 Baetidae フタバカゲロウ属
学名　Cloeon dipterum Linnaeus

河川緩流部湖沼や灌漑の淀い浅い水に生息しており、水草やヨシ群落の中を好む。学校のプールや市街地の水たまりなどでも見つかることがある。河川ではフタオカゲロウの仲間と誕生していることも多い。泳ぎは上手で、小魚のように見える。

実物大　体長10ミリ

幼虫（Nymph）

触角が長い

コカゲロウに似た体型

テイルは3本で長い褐色の濃淡が8段おきにある

テイルの先には緑のある濃褐色の毛列

口絵 64　遊泳型（swimming）フタバカゲロウ

水生昆虫ファイルⅡ　刈田　敏著　つり人社から引用

気候危機
激甚化する川
劣化する川

土屋 十圀 著

丸善プラネット

はじめに

　本書は第Ⅰ部「気候危機―激甚化する川」、第Ⅱ部「劣化する川の再生をめざして」の二部で構成されている。

　第Ⅰ部「気候危機―激甚化する川」は、近年、気候危機のもと年々激甚化する河川災害の治水をテーマにしている。日本列島の各地の河川は豪雨により氾濫し、多くの人命・財産を失ってきました。被災地では被災された住民の方々をはじめ防災や医療・福祉の関係者、河川管理者は対応に追われ翻弄されてきました。この約10年、筆者は研究仲間とともに各地の被害現場に出向き、主に被災地域の関係機関のご協力によって現地の河川調査を行うことができました。そこから、見えるのは洪水外力である異常な降雨現象もさることながら、河川管理の在り方にも注目するようになりました。それは治水だけの問題ではなく、河川にはその土地の歴史があり人々が川を利用してきたことと表裏の問題が内在しているからである。

　前報の『激化する水災害から学ぶ』(2014年鹿島出版) では、それまでの10数年の水害と技術的な課題や水害の社会性とその要因に関して触れました。このときは、2011年の東日本大震災による岩手県、宮城県、茨城県などの河川における津波遡上による被害調査からその実態も報告しました。この時点でも気象の温暖化による問題にも触れなければならないことを痛感していました。

国連の気候変動に関する報告

　2007年の国連の気候変動に関する政府間パネル（IPCC）の第4次報告で示されたように地球の平均気温、海水温の上昇に伴う台風の発生の激化、発生頻度は低いが台風・ハリケーンなどの巨大化、停滞前線による局地的な豪雨災害の増加が予測され、確証的な災害が激化していることを前報でも触れてきました。しかし更に、この10年ほどの間も河川災害は激甚化し、日本列島に豪雨災害をもたらし続けました。

　2014年のIPCCの第5次報告は「二酸化炭素CO_2の累積排出量と世界平均地上気温の上昇量はほぼ比例関係にある」「温暖化については疑う余地がない」とし、「1880 〜 2012年の間、世界平均地上気温は0.85℃上昇した。1850年以降のどの10年間よりも高温であった」と報告している。一方、米国オークリッジ国立研究所によって世界の二酸化炭素CO_2の総排出量が推定され、2019年は約335億トン、1950年前後は約50億トンであったことが明らかになっていました（JCCCA:全国地球温暖化防止活動推進センター）。

　最近では、2020年7月の熊本県球磨川豪雨水害のように、線状降水帯による豪雨は毎年発生し、新たな異常気象現象として常態化している。温かい海水温に囲まれた日本列島は、気象条件が揃えば何処かに発生し、局地的に10数時間も停滞し、集中豪雨を降らしている。2022年6月から始められた気象予測も技術的にも研究体制の上でも気象庁は困難で厳しい事態に直面している。この年11月の報告では予測の的中率は23％でした（気象庁）。

　振り返ると、温暖化に関する世界の関心は、2015年のCOP21パリ会議（国連気候変動枠組み条約第21回締約国会議）に注目し「京都からパリへ」という新しい歴史的な合意に期待していましたが、1.5℃の目標も明確に決められませんでした。「平均気温の上昇を産業革命前と比較して2℃以下に抑え、かつ1.5℃までの上昇に抑えるための努力を継続する」として終了しました。このときNGOグループCAN（Climate Action Network）による化石賞の1位は日本を含む「アンブレラグループ」9か国とEUに与えられました。2位は参加196か国全体という結果に終わりました（JCCCA）。

　2021年8月、第6次評価報告書の第1作業部会報告書が公表され「自然科学的根拠」が出されました。改めて「人間の影響が大気、海洋及び陸域を温暖化させてきたことには疑う余地がない」ことが再度強調されました。

　翌年の、2022年の世界の気象は熱波と乾燥・山林火災の頻発、氷河の後退と崩壊、さらに渇水と豪雨災害が各地で頻発し、偏在する極端現象が加速していました。パキスタンは6月中旬からモンスーンによる豪雨が続き、氷河の融解も加わりインダス川の洪水は全土の1/3に氾濫する「大規模気候災害」が発生している。9月3日までの政府の報道によれば被災者は3,300万人、死者数

は1,290人に上り、過去最悪の被害になっている（WWFジャパン9月15日, テレ朝ニュース8月31日）。

　2022年11月、エジプトで行われたCOP27では気候変動がもたらす後進国への「損失と被害」への資金調達が大きな議論となり、先進国と開発途上国との会議を延長して合意がもたらされました。いままでこのような現実に対して、世界の温暖化対策の足並みが十分揃わない事態を嘲笑するかのように気候危機は迫ってきている。

　2023年3月にはIPCC第6次評価報告書（統合報告書）は「人間活動により既に＋1.1℃の温暖化であり、人為的な気候変動は広範な悪影響を与え、損失と損害をもたらしている」とし、「人為的な地球温暖化を抑制するには、正味ゼロのCO_2排出量が必要である。温暖化を＋1.5℃又は＋2℃に抑制しうるかは、これを達成する時期までの累積炭素排出量とこの10年の温室効果ガス排出削減の水準によって決まる（確信度が高い）。」そのため「地球のカーボンバジェット、即ち＋1.5℃、＋2℃までに残されたCO_2排出量はそれぞれ5000億トン, 1兆1500億トンである」と警鐘を鳴らしている。

　また、これまでのIPCCの報告や二酸化炭素の増加の報告によれば、温暖化は戦争と無縁ではありません。2022年2月から続く、国連憲章を無視したロシアのウクライナ侵攻で兵器による破壊、消耗する熱エネルギーは人間を殺傷し、都市を破壊し、温暖化を促進させている。気候危機の下、この戦争によって世界は戦時経済が動き化石燃料資源がいっそう使われている。過去の二つの大戦も同様に、気温を上昇させ温暖化を加速させていたに違いありません。第2次世界大戦以降、世界のCO_2総排出量は大きく増大し、1994年には1950（昭和25）年当時の4倍に達している（環境白書1997）。

　2014年のIPCCの第5次報告で温暖化が自然科学的根拠として明示されていましたが、国際間の政治や経済の新たな諸問題の嵐の中でこの戦争は続いている。世界は戦争を終わらせ、差し迫る気象危機をどう乗り越えるのか問われている。天然資源に乏しい国は現実的な選択を迫られ、温暖化をもたらす化石燃料資源に依存するというジレンマに直面している。CO_2排出量が世界で5番目にある日本も無縁ではないのである。

「総合治水」から「流域治水」への転換

　さて、本論の水害、治水に戻ることとしたい。気候危機のもと温暖化による異常気象が続き、適応策である治水対策はどうすればよいのだろうか。国土は激甚化する水害にどう備えるべきか。都市化の集中した1970年代の「総合治水」を継承する2021年からの「流域治水」は「流域のあらゆる関係者」と何を築けば水を治めることができるのか。水害対策のハードとソフトの課題が問われている。

　国土交通省は2020年7月、社会資本整備審議会答申で「気候変動を踏まえた水災害対策のあり方について」を発表しました。副題があり「あらゆる関係者が流域全体で行う持続可能な『流域治水』への転換」を呼びかけている。これまでの治水対策を流域治水へと転換を表明したものですが、その中で「河川、下水道等の管理者が主体となって行う従来の治水対策に加え、『集水域』と『河川区域』のみならず『氾濫域』も含めて一つの流域として捉え、その河川の流域全体のあらゆる関係者がさらに協働して流域全体で水害を軽減させる治水対策」としている。

　これまでの「総合治水」は1977年からはじまり、北海道、関東、中部、近畿地方の都市域の河川を対象に17河川を指定し「総合治水対策特定河川事業」を2020年3月まで実施してきました。今回の答申では従来の都市の河川流域の治水対策だけではなく、全国の大河川流域まで対象を広げたことが大きな変化である。しかし、河川管理者は、この10数年の水害被害から災害復旧事業でおわりではなく、現在進行中の直轄河川、自治体管理の河川は、既往の計画を概成させることはもとより温暖化への適応策としての降雨量に対応する治水事業を前に進めなければなりません。日本の大河川の整備率は計画規模の降雨量、すなわち洪水外力に対して60 〜 70％程度にとどまっているため、今後の「流域治水」の課題は豪雨に対して大流域における流出抑制を図るために「洪水リスクの分散化」が課題であると考えられる。

　また、2020年の答申は「流域全体のあらゆる関係者（行政・企業・住民等）」と「幅広い主体との協働」が強調されましたが、河川行政の縦割り組織以外の関係者はどのように関係するのか未だ明確に示されていません。この関係者は

農業、林業、漁業など一次生産者の舞台であり、この対象流域は国土の約70％が山地・丘陵地である。この地域に如何に流出抑制の分散化を図るのか、今後、関係者に具体的に示すべきであろう。2021年4月にスタートした「流域治水」は河川の流域のあらゆる関係者が協働して人命・財産をどのように守るのか、問われている。本書の下記に示したこの数年の豪雨災害の事例はいずれもこれまでの河川管理のもとで発生した水害であり、今後「流域治水」を進める上でも貴重な教訓を残したものと考えられる。

　第Ⅰ編では水害をもたらした洪水外力である豪雨規模の異なる災害事例として、①2015年9月、台風18号と線状降水帯—関東・東北豪雨・鬼怒川水害、②2016年8月、台風10号東北豪雨水害—岩手県小本川・久慈川、③2017年8月30日、東京・埼玉を流れる柳瀬川の記録的短時間大雨による水難事故、④2018年7月、西日本豪雨水害—高梁川水系小田川、最後に、⑤2019年10月台風19号東日本豪雨・千曲川水害の5河川を取り上げている。

　最後の第6章は「激甚化する豪雨災害に対応する今後の流域治水に向けて」と題して、総合治水を継承する流域治水関連法の制定と流域治水の今後の課題について言及している。2021年の流域治水でいう「河川管理者等の取組だけでなく流域治水に関わるあらゆる関係者が主体的に治水に取り組める社会をつくる」ためにも、共有する社会的合意形成の理念について提起している。

＊　＊　＊

第Ⅱ部「劣化する川の再生をめざして」

　ここでは川の恵を受ける人々の生活にとって最も大切な水資源である河川の機能の「治水・利水・環境」の一つである利水や環境をテーマにしている。

　近年、多摩川、荒川、利根川の首都圏の大河川、中小河川の水質は改善し、アユの遡上に見られるように、河川は1970年代までの公害が激しかった汚濁する川の時代を克服してきました。多摩川ではアユの遡上がこれまでにない尾数にのぼり、水環境の改善が進み、かつての公害時代がなかったような気がする。水処理の新しい技術も生まれ、水質規制などの環境行政の成果でもあった

といえる。

　かつて、イギリスのテイムズ川がそうだったように産業革命由来の垢を取り除き、鮭が再び遡上したように対策をとれば再生することができることを日本でも実証したのである。しかし、そのためには50年余の歳月と莫大な資金が投入され、水俣病やイタイイタイ病のように、人の命と生活や生業を破壊し、高度経済成長にひた走り続けたため、大きな犠牲を余儀なくされてきました。

　しかし、ほんとうに水も、水質も、環境も改善したのでしょうか。高度の水処理技術や下水道の普及によって、数字では確かに改善されている。水処理の膜浄化技術は汚水からも飲料水までつくれるようになり、安全・安心なものとされている。

　現在、日本は少子化が進んでいますが、この50〜100年、世界の人口は爆発的に増加し、2022年世界は80億人を突破し、日本は1億2600万人、東京は1955年の800万人から1千400万人の人口を抱えた巨大都市に変貌しました。夜空のフライトから見る地球は、ユーラシア大陸も、日本列島も、都市に人口が偏在し、川の河口・臨海部の特定の場所に集中している。大量生産、大量消費による膨大な資源の無駄を生み、食糧など生活のあらゆる必需品、電化製品、自動車などかつての耐久製品まで、ことごとく消費材となっている。地球の資源を蟒蛇のように食べつくし、廃棄物の墓場へと運んでいるのである。マイクロプラスチックゴミは世界の海浜を占拠し、プラスチックの添加剤ビスフェノールＡは環境ホルモン汚染を起こすことが以前から指摘されている。ハワイのコアホウドリのオスはこれらのゴミを食べ、メスが帰りを待つ巣に戻れないためオスが激減していると報告されている。

　一本の川、一つの湖、特定の海域が改善されても、汚染源は拡散され続けている。さらに、病院をはじめとする医療施設からの排水は飲み薬に含まれる抗生物質により下水や河川には耐性菌の微生物が増加し、川の生態系にも影響を与えているといわれている。福島原発の損壊による放射能の拡散のように大気をはじめ、国土の空、川、海、地下に汚染が顕在化し続いている。最近では沖縄県や東京都多摩地域における井戸水の有機フッ素化合物（PFAS）汚染が深刻化しているように、かつての公害時代の水汚染とは質的・量的に変化してい

る。世界は物資の移動と流通が激しい中、新たな地球規模の規制が求められているように思う。

　ごみや廃棄物は燃焼したり、埋め立てられたり、排水は下水処理され無害物質に変化するが、燃焼はCO_2を発生させ、処理は汚泥を生み、埋め立てられても「物質」の質量保存量は変わりません。特に、CO_2は産業革命以来、増加の一途をたどってきました。このまま成長型の経済が続けば地球温暖化は止まらないだろう。本当に持続可能な社会は実現できるのだろうか。このまま、経済が拡大発展しつつ、自然と人間社会が共生することができるのだろうか。SDGsの本気度が問われている。首都圏の河川は、今何が起きているのか、川の環境の実態に目を向けなければなりません。

　最後に、第Ⅱ部のもう一つ執筆の動機は河川行政の上で大きな転換となった平成9（1997）年の河川法の改正である。それまで昭和39（1964）年の河川法では、明治29（1896）年制定の治水機能に利水機能が加えられていました。以降、約30年間、河川の環境機能は位置づけもなく低位に置かれていたのである。しかしながら、平成9年の法改正以前、昭和50（1975）年前後から始まった長良川のサクラマスの保護をめぐる長良川河口堰建設問題に象徴されたように、全国で川の生きものに配慮した川づくりや生態系を重視した活動が市民レベルで展開されていた。旧建設省（国土交通省）が「多自然型川づくり」の通達を全国に示したのは平成2（1990）年でした。その後、国は平成5（1993）年の環境基本法の制定と環境の内部目的化を提唱し、平成9（1997）年の河川法改正によって「環境」が位置づけられました。

　「環境」が定着してからは20数年が過ぎている。これまでの治水機能、利水機能の上に環境機能と住民参加が加わり定着してきました。また、平成15（2003）年には自然再生推進事業がはじまり、河川のみならず海浜、湖沼、湿地帯を対象として市民・住民参加の自然再生事業が展開されてきている。その後も平成15（2014）水循環基本法によって健全な水循環の維持と回復の重要性が位置づけられてきました。

　かつての「治水」か「環境」かという対立した二者択一的な議論は影をひそめ、「川の365日」（平成11年旧建設省）と言われるように、気象危機のもと極

端化による渇水や豪雨災害、土砂災害が頻発し「治水」「環境」のどちらも同列で喫緊の課題となっている。環境の川づくりの先鞭は、愛媛県の小田川の市民がドイツやスイスの近自然河川工法やその管理の事例を学ぶことにより、地元自治体や国を動かし全国に普及する先導役となり、大局的に河川行政は転換し環境の内部目的化の事例ともなったのである。今日では、災害復旧も「多自然川づくり」を取り入れるところまで進展している。したがって、治水・利水・環境も同時に満たす本物の川づくりに市民の意識は大きく変化してきたと言える。各地で住民参加の河川事業が推進されるようになってきましたが、住民の多様なニーズやパブリックコメントなどが形骸化されないように注視しなければなりません。これまで、河川調査で体験したことは治水・利水・環境ともに地域の川は、その歴史があり河川管理者だけでは気づかないことが多いように思う。古老などの地域の経験知や伝統を大切にすることが環境を維持する上で必要なことなのである。

　現在、河川の環境の課題は河川管理、河川生態系の回復・復元・再生のための順応的管理が課題となり、適応策と緩和策が具体的に求められている。しかし、「順応」は外部の環境に合わせて自然に変わっていくことが本来の意味であるが、洪水が頻発するこの時代、「水」だけでなく「環境」も「制御する河川管理」が必要になっている。水害現場では河川敷樹林の保全と管理は洪水対策と矛盾することが多いが、これらの課題は流域治水の中にも取り入れられなければならないだろう。

　近年、首都圏の水がめである大河川とその流域でなにが起きているのか。洪水と水利用の歴史や水質を含む生態系の変貌を知り、水環境と川の劣化を終わらせ、環境共生の未来を考えるヒントになればと考えている。

　本書はこれまでの河川環境に関わる研究・調査事例を紹介しながら、今後の水循環、河川の生態系の再生をどのように進めていけばよいのか読者の皆さんの一助になれば幸いである。

　　2023年　厳冬から抜けて　　　　　　　　　　　　　土屋　十圀

目　次

第Ⅱ部　劣化する川の再生をめざして

第Ⅰ部

気候危機─激甚化する川

第1章

2015年関東・東北豪雨・鬼怒川水害
—2015年9月台風18号と線状降水帯

1-1 河川管理の重要性を知らされた鬼怒川水害

（1）気象と被害状況

　2015年9月10日、台風18号による関東・東北豪雨災害は予想を超えた河川災害となった。特に茨城、栃木、福島、宮城などの19河川の堤防が決壊し、67河川で浸水などの被害が多発した。中でも、鬼怒川では常総市三坂地区で堤防の溢水から始まり最後には幅約200mにわたり堤防が決壊した。また、上流の若宮戸の無堤防区間など7か所で溢水が発生し、常総市を中心に洪水氾濫が約40km²に及び、床上浸水約4,400戸、床下浸水約6,600戸の被害となった。そのほか堤防の漏水23か所、堤防・河岸洗掘31か所、法崩れ・すべり7か所の河川施設の損壊を招いている。

　鬼怒川水害を招いた気象は台風18号が午前10時に愛知県知多半島に上陸し、午後2時に日本海に進み、午後9時に温帯低気圧に変わった。しかし、近畿から東北に発達した雨雲は先行した台風17号の影響も受け、湿った気流が南からさらに東側からも関東平野に集中的に流れ込んでいた（**図1-1**）。発達し

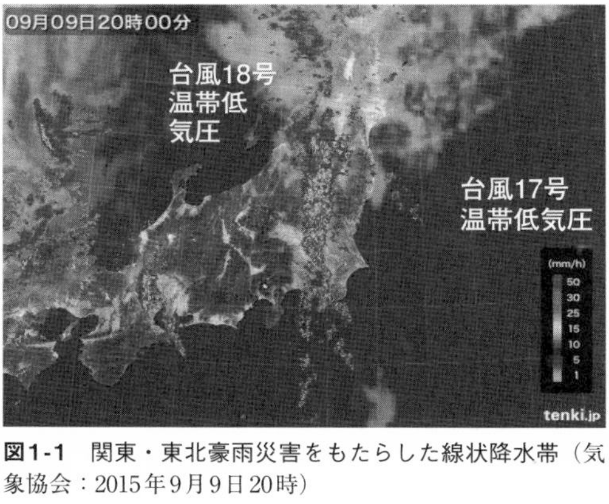

図1-1　関東・東北豪雨災害をもたらした線状降水帯（気象協会：2015年9月9日20時）

た積乱雲の帯である線状降水帯が13時間、鬼怒川流域上に停滞し続けた。3日間平均雨量で501mmを記録した。栃木県と茨城県に大雨特別警報が発令され、降り始めからの雨量は栃木県日光市、今市などで600mmを超え、茨城県古河市で約300mmとこれまでに経験したことのない大雨となった。これまでの既往最大流域平均雨量を更新している。このため、下流の水海道の河川水位観測は1936年以降、中流の平方地点は1950年以降、ともに過去最大の水位を記録し、計画高水位を超過した。

(2) 河川管理の諸課題

　決壊した堤防は高さ3～4m、堤防天端幅が約4mであった。国は「10年に1度の洪水に対応するには高さ、幅が足りない規模だった。」「昨年度から用地買収を進めて増強に向けて動き始めていたが、間に合わなかった。」と新聞は報道している。この決壊地点から4km上流の若宮戸の無堤防区間は河畔砂丘で自然堤防と呼ばれている箇所からの氾濫も加わり、常総市は約40km²にわたり浸水している（**写真1-1**）。

写真1-1　鬼怒川決壊現場左岸（矢印）、左右岸の砂州と樹林：常総市三坂町上三坂（2015年9月12日、日本テレビのチャーター機に同乗し撮影：土屋）

　しかし、国土交通省下館河川事務所管内では、治水対策の課題が既に示されていた。鬼怒川は、過去にも中流部においては中小洪水でも河岸浸食が発生していることである。堤防の整備状況は、川島地点の中流部までは概ね河川断面を満足しているものの、下流部においては満足していない区間が多く存在するとしている。また、築後50年以上経過した樋管が多く、老朽化対策が必要とされていた。鬼怒川の堤防整備状況（平成22年度末）は計画断面堤防約83.2km（約48%）、暫定、暫々定の堤防はそれぞれ約71.3km（約42%）、約16.8km（約10%）の状況であった。堤防のボーリング調査に基づく浸透に対する安全性評価の結果では、堤防必要区間のうち約25%にあたる49kmの区間

で浸透に対する安全性が確保されておらず浸透対策が必要であり、長い延長を有する鬼怒川の堤防の安全性を維持、管理するために確実で効率的な管理が必要であるとしている。しかし、2015年鬼怒川水害では三坂町などの決壊箇所以外でもパイピング現象^{注1)}が見られた。国土交通省の発表では決壊1か所、溢水7か所であった。堤防の整備状況は、上流部は概ね断面を満足しているものの下流部は満足していない区間が多く、無堤区間も存在したままであった。

　また、水害が発生する3年前、河川を管理する国土交通省下館河川事務所の鬼怒川河川維持管理計画（2012年3月）によれば、予防原則のように述べていた。「鬼怒川では河道内樹木が、堤防上からの巡視の際に水面が確認できないほど繁茂し、また、河川区域内には民有地（28.1%）が多く、ゴミの不法投棄の温床となっている。繁茂する樹木は洪水の疎通能力の障害ともなっている。このため、河道内に生息する生物などに配慮しながら計画的な伐採を行うなど河道内の樹木管理を行うことが必要」と述べていた。さらに「特に、下流の河道幅の狭い区間においては、洪水の流下能力向上のためにも、河道内の樹木繁茂は流下阻害の原因など、河川管理上大きな課題となっており、適切な樹木管理を行う必要がある。」と報告していた。**写真1-2, 1-3**は堤防決壊現場の直下の左岸下流に広がる砂州と樹林である。

写真1-2　鬼怒川・常総きぬ大橋上流左岸の砂州と樹林帯、右遠方は堤防決壊箇所（2015年9月13日撮影：土屋）

写真1-3　三坂町上三坂の堤防決壊箇所（左下の矢印）、左岸下流に広がる砂州と樹林、ブルー鎖線は図1-2の距離標20.5k付近の横断面箇所（2015年9月12日、日本テレビチャータ機より撮影：土屋）

注1）　地盤内で脆弱な部分に浸透水が集中するとパイプ状の水の通り道ができる現象。パイプ前後の水位差により土砂が一気に地盤外に噴出することもある。

　一方、大沼らは鬼怒川の砂州の形成と植生に関して、河道地形および植生の変遷に関する調査を行い、「河道地形については平水位の水面下では深いところが多くなり、陸域（河川敷）では平水位に対する比高が高くなる傾向がみられる。これは砂州が堆積傾向にあるだけではなく、平水位の低下、すなわち澪筋の河床低下が進んでいる」と指摘している。さらに「地被については水域や裸地が減少し、草地や樹林は増加傾向がみられる」と述べている。また、この研究では鬼怒川の利根川合流地点から20.5〜26kmの上流区間について昭和39年（1964）から平成20年（2008）まで10回にわたり河川横断形状の変遷を明らかにしている。その一部の20.5kmの横断形状を**図1-2**に引用して示した。この横断形状は三坂地区の堤防決壊箇所左岸下の大規模な砂州と淵形成の変遷である。右岸側の淵の部分は昭和44年（1969）から平成20年（2008）の40年間に約4m河床が低下している。河道中央部の河床は一段、二段と階段状であるが、堆砂が進んでいることがわかる。この箇所は**写真1-1〜1-3**のように砂州の形成の上に樹林が繁茂している。このような蛇行部での砂州は長期にわたる堆砂により河川敷の固定化が進んだと考えられる。これを促進しているのは右岸側の淵の経年的な洗掘によるものであることは明らかである。この現象は湾曲部の渕の横断方向の二次流によってもたらされる。

　なお、今日、鬼怒川の地形形態はセグメント2-2（自然堤防帯16.5km、

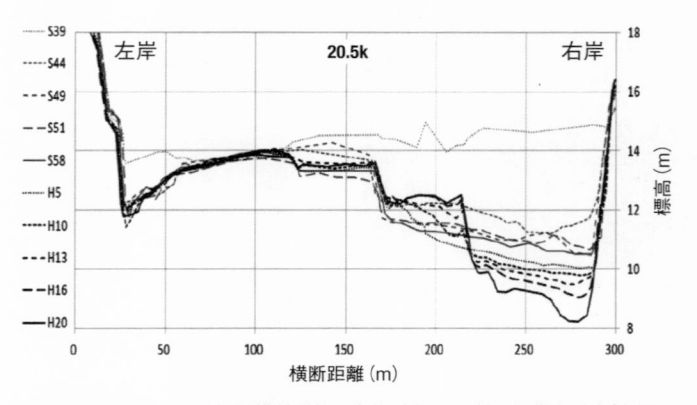

図1-2　距離標20.5kの河川横断形状の変化（昭和39年〜平成20年）（大沼らの論文から引用、距離標の数字は利根川合流点からの距離kmを示している）

32.0km）では、高水敷が畑地に利用され、メダケ、タチヤナギなどがみられる。河道内の樹林対策は全国的傾向であり砂州・高水敷に占める樹林面積は1970年代初頭には約10％、1990年代以降約20％を超えている。全国的に河道の樹林は柳、ハリエンジュ、マダケ林が多いことが指摘されている。洪水の越水氾濫には河川管理が大きく影響をもたらしていた。

1-2 戦前の昭和10年に建設の鎌庭捷水路の功罪

　三坂地区の堤防決壊箇所より6km上流に、水害から80年前の昭和10年に設置した鎌庭 捷 水路がある。この人工的な河川構造物が4,400mの自然の蛇行区間の台地を開削してショートカットし、旧川蛇行部を埋め立て、2,000mの直線河道（捷水路）に変えたのである。当時から船が遡れる緩やかな流れの川であり河川勾配が1/2,500であった。この区間はショートカットによって河川勾配が2.2倍も急勾配となる捷水路を作った。その結果、上流部の河床低下、下流部の河床堆積の増加をもたらし、氾濫を繰り返してきたのである。昭和9年（1934）から15年（1940）まで、この水路の水位観測から水理調査まで関わった安芸皎一（東京大学教授）は蛇行河川の流れの彎曲部、凸岸部による二次流の影響を強く指摘していた。すなわち、三坂地区の河道は80年前から堆積しやすい河川構造に人為的に作られていたということにほかならない。鎌庭捷水路改修工事（**図1-3、図1-4**）は昭和3年2月〜昭和10年3月開削延長2,050m、河床勾配1/1139、河道幅（堤防間隔）300〜600m、常水路（低水路）幅員100〜250mで行われた。利根川合流地点より上流約25〜30kmの区間を実施した。2015年9月鬼怒川水害で堤防越水から決壊した箇所はこれより4km下流の三坂地区である（**図1-3**の石下量水標下）。旧河道は延長4,400m、河床勾配1/2500、捷水路は流頭部より上流約4kmまで表層は砂、下層は直径30mm内外の砂利である。流頭部より下流の新河道には砂利はなく、全部粘土となっていた。また、敷幅60m、深さ1.2〜2.0m。流路は53％短縮している。河床勾配は2.2倍で急勾配となっている。7年間の安芸による調査は鎌庭捷水路が完成した昭和10年3月の通水の前年から捷水路の上下流端およびそれより上下流の上妻、仁江戸、皆葉、石下、中妻の各地先に量水標を設置し、5地点の水

位変化の測定を行っている。観測期間は水位観測が昭和9（1934）〜15年（1940）まで、横断測量とともに年1回測定している。河床変動調査は昭和8年12月、10年1月、同年10月、11年1月、11年7月、12年1月、13年12月および16年7月に計8回行われている。この主な調査結果は下記のとおりである。

　この観測では昭和12年9月、同13年9月の大洪水を観測し、同13年は当時の計画流量を超える3,400m³/sの洪水が発生し、捷水路下流端の皆葉量水標（若宮戸付近）では旧河道に洪水が氾濫したと報告されている。昭和9年〜15年まで年平均水位を検討し、影響の少ない最下流の水海道量水位を基準として

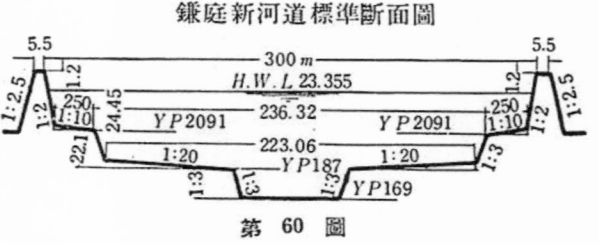

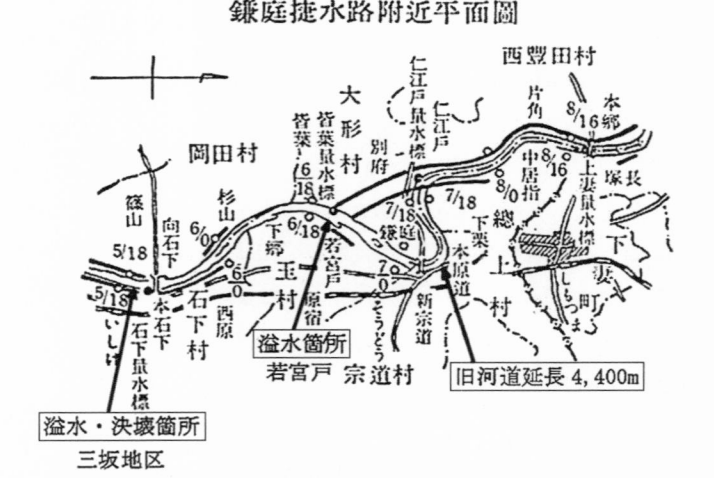

図1-3　鎌庭捷水路新河道標準断面図、鎌庭捷水路付近平面図、黒矢印は下流から堤防決壊の三坂地区、若宮戸溢水地区、旧河道延長4.4km（安芸皎一著「河相論」鎌庭捷水路工事より引用し加筆）

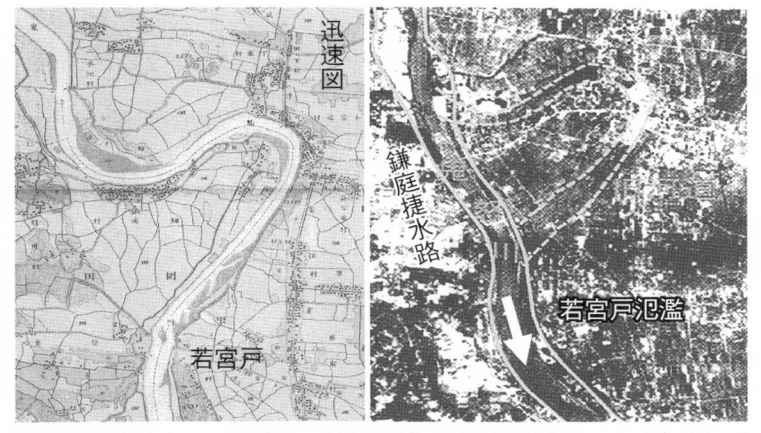

図1-4　鎌庭捷水路による河道変更（鬼怒川改修80周年記念特集号・2007「鬼怒川・小貝川サミット会議事務局」資料より引用、国土交通省下館河川事務所）

上下流5か所の量水標の捷水路通水前の水位相互の関係を比較し、さらに通水後の観測水位を比較している。この結果は、捷水路通水前（元の鬼怒川河道）は基準点の水海道量水位と上流の各水位との関係は相関の高い直線で示されている。しかし、昭和9年を基準にして通水後の昭和15年までの年平均水位の変化は次のように報告されている。すなわち、捷水路の上流端から3.5km上流の上妻量水標は6年後にマイナス0.51m水位低下を招き、下流端の皆葉量水標より3.2km下流の石下量水標（三坂地点付近）地点の水位は徐々に上昇し、6年後に＋0.31mの上昇になったことが記述されている。また、台地を開削した捷水路区間の下層は砂川河床のため洗掘が激しく、そのため昭和26、27年度には鎌庭第一床止（26.68km）、第二床止（27.75km）の河床工事を行っている。昭和41年度（1966）には台風により床止め工が破壊されたため低水路幅60mを110mに拡幅し、護岸基礎鋼矢板7mの設置、法覆工、根固工、粗朶沈床工など全面工事が行われている。平成3年（1991）には石下床止（22.84km）も追加工事が行われた。

　このように捷水路設置は80年後の今日まで長期にわたり治水技術上の問題を露呈している。鬼怒川捷水路は戦前、アメリカのミシシッピー河の捷水路建設から安芸皎一らも学び調査し、建設されているが、上記の鎌庭捷水路と同様

な問題が既に指摘されていた。以下には、筆者の捷水路通水前後の旧河川の掃流力の検討とミシシッピー河の捷水路工事の教訓と功罪に関して述べる。

1-3　鬼怒川水害における捷水路通水前後の掃流力

　2015年鬼怒川水害においてなぜ堤防は越水し、決壊が発生したのか。堤防の沈下もあった可能性も指摘されている。しかし、上記で指摘したように、鎌庭捷水路の建設により「石下量水標（三坂地点付近）地点の水位は徐々に上昇し、6年後に＋0.31mの上昇」が常に繰り返されてきたのである。この箇所は堆積しやすい河道となっていた。三坂地点の河川横断面の過去の歴史が示すように、右岸側は洗掘を受けてその土砂は二次流によって河道中央部へ運ばれ、河床は一段、二段と階段状であるが、堆砂が進んでいる。その結果、河川水位を上昇させる河川構造になっていたのである。さらに堤防の沈下が加われば越水することは避けられない。

　河床の土砂を押し流す流体力を検討するため、河川水位観測データをもとに掃流力の検討を行った。上流から観測点は石井、川島、平方、鎌庭、水海道の箇所について最大洪水位の掃流力を計算した。**表1-1**に算定結果を示した。平均河床高[注2]、河床勾配は国土交通省の資料による。なお、若宮戸と三坂は水位計がないため不定流計算による推定値とした。また、河床高は上流勾配から距離による推定を行い、鎌庭から若宮戸との間は1935年の捷水路工事完成後の現河道勾配1/1139を示しており、旧川河川勾配1/2500および推定河床高をカッコ内に記載した。その結果、上流では河床勾配に比例して掃流力は大き

表1-1　2015年9月　鬼怒川洪水の主要箇所の掃流力（（　）は旧河川の勾配とその場合の推定値）

地点	最大水位 (m)	平均河床高 Y.P. (m)	最大水深 h (m)	河床勾配 i (%)	掃流力 (kg/m·s²)
石井	100.848	82.132	18.716	1/360	0.509
川島	34.661	21.064	13.597	1/710	0.187
平方	31.494	15.28	16.214	1/1700	0.093
鎌庭	23.174	8.49 (9.949)	14.684 (13.225)	1/1500 (1/2500)	0.096 (0.051)
若宮戸	21.517	6.471 (8.189)	15.046 (13.328)	1/1139 (1/2500)	0.129 (0.052)
三坂	20.526	4.871 (6.589)	15.655 (13.937)	1/2500	0.061 (0.054)
水海道	17.974	2.379	15.595	1/2500	0.061

注2）　平均河床高とは通常の川の水が流れる部分（低水路）の平均の河床高さをいう。

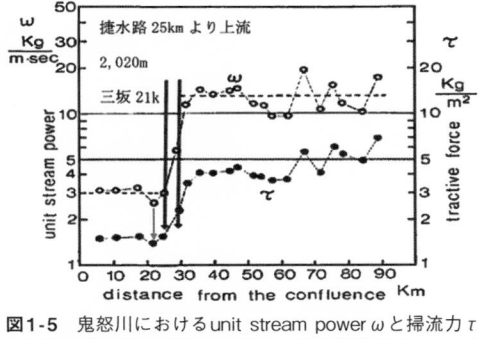

図1-5　鬼怒川における unit stream power ω と掃流力 τ の縦断分布（細く薄黒い矢印：三坂決壊箇所21k、太く黒い矢印：鎌庭捷水路区間、文献資料に加筆。泉・井口による論文、鬼怒川の河道形態より引用）

く、平方地点より下流は若宮戸を除いて上流より1桁小さい掃流力を示している。決壊箇所の三坂地点では掃流力は急速に減少し、下流の水海道地点と同程度となっている。なお、鎌庭・若宮戸・三坂間の旧河道の勾配1/2500の掃流力は緩やかに低減していることが分かる。

　以上の検討結果から1935年の捷水路工事により、河床勾配が2倍以上に急勾配となり、河床勾配の緩くなる下流の三坂地点は急速に掃流力が低下した。下流の水海道地点までは河道の貯留効果は発揮されるが、洪水疎通能力が低下していることが明らかである。また、鬼怒川の河道形態に関して掃流力などを検討した泉・井口の研究でも同様な見解が述べられている。その解析事例を**図1-5**に示した。unit stream power（ω）と掃流力（τ）は30～21kmにかけて急激に低減し、三坂地点が最小値の掃流力を示している。このように過去の捷水路工事（ショートカット）によって同じ緩勾配であった区間の上流の河床勾配が2倍以上に急勾配となった。このため上流の洪水流を速めることになり、三坂地点は急速に貯留しやすくなる河道構造になったことは明らかである。したがって、計画規模を上回る大洪水時には鎌庭下流の若宮戸から三坂地点では大規模な溢水・越水が集中する脆弱性をもった箇所であった。三坂地点を含んで川島地点までの8か所の左右岸で溢水が発生していたのである。この水害では若宮戸周辺の無堤区間は論外であり河川管理責任が問われたのである。

1-4　ミシシッピー河の捷水路工事の教訓

　戦前、安芸は捷水路の建設事業を米国のミシシッピー河の経験から学び日本に導入した。米国では1928年までは捷水路に関する問題は十分研究されていなかった。1861年、Humphrey、Abottの報告書では次のように明言していた。「捷水路によって流路を短縮すれば捷水路の上流では水位が低下し、下流では永久に水位の上昇をきたすであろう。」また「捷水路によってエネルギーの平衡を破壊された河川はその失った延長と勾配の増加とを緩和するために新しく蛇行を始めるに至る。」と重要な問題を指摘していた。全く鬼怒川も捷水路の設置により同様な問題がこれまで発生している。当時、このためミシシッピー河では、工費の如何にかかわらず改修工事は禁じられていた。

　しかし、1927年にミシシッピー河の大洪水で下流では数か月にわたって浸水し、米国史上最大の被害をもたらす経験をしていた。さらにミシシッピー河下流の洪水調節、河道の安定の検討が進められ、捷水路の建設による掘削、河道の法線、幅員、水深の検討が熱心に行われた。この検討に先行して1929年には、水流に関する諸問題を解決するために、Vicksburgに水理試験所が作られた。1931年、最初にミシシッピー河のGreenville湾曲部の模型実験を行い、そのほかの捷水路においても大規模な野外実験を繰り返した。その結果、捷水路の拡大、以前の河川の水面勾配への還元を図り、長い緩やかな流路となり、高水に対しても河川は安定した。詳細な研究の結果、①捷水路改良工事は幅員を広げること、②法線を調整することが分かった。

　1932年から1939年にミシシッピー河の下流で、支川のRed riverが合流する770マイル地点（**図1-6**右図下）から上流のArkansas市までの370マイル（595.457km）の区間において13か所の捷水路工事を完成させている。**図1-6**の左の拡大図は現在のGreenville市付近のミシシッピー河であり、右図はミシシッピー河の旧河道で捷水路工事の箇所（斜線部）である。右が下流部、左が上流部である。矢印の上流部440,460,480マイル地点の新旧河道の違いが分かる。細く蛇行している白い点線は旧河道ある。当時の米国では、舟運利用のために短縮した水路は航行に有利であり、河岸の修復工事、維持管理にとって都

合がよいとされてい
た。ミシシッピー河の
現在の河道は上記の
①、②が守られて現在
も舟運に利用されてい
る。

　もともと日本の近代
化以前は、急峻な地形
では舟運に利用される
河川区間は限定された
河川勾配の穏やかな流
れの箇所である。ミシ
シッピー河の370マイ
ル（595.457km）の区
間の勾配は1/12,000
以下の緩勾配である。
鬼怒川の鎌庭捷水路の
若宮戸前後の勾配は
1/1,000程度であり、
旧河道の鬼怒川でも
1/2,500である。米国

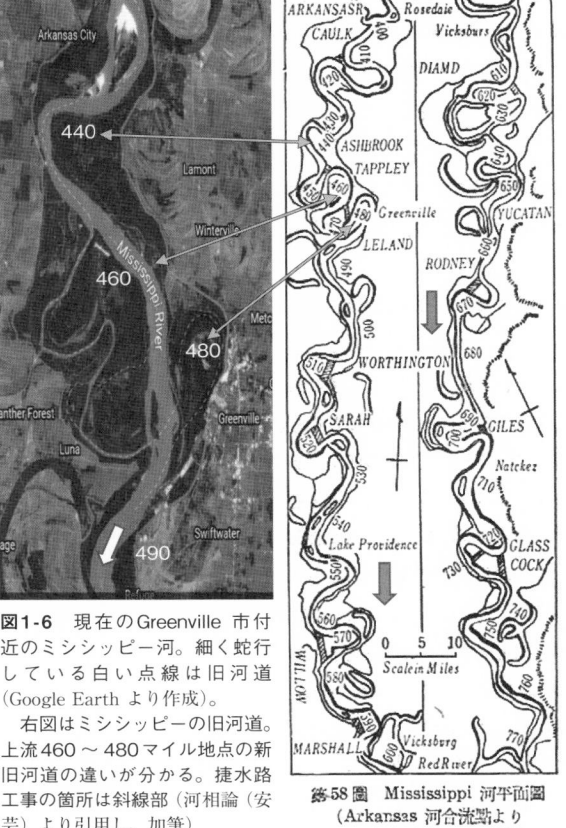

図1-6　現在のGreenville 市付近のミシシッピー河。細く蛇行している白い点線は旧河道（Google Earth より作成）。
　右図はミシシッピーの旧河道。上流460〜480マイル地点の新旧河道の違いが分かる。捷水路工事の箇所は斜線部（河相論（安芸）より引用し、加筆）

第58圖　Mississippi 河平面圖（Arkansas 河合流點よりRed 河合流點に至る區間）

の研究の成果である①捷水路改良工事は幅員を広げること、②法線を調整することが、その後の日本の河川は基本的になされていない。

　大陸の河川は日本の急峻な地形の河川と比べ地形的・地理的にも大きく異なる。米国の国土は日本の25倍である。洪水ピークの到達時間は7〜10日間を要する。日本の洪水は長くてもわずか半日か1日で海に至る。国土の地理的・地政学的スケールの違いが大きく、捷水路の適切な設置位置、規模とその工法は限定的にしか効果を発揮しないことが、80年後の鬼怒川水害からも見えてきたのである。

参考文献

・国土交通省：災害情報、台風第18号及び第17号による大雨（平成27年9月関東・東北豪雨）
　　等に係る被害状況等について（第28報）平成27年10月1日15：00時点、H.P.
・毎日新聞：2015年9月11日（金）総合14版、p.3
・関東地方整備局：『平成27年9月関東・東北豪雨』に係る洪水被害及び復旧状況等につい
　　て、2015.11.18.および平成28年1月29日より引用、H.P
・安芸皎一：河相論、pp.106-119、1966年
・日本気象協会：http://www.tenki.jp/、2015年9月20日
・総務省消防庁：【第35報】台風第18号による大雨等に係る被害状況等について平成27年10
　　月14日、H.P
・茨城県災害対策本部：鬼怒川下流域における一般被害の状況、平成27年10月22日、H.P
・国土交通省河川局：利根川水系河川整備基本方針、基本高水等に関する資料（案）、平成
　　17年12月6日
・国土交通省関東地方整備局：鬼怒川改修事業、平成20年1月23日
・国土交通省関東地方整備局下館河川事務所：鬼怒川河川維持管理計画、平成24年3月
・大沼克弘・遠藤希実・天野邦彦：鬼怒川の河道地形および植生の変遷と相互関係、土木学
　　会環境システム委員会、第39回環境システム研究論文集、pp.415-423、2011年10月
・土木学会水工学委員会・環境水理部会：環境水理学、pp.226-226、2015年3月
・（財）河川環境管理財団：鬼怒川の河道特性と河道管理の課題－沖積層の底が見える河川
　　－、河川環境総合研究所資料第25号、p.19、p.54、2009年5月
・泉　耕二・井口正男：鬼怒川の河道形態、筑波大学水理実験センター報告No.2、pp.57-
　　63、1978年
・土屋十圀：2015年9月鬼怒川水害の要因に関する考察、自然災害科学J. JSNDS、No.35、
　　特別号、pp.1-13、2016年

第2章

2016年東北豪雨水害：岩手県小本川・久慈川
―2016年8月台風10号

2-1　太平洋を迷走した温暖化台風10号―ライオンロック

　2016年8月の台風10号による岩手県の水害は1951年、気象庁が統計を取り始めて以来、初めて東北地方の太平洋側に上陸した台風によるものであった。この台風は発生から上陸まで2016年8月21日～8月31日の11日間、移動距離4,931kmであり、極めて長く太平洋上を迷走していた。このように特異な台風の豪雨による洗礼を受けた地域の水害としても特筆される。2017年2月1日、岩手県県土整備局より被災した公共土木施設に関する国の災害査定の結果が報告された。対象自治体は県および県内19市町村に及んだ。公共土木施設の査定箇所数1,891件（県592件、市町村1,299件）および査定決定額は約443億円（県約236億円，市町村約207億円）の被害が明らかになった。筆者らは被害の大きかった岩手県北部の久慈川流域、小本川流域を対象とし、岩手県および久慈市、岩泉町の協力を受けて2016年11月18日～21日に現地調査を行った。調査結果から農山村地域の治水の課題が見えてきた。

（1）災害をもたらした気象

　2016年台風第10号（アジア名：Lionrockライオンロック）はカテゴリー4[注1]の台風であった。この台風は今日から見れば極めて温暖化の影響を受けたと考

注1）　カテゴリーは米国でハリケーンの強さを5段階（カテゴリー）で表したもの。シンプソンスケールと呼ばれる。カテゴリー4は最大風速114～135ノット（1ノット＝0.51m/s）級のハリケーンを指し、日本の国際基準では「非常に強い台風」と表現される。

えられる。以下、気象庁の資料から記述する。台風の発生期間は2016年8月21日〜8月31日、寿命は267時間と長い。最大風速45m/s（90kt）、平均速度443km/日、移動距離4,931kmで極めて長く太平洋上を迷走していた。この台風は日本の南で複雑な動きをした台風であり、数日間、南寄りの進路を通った後、再び東寄りに進路を変え北上し、8月30日18時前に岩手県大船渡市付近に上陸した。1951年（昭和26年）に気象庁が統計を取り始めて以来、初めて東北地方の太平洋側に上陸した台風となった。図2-1はひまわり8号の衛星画像、図2-2は台風10号の移動経路である。この台風は緯度の高い場所で発生した台風であったが、海水温の高いところへ台風が進んだため発達し、数日間停滞したため、この海域で発生した台風としては異例の長寿の台風となった。速報値の段階では、北緯30度以北の海域で発生した台風としては最も長寿の台風であると報道されていた。しかし、気象庁の事後解析で台風期間が丸2日間短くなったため、そもそも北緯30度

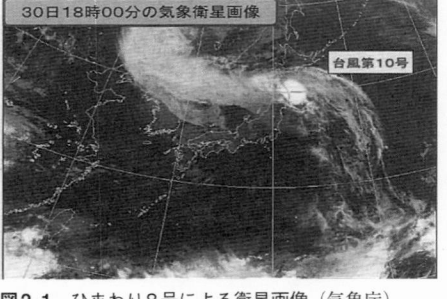

図2-1　ひまわり8号による衛星画像（気象庁）

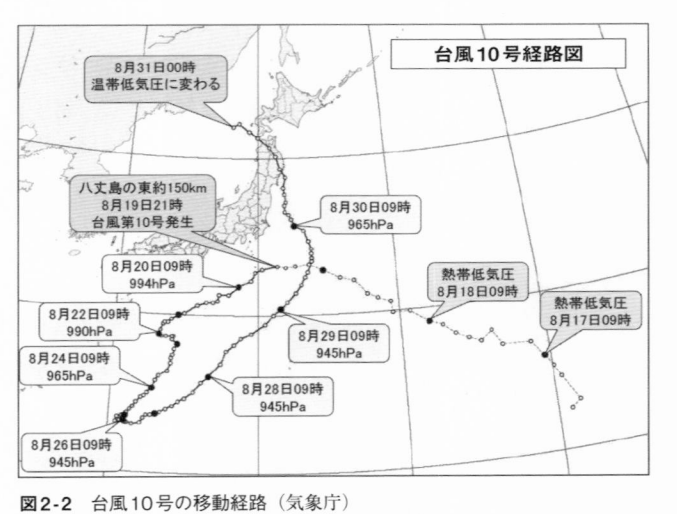

図2-2　台風10号の移動経路（気象庁）

以北の海域で発生した台風ではなかったことになる。台風第10号は8月19日に八丈島近海で発生し、26日には発達しながら北上し、30日朝には関東地方に接近、18時前には暴風域を伴ったまま岩手県大船渡市付近に上陸した。速度を上げながら東北地方を通過し、日本海に抜けるという進路をたどった。発生地点も速報値から約900 kmも変わったことになるという異例の事後解析結果となった。

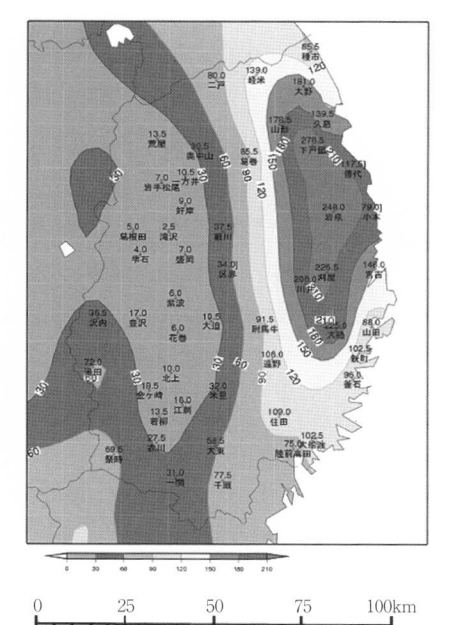

図2-3　岩手県における8月29日0時から31日12時までの総降雨量（mm）（気象庁）

(2) 降雨量分布

　気象庁資料より岩手県内における8月29日0時から31日12時までの総降雨量（mm）を**図2-3**に示した。最も激しい降雨域は久慈市下戸鎖278.5mm、岩泉町（気象台岩泉雨量観測所）248.0mm、刈屋226.5mm、久慈139.5mmであり、三陸沿岸域に近い北上高地に集中している。また、1時間雨量では宮古市、久慈市で80mm、岩泉町で70.5mmの猛烈な降雨となった。一方、岩手県中央部より奥羽山脈にかけては極めて少ない総降雨量となり、降雨域のゾーンが東西方向で対照的になっている。

2-2　台風と津波の二重災害の小本川流域

(1) 小本川流域の被害状況

　小本川流域の源は岩手県岩泉町国境峠付近に発し、南東方向に流れながら岩泉町落合付近で大川と合流した後に東に流れを変え、清水川、鼠入川、猿沢川と合流し、小本付近で太平洋に注ぐ流域面積約731 km²、流路延長約65 kmの

河川名	地点名	※1河口からの距離(km)	計画高水位（T.P.）	川幅(m)
小本川	河口	0.3	※2 13.7	262.4
	赤鹿	8.7	17.91	96.6

注1　T.P.：東京湾中等水位
注2　※1：基点からの距離
注3　※2：計画津波水位

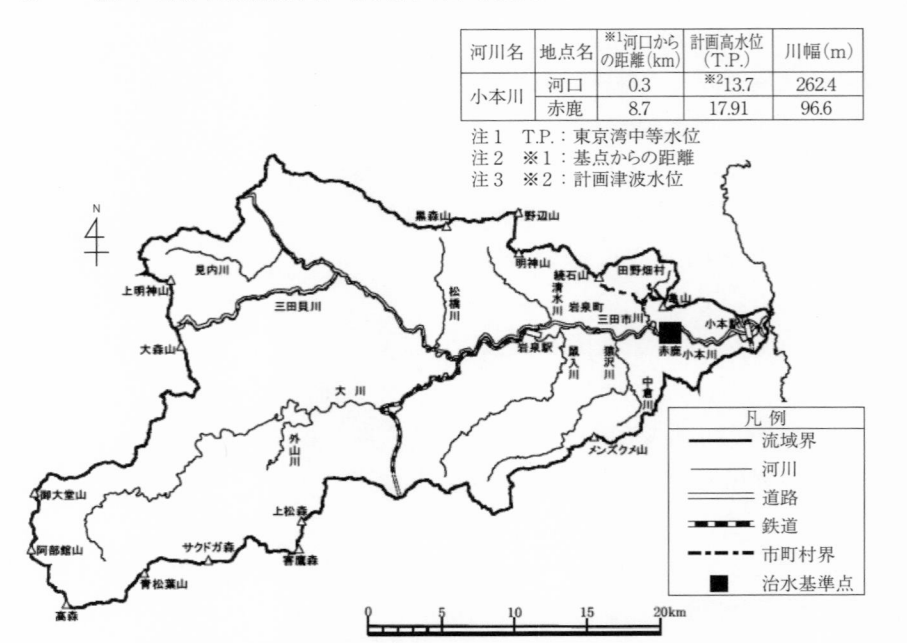

図2-4　岩手県小本川流域（出典：岩手県資料に加筆）

二級河川である。東京の神田川流域面積の7倍である。その流域は、岩泉町、田野畑村の1町1村からなり、その大部分を岩泉町が占め下流域の一部を田野畑村が占めている。小本川流域の概要は**図2-4**に示した通りである。流域の地形は穴目岳（1,168m）、三巣子岳（1,180m）などに代表される1,000m級の山地が連なる。中流域および下流域の一部にある平坦地にはそれぞれ岩泉、小本の市街地が広がっている。気候は太平洋側気候に属し、年間降雨量は約1,435mm、平均気温は約10℃と夏も涼しく沿岸部では「やませ」により冷湿な風が吹くことがある。

　2011年3月、岩手県は東北地方太平洋沖地震で発生した津波により被災した海岸堤防などの復旧を進めるにあたり、地域海岸ごとの設計津波の水位を定め、小本川河口部の設計津波の水位をT.P.+13.7mとしている。河口沿岸部はこの5年で洪水と津波の被害を受けた。このため河口から0.3km上流までは津波高さが優先されている。**図2-5**に示すように小本川河口の防潮水門と右岸の

山裾に斜めに巨大なコンクリート堤防が建設された。筆者は、2011年3月11日の東日本太平洋沖地震の津波災害調査でこの現地の調査に入った。津波の遡上は河口から川を遡上するだけでなく、この地区では**図2-5**の矢印のように防潮水門と右岸側の山裾の間の平地や道路を乗り越えて海岸の浜から直接陸域の集落を襲った。さらに津

図2-5　小本川河口の防潮水門と右岸に建設された巨大なコンクリート堤防。矢印は2011年3月11日の東日本太平洋沖地震による津波の遡上を示す。(Google Earth より作成)

波は小本川の堤防を背後（集落のある堤内地側）から破壊したのであった。集落の入口には昭和8年3月の三陸津波の「海嘯記念碑」が消防団庁舎の入口近くに建立されている（**写真2-1**）。

　一方、小本川水系は地域住民にとって大切な水の供給源であり水道用水、農業用水、発電用水に利用されている。農業用水としての利用は小本川、大川、清水川の合計で灌漑面積は約$3.10\,\mathrm{km}^2$となっている。岩手県の河川整備基本方針よると治水計画の留意点は次のとおりである。

(1) 基本高水並びにその河道および洪水調節施設への配分に関する事項（省略）

(2) 基本高水のピーク流量は基準地点の赤鹿地点において$3{,}000\,\mathrm{m}^3/\mathrm{s}$とし、これをすべて河道により流下させる。

(3) 主要な地点における計画高水流量に関する事項：小本川における計画高水流量は赤鹿地点において$3{,}000\,\mathrm{m}^3/\mathrm{s}$とし、河口まで同流量とする。

(4) 主要な地点における計画高水位および計画横断形に係る川幅に関する事項：小本川の赤

写真2-1　昭和8年3月3日の三陸津波「海嘯記念碑」(撮影：土屋)

鹿地点における計画高水位および川幅は概ね**図2-4**のとおりとなっている。

(2) 岩泉町の被害状況

　小本川流域は岩泉町、田野畑村の一町一村であり、岩泉町の被害が圧倒的である。岩泉町がまとめた2016年12月26日現在の被害は死亡者19名、行方不明者2名であった。小本川、清水川における6つの地区の浸水被害集計は419棟であり、内訳は住宅の床上・床下浸水はそれぞれ307棟、37棟および事業所は同様にそれぞれ72棟、3棟であった。農地の総浸水面積は1.2305km²であり、内訳は水田0.9915km²、畑0.239km²の被害となった。被害額は**表2-1**のとおりであり、総額438億1901万円である。民間の住宅、事業所をはじめ、土木施設、農業、林業、水産施設、医療、商工、観光、教育、水道などの被害額が示されている。なお、岩泉町内における岩手県管理施設（河川・道路・橋梁）の被害額は294億5768万円となっている。2016年12月9日には河川激甚災害対策特別緊急事業に指定された。台風10号による地区ごとの被害は小本川沿いの集落に集中し、上流から門地区、袰綿地区、岩泉町市街地（尼額地区を含む）、

表2-1　台風第10号による岩泉町の被害状況

区分	被害額	備考
建物	19億4495万円	住家（8億6521万円）、非住家（10億7974万円）
土木施設等	214億8000万円	河川155カ所（60億）、道路1035カ所（144億円）、橋梁16カ所（10億円）、公共下水道6カ所（8000万円）
農業施設	83億5400万円	農業施設（37億2100万円）、農地・農業用施設（43億7500万円）、農作物ほか（2億5800万円）
林業施設	11億531万円	林業施設（1億4445万円）、林地荒廃（8億7510万円）、林産物（8576万円）
水産施設	7億3070万円	さけます孵化場・内水面漁業施設等（5億7070万円）、防波堤（1億6000万円）
医療・社会福祉施設等	6億9869万円	老人保健施設等（6億6588万円）、町立診療所（2281万円）、こども園等（1000万円）
商工関係・観光施設	52億2264万円	商工業127事業所（43億3364万円）、第3セクター関連施設（4億6900万円）、観光施設（4億2000万円）
教育施設	3億2600万円	町立小中学校施設（2600万円）、岩泉球場（3億円）
水道施設	11億円	簡易水道施設（11億円）
その他施設	28億5672万円	通信施設（18億9110万円）、消防施設（3億3270万円）ほか
計	438億1901万円	――――

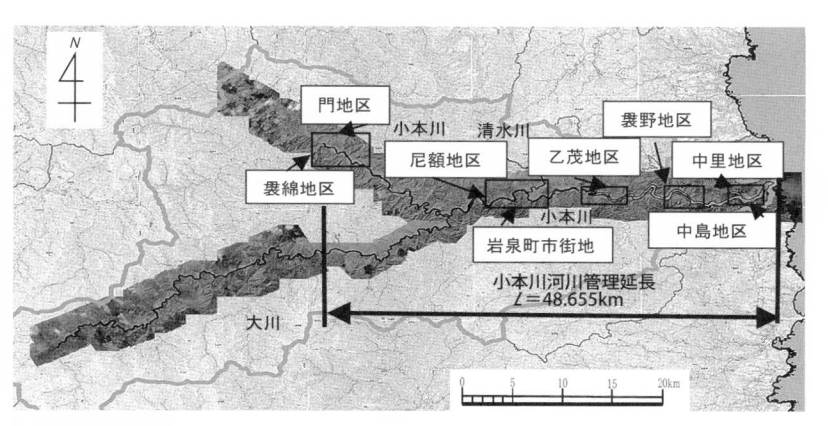

図2-6　小本川流域岩泉町の被害地区（岩手県沿岸広域振興局岩泉土木センター資料に加筆）

乙茂地区、袰野（ほろの）地区、中里地区、中島地区の計8つの地域であった（**図2-6**参照）。筆者らはこのうち被害規模が最も大きい、中下流域の6つの地区の被害調査、洪水氾濫による浸水痕跡調査を行った。岩手県の資料も参考に以下に被害の特徴を示した。

(3) 岩泉町市街地（尼額地区を含む）―流木による二次氾濫の洪水流による被害

　この地域は岩泉町の中心市街地である。下流の河口から26.0〜22.3kmの位置にあり、尼額地区の尼額橋付近の左右岸から氾濫が発生した（**図2-6**参照）。約2km上流の岩泉橋付近の両岸の街区の浸水、さらに下流の左

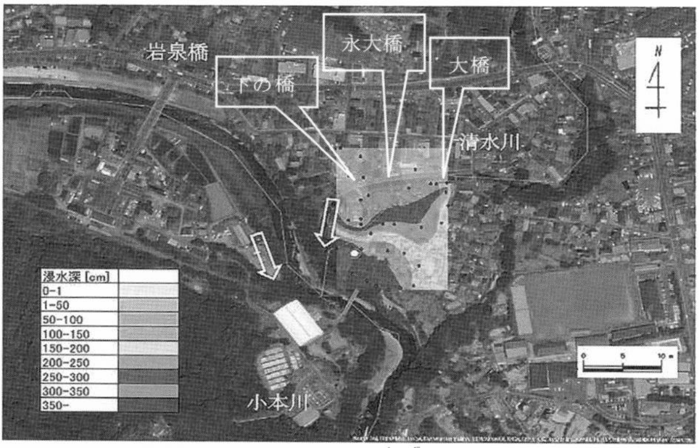

図2-7　岩泉町市街地の小本川と支川清水川の合流地区における浸水マップ

写真2-2　清水川の市街地に架かる大橋に捕捉された流木（撮影：小本川漁協・八重樫彰氏提供）

写真2-3　支川清水川と小本川合流付近では家屋の2階床上まで浸水し、損壊した建物は浸水深3.51mである（撮影：土屋）

岸から小本川に合流している支川の清水川の氾濫が特に激しく、損壊家屋や浸水被害が甚大である。特に、岩泉町向町の住宅に浸水および損壊をもたらした。**図2-7**は岩泉町市街地の小本川と支川清水川の合流地区において計37箇所で実施した浸水深の計測に基づく浸水マップである。最大水深は3.0～3.5mに達している。

　住宅の床上・床下浸水は尼額地区でそれぞれ25棟・7棟および岩泉町市街地の住宅は同様にそれぞれ82棟・20棟および事業所はそれぞれ19棟・2棟、農地は合わせて7ha（水田2.1ha・畑4.9ha）の被害となった。**写真2-2**は清水川が流れる市街地の大橋に捕捉された流木である。下流の永代橋、下の橋も同様に流木が捕捉され河道閉塞に近い状態をもたらし、両護岸から溢水氾濫を招いている。**写真2-3**は上記の溢水氾濫により小本川合流付近の浸水後の損壊した建物である。浸水深は3.51mであり2階の床上まで達している。

　ここは清水川の最下流で河岸に最も近く洪水流の痕跡も明確に残されていた。この合流箇所は清水川左岸より地形上、低い位置にあるため溢水した氾濫流が住宅地を流れた。さらに合流する小本川の洪水流と重なり、バックウオーター注2)の影響も受け浸水深が最も深くなった地域といえる。

注2)　下流側の水位の変化が上流側の水位に影響を及ぼす現象。本流が増水することにより支流がせき止められる形となり、支流の水位が急激に上がり合流地点の上流側で支流の堤防の決壊が引き起こされる場合がある。

2-3 水防法改正の契機となった高齢者の命と住まい

(1) 乙茂地区

　乙茂地区は犠牲者が出た高齢者施設の現場で、水防法等の改正の契機となった。ここは河口から15.0〜11.2kmの位置にあり、この地区では住宅の床上・床下浸水はそれぞれ63棟・2棟および事業所は同様にそれぞれ33棟・0棟、農地は水田4ha・畑6haの被害となった。**図2-8**に示すように、小本川の左岸には高齢者施設、道の駅、野球場、岩泉乳業（株）、公民館、住居などがあり甚大な被害となった。洪水流は乙茂橋に流木を捕捉させ、溢れた洪水は左岸の道路を洗掘・損壊させている。一方、堤内地に氾濫した洪水は高齢者施設を直撃し、小本川からの洪水と合流し、県道に沿って流下している。**写真2-4**は入所

者9名が犠牲になった高齢者グループホーム「楽ん楽ん」（**写真2-5**）と併設されている介護老人保健施設「ふれんどりー岩泉」の被災状況である。高齢者施設の浸水深は約3.4mに達し、多量の流木の漂着箇所となった。さらに下流側に位置する道の駅の建物の浸水深

図2-8　乙茂地区を襲った氾濫流（Google Earth）

写真2-4　3階建の介護老人保健施設「ふれんどりー岩泉」と併設された斜め平屋の高齢者施設「楽ん楽ん」死者9名の犠牲者となった（毎日新聞）

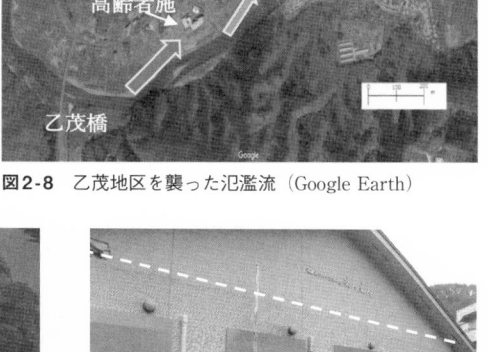

写真2-5　高齢者施設「楽ん楽ん」は浸水深約3.4m、9名が犠牲者となった（撮影:土屋）

は約2.3mであった。また、「ふれんどりー岩泉」（鉄筋コンクリート3階建施設、入所定員85名、通所定員40名、夜勤職員5人）は2階部分にまで浸水した。マスコミ報道によれば、当時の入所者や職員86人がいたが、3階に避難し、8月31日午後、自衛隊のヘリコプターなどが到着し、入所者全員が県内各地の病院などに救出搬送されている。洪水後の施設は氾濫した洪水流に根こそぎ運ばれた流木、自家用車、土砂などが施設の窓際や敷地に約2mの高さまで堆積した。このように洪水は激しい痕跡を残し、濁水・浮遊物が1階の窓ガラスを破損し、施設室内のベッド、空調施設などに浸水して甚大な損壊をもたらした。これらの施設は小本川の河畔にあるが、河岸から約30mに位置し、河川敷と思われるような平地に立地し、堤防は存在していなかった。

　また、高齢者等の福祉施設の避難対策は水害に対する避難計画が全く立てられていなかった。高齢者9名の犠牲者を教訓に水防法等の改正の契機となった。2017年5月に「水防法及び土砂災害警戒区域等における土砂災害防止対策の推進に関する法律」が改正された。地域防災計画に定めた要配慮者利用施設を対象として、その施設管理者に対して避難確保計画の作成と避難訓練の実施が義務づけられた。

(2) 袰野地区—水位計の直前で堤防決壊

　袰野地区は河口から8.8 ～ 6.5kmの位置にあり、小本川河川計画の基準点である赤鹿橋の直下流の左岸に水位計が設置されている。右岸下流には集落と水田が広がっている。洪水氾濫は赤鹿橋の直上流の右岸堤防（盛土道路兼用）から始まり、右岸側の山裾の住宅とその下流の左岸県道に沿った住宅が浸水している。住宅の床上・床下浸水はそれぞれ75戸・1戸および事業所は同様にそれぞれ4棟・0棟、農地は水田23ha・畑3haの被害となった。**写真2-6**は袰野地区を上空から見た写真である。**写真2-6（b）**は洪水前の2014年4月の様子、**写真2-6（a）**は洪水後の2016年8月31日の同地点の氾濫流の写真である。水位計がある赤鹿橋より右岸上流から氾濫している様子が確認できる。典型的な山間部の蛇行区間であり、上流は山側に偏流した洪水が右岸堤防（盛土道路）を溢水し、決壊氾濫した洪水は右岸下流の水田地帯を流下している。山裾の集

写真2-6 （a）袰野地区を襲った小本川の氾濫流、決壊は赤鹿橋上で発生（2016年8月31日、出典：岩手県）、写真2-6（b）洪水前（2014年4月）の袰野地区（Google Earth）

落は洪水から免れている。**図2-9**は8月29日零時から9月1日零時までの赤鹿橋の72時間の水位記録と1時間降雨量のハイエト・ハイドログラフである。現況河岸高は4.87m、洪水ピークは6.61m（20:00）であり、護岸天端高を1.74m超えたことになる。なお、氾濫注意水位は2.50m、水防団待機水位は2.00mである。また、写真2-6（a）に示すように河川水位計は護岸決壊地点より約200m下流の赤鹿橋左岸の直下にあるため、上流の護岸からの越流し決壊した氾濫流量は観測されていない。現地調査から現況河岸高から溢水が始まり護岸決壊したと考えられるが、その時刻は19:30から始まり水位が低減し、越流が終了するまでの約6時間の水位データは観測されていないことになる。このハ

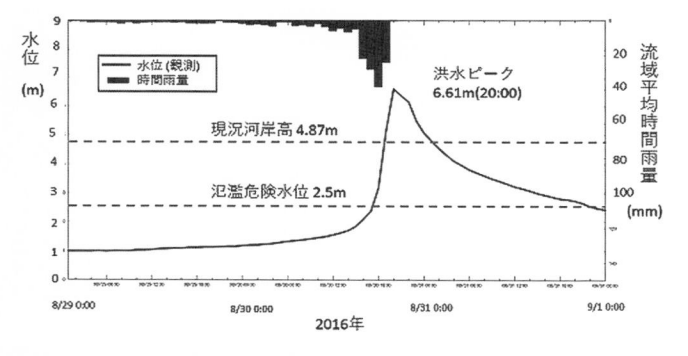

図2-9 小本川赤鹿橋水位観測所の洪水ハイドログラフとハイエトグラフ。洪水ピークは6.61m（20:00）であり河岸高を1.74m超えている。しかし、堤防が決壊したため、洪水ピーク水位（流量）は観測されていない。

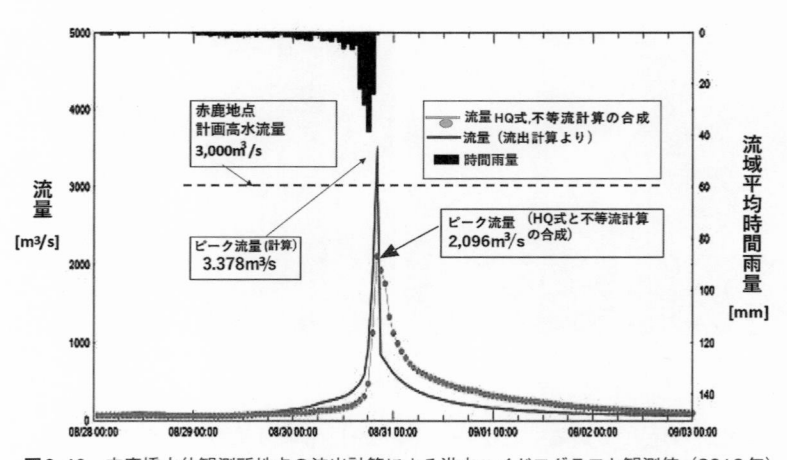

図2-10　赤鹿橋水位観測所地点の流出計算による洪水ハイドログラフと観測値（2016年）

イドログラフは越流・決壊したことによって洪水ピーク水位（流量）が観測されていない。ピーク波形のトップは急減してる（**図2-9**）。したがって、洪水量を求めるには約6時間の間に氾濫した洪水量を考慮した検討が必要となる。既往の水位・流量関係式から推算すると、ここで観測されたピーク流量は$2,096\,\mathrm{m^3/s}$であった。また、河道の不等流計算からピーク流量は$3,378\,\mathrm{m^3/s}$となった（**図2-10**）。計算値と観測流量との差は$1,282\,\mathrm{m^3/s}$であり、小本川河川計画流量$3,000\,\mathrm{m^3/s}$を1.13倍超過していることになる。今後の河川整備計画および治水対策の上でも記録されなかった氾濫流量を考慮した検証をする必要がある。

(3) 中島地区—霞堤[注3] の機能は生かされたか

　中島地区は河口から5.6〜2.0kmの位置にあり、この地域では右岸3.7km地点で1箇所の堤防の破堤があった。住宅の床上・床下浸水はそれぞれ105棟・4棟および事業所は同様にそれぞれ6棟・0棟、農地は水田55ha、畑7haの被害となった。下流から4.7〜4.1kmの左岸付近では小本川からの越水が

注3）　河川の中流域の堤防のある区間に開口部を設け、その下流側の堤防を堤内地側に延長し、開口部の上流の堤防と二重になるようにした不連続堤防。洪水時は開口部から一時的に水を貯留させる治水の機能を果たす。中世からの河川伝統工法の一つである。

大規模に発生し、河岸より0.8km山裾の集落まで氾濫が及んでいる。**写真2-7**に示すように、農業ハウスの浸水深は1.90mである。この地区の氾濫流の流末は農業用水路に流下し、霞堤の開口部までつながっている。また、下流から3.7km付近の卒郡橋の右岸上流で破堤し、集落と田畑の浸水が発生している。**写真2-8（a）（b）**は霞堤内にある水田や「さけ・ます養殖施設」であり、ここに氾濫した流木や漂流物と霞堤の開口部付近の流木および雑多な漂流物が堆積している。これらは小本川の左岸からの氾濫流により流され、堤内地に滞留していたものや、霞堤の開口部からも浸入する洪水にも運ばれて堆積したものと考えられ、霞堤が典型的な機能を果たした痕跡である。霞堤内の面積は水田55ha・畑7haで浸水深1.90mである。よって、霞堤内の概算の貯留量は約120万m^{3}の遊水池ということになる。しか

し、この中島地区は小本川の下流部に位置しているため下流への効果は限定的である。小本川流域では山間地域のため安全な居住地域は山麓と沿川の間の平地に居住しなければならない地理的な環境条件にある。したがって、この水害を教訓に上流地域の高齢者施設のある乙茂地区、さらに岩泉町市街地

写真2-7 中島地区の氾濫流は河岸より0.8km奥の農業ハウスで浸水深1.90mに達した（2016年11月19日、撮影：土屋）

写真2-8 （a）は霞堤内の水田や「さけ・ます養殖施設」に残る氾濫の痕跡物、（b）は霞堤内の開口部付近に堆積した流木、電柱、漂流物（撮影：土屋）

の上流にも霞堤・遊水池・調節池を検討することも治水上の課題になるものと考えられる。今後の流域治水は霞堤における遊水池的機能を治水対策の評価の一つとして検討することが課題となる。

2-4　流木がなければ越水氾濫を免れた久慈川水害の検証

(1) 久慈市の被害状況

　久慈市災害対策本部の抜粋資料（**表2-2**）によると、台風通過後の2016年9月2日午前6時現在の住民の孤立世帯の状況は世帯数107世帯、人数220人であった。また、2016年8月31日0:30現在の避難者は避難箇所46か所、避難者数1,225人であった。人的被害、建物被害、公共施設、農林水産関係の被害状況は**表2-2**に示す通りである。死者1名、全壊31棟、大規模半壊194棟、一部破損7棟、床上浸水1,279棟・床下浸水747棟、合計2,258棟（うち住宅1,223

表2-2　台風10号による被害状況等（久慈市災害対策本部）

○　人的被害
　　死者　1名（山根町深田/89歳/女性）
○　建物被害 (H28. 9. 15現在)

全　壊		大規模半壊		床上浸水		床下浸水		一部破損	合　計	備　考
住家	非住家	住家	非住家	住家	非住家	住家	非住家			東日本大震災被害 1, 248 （住家568）
10	21	59	135	579	700	575	172	7	**2,258** （住家1, 223）	
31		194		1, 279		747				

○　被害額（概算） (H28. 9. 16現在)

区　分	被　害　額	備　考
建物（住家・非住家）	30億5,726万円	被害数2,258棟
庁舎等	9,338万円	土地流出、光ファイバーケーブル等損傷
社会教育施設	1億3,739万円	図書館、体育館等13箇所（床上浸水等）
医療衛生施設	1億1,057万円	一般診療所等13箇所（床上浸水等）
観光施設	672万円	観光施設、宿泊施設26箇所
商工関係	64億2,781万円	商業関係409事業所、工業関係49事業所
水産関係	5億8,287万円	養殖施設、巻揚機、ふ化場、漁船ほか41箇所
漁港施設	5,650万円	12箇所
農業関係	2億3,406万円	農業施設31件、農作物66.6ha鶏15,217羽、農地等130箇所
林業関係	7億5,594万円	林道54箇所
土木施設等	52億4,787万円	河川90箇所、道路160箇所、橋梁16箇所、公園6箇所、下水道2箇所
水道施設	2億200万円	9箇所
学校	3,646万円	12校14箇所（床上浸水等）
その他	35万円	防犯灯、カーブミラー
被害額合計	**169億4,917万円**	

災害廃棄物（推計中）	発生量：3万トン以上　／　処理費：約15億円以上

※被害額は概算であり、今後の調査の進展などにより増加する場合等がある。

写真2-9（a） 久慈駅前の浸水（8月31日）と**写真2-9（b）** JR鉄道橋の久慈川上空から見た市内の浸水状況（9月5日）、遠方は支川の長内川である。（出典：岩手県）

棟）であり、2011年3月11日の東日本大震災の津波被害1,248棟（うち住宅568棟）を1,010棟も上回っている。公共施設、農林水産関係の被害額は169億4,917万円と推定されている。久慈市内の被害状況は岩手県および久慈市役所の資料および現地調査による。

　写真2-9（a） は大雨から一夜を過ぎた8月31日の久慈駅周辺の浸水状況である。**写真2-9（b）** は9月5日、久慈駅および久慈川に架かるJR鉄道橋の上空から鳥瞰した市内の浸水被害である。一方、写真2-10（a）は久慈川支川の長内川上流の山間部の山根町川又では河道と平行に走る河岸道路と自動車の損壊状況であり、**写真2-10（b）** は山根町下戸鎖で、蛇行した河道の橋梁に集積した流木群である。

写真2-10（a）　長内川上流山根町川又の河道・河岸道路および自動車の損壊状況（岩手県）

写真2-10（b）　山根町下戸鎖の旧道の橋梁に集積した流木群（2016.11.20撮影：土屋）

(2) 久慈川の氾濫調査

① 洪水痕跡調査

　2016年11月20日、久慈市内の久慈川からの溢水などによる氾濫調査、浸水痕跡調査を行った。久慈川と長内川に囲まれた市街地の踏査距離は約3.0kmである。調査は久慈市の事前の調査を参考に、最も溢水氾濫被害の大きい久慈川と長内川に囲まれた市街地を対象にスタッフ、ポール、レーザー距離計を使用して住宅・店舗・事業所などの浸水深の計測を行った。洪水痕跡は目視によって明確に認識できる箇所で、地盤からの浸水深を記録した。計測箇所は65地点である。浸水面積は久慈川では約0.63km^2、長内川上流右支川の小屋畑川では0.016km^{2}であった（久慈市消防課）。調査による最高浸水深は223cmであった。浸水域の痕跡調査結果は**図2-11（a）** に調査箇所と氾濫流の状況を示し、**図2-11（b）** は浸水痕跡による浸水深マップとして深さ別に示した。浸水深は中の橋と鉄道橋区間の右岸からの溢水による氾濫水深が最も深く、凡例に示す最下位の網目模様の180 〜 216cm以下、20 〜 30cmごとに同模様の濃淡で示している。**図2-11（a）** は住民からのヒアリングおよび久慈市役所の資料をもとに堤防からの越水状況を矢印で示した。越水箇所はいずれも上流から上の橋、中の橋、鉄道橋、久慈橋の各上流で越水し、中の橋と鉄道橋の区間では左右の堤防から越水している。この箇所はいずれも流木が橋梁の橋台、欄干などに捕捉された箇所の上流近傍に集中している。この流木により河道が閉塞に近い状態となり河川水位の上昇をもたらしたことが、越水・氾濫に繋がった直接的要因と考えられる（**写真2-11 〜 12**）。上の橋より上流約100mの地点および久慈橋より下流では越水していないことが踏査と住民のヒアリングから分かった。なお、岩手県の資料より久慈川八日町量水標（水位計）のハイドログラフおよび気象庁降雨データより1時間雨量のハイエトグラフを作成し、**図2-12**に示した。河川縦横断図、八日町量水標（**図2-11（a）**）の水位記録から判断すると中の橋より上流では右岸堤防は左岸堤防より42cm低い状態になっており、水位記録の上でも8月30日21時の洪水ピーク水位は右岸の堤防天端高より20 〜 30cm（約26cm）高い値が記録されている。

　また、久慈市内の丘陵地の斜面や平地の豪雨は市内排水路や下水道から排水

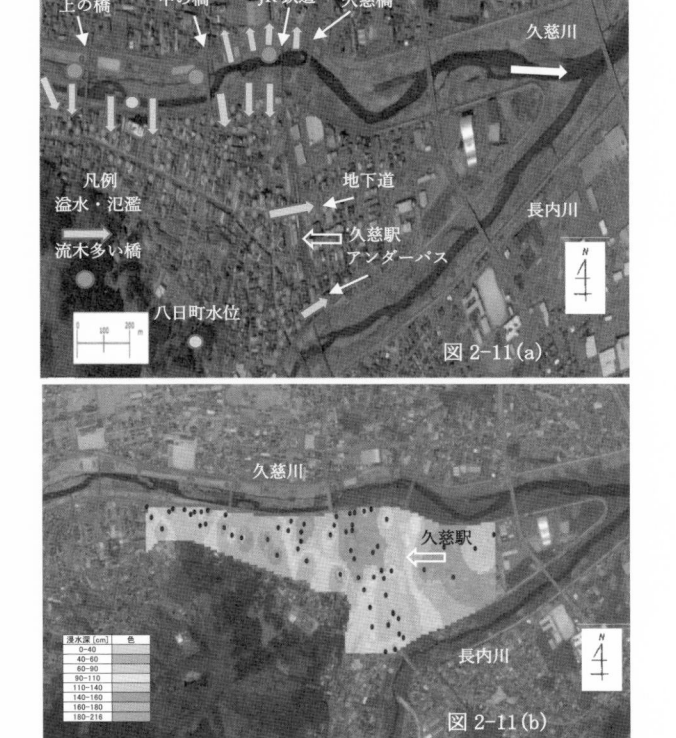

図2-11 **(a)** 久慈市内の氾濫流れと浸水痕跡の調査箇所（黒点）、**(b)** 浸水痕跡による浸水深マップ（Google Earth より作成）

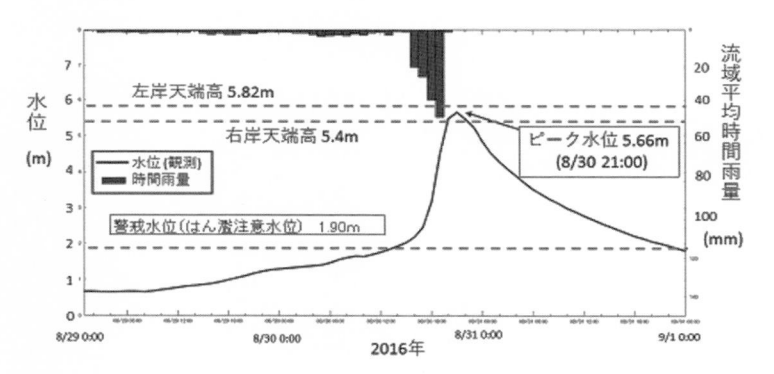

図2-12 久慈川洪水ハイドログラフとハイエトグラフ（八日町量水標、**図2-11**（a）凡例参照、洪水ピーク水位は8月30日21時5.66m、右岸天端高はピーク水位より26cm低い）

されている。現地調査では、上の橋上流右岸で流入する西の沢の用水路の流末では除塵機が設置されている。この水路周辺の住宅は久慈川堤防の越水はなかったが、浸水の痕跡が見られた。したがって、雨水の流末である久慈川本川の水位が上昇したことによってバックウォーター（p.20の脚注参照）により市内低地部に滞水したものと推定される。このように堤内地は滞留した内水による浸水に久慈川より越水した氾濫流が加わり浸水が増大したと考えられる。そのため、雨水や氾濫流の一部は久慈駅北側に隣接した地下歩道および長内川左岸に近接する鉄道アンダーパスの道路に氾濫流が拡大していったと推察される（**図2-11（a）**の矢印）。久慈駅より東側の久慈市役所周辺は40～60cm程度の浸水深であった。

② 洪水と流木

　久慈川の洪水氾濫は流木による影響が考えられるため資料収集を行い、久慈市役所消防課より資料提供を受けた。洪水低減後の2016年9月1日～2日に上の橋、JR鉄橋に捕捉された流木の状況を**写真2-11**、**写真2-12**に示した。いずれも左岸堤防から見た写真である。流木は橋梁のすべての橋脚、橋台などに横断的に集積していることが分かる。流木の大きさは直径20～30cmの小灌木から50～60cmの大木まであり、長さ5～10m程度のもの、幹や枝葉が一体になった樹木、折れ曲がった枝などが見られる。また、河川敷のグランドに設置されたフェンスが流木や小灌木・雑草を捕捉して洪水流により転倒していることが分かる。このため今後の適正な河川管理のために、流木がもたらす洪

写真2-11　久慈川・上の橋に捕捉された流木（久慈市消防課）

写真2-12　久慈川・JR鉄道橋に捕捉された流木および河川敷に転倒したネットフェンス（久慈市消防課）

水氾濫への影響に関する検討は重要な課題と考えられる。

③ 検証：流木がなければ越水氾濫による被害は防止できた

a. 流出解析による越水の有無の検討・解析の手順

　これまで述べたように調査によって久慈川の右岸などから越水のあったことが明らかになっている。しかし、この越水の原因が流木によることを説明する十分条件にはならない。越水の原因は橋梁群の流木の捕捉が河川水位の上昇をもたらし、かつ流木がない場合の河川水位と比較して、どの程度の水位増加をもたらしたのか検討する必要がある。ここでは、**図2-13**に示した手順で、流木のない場合の水位を検討し、越水の原因が流木にあることを明らかにする。そのため、生出町水位観測所（St.1）、八日町水位観測所（St.2）の2か所の河川水位データおよび水位H・流量Q関係式の存在を岩手県の既往の資料から調査した。下流のSt.2地点ではH-Q関係式は作成されておらず、上流St.1地点には既往のH-Q関係式があることが分かった。しかし、この関係式に今回の洪水水位データを適用すると最大水位を大きく上回り、河川水位の適用範囲を超えることが分かった。また、洪水期間中の総流量が総降水量を上回り、水収支の点からも使用できないことが明らかになった。したがって、生出町水位観測所（St.1）、八日町水位観測所（St.2）の2か所において、次に述べるb項に示したタンクモデル[注4]による流出解析による検討を行い、各箇所のH-Q関係式を作成した。この検討では、下流（St.2）から区間距離で3.2km上流にあるSt.1の洪水ハイドログラフ

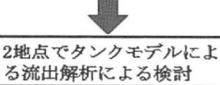

流木がない場合の河川からの溢水の有無を検討する。上流St.1生出町と下流St.2八日町の各観測水位データを用いる。

↓

St.2地点ではH-Q関係式は作成されていない。St.1地点は既往H-Q関係式がある。しかし、今回の洪水を適用すると最大水位を大きく上回り、河川水位の適用範囲を超える。

H-Q関係式は洪水期間中の総流量が総降水量を上回り水収支の点からも使用できない。

↓

2地点でタンクモデルによる流出解析による検討

↓

St.1の洪水ハイドロに適合するようにマニング式、連続式から粗度係数nの最適化を行い、新たにH-Q式を作成する。流木のない場合の水位を検討する。

図2-13　流出解析による溢水の有無の検討手順

注4）　1972年に国立防災科学技術センターの菅原正巳氏により提案されたモデル。直列に上・中・下段に並べられたタンクの水位や流出量を算出するモデルで、降雨量と河川流出量の関連などの解析に用いられる。

に適合するようにマニング式および連続式から粗度係数nの最適化を行い、新たなH-Q式を作成する検討を行った。

b. 河川水位と水位・流量関係式

図2-14に台風10号で観測された生出町水位観測所（St.1）、八日町水位観測所（St.2）のハイドログラフを示した。図2-13で示した手順によって2015年洪水を含む2014〜2016年の3か年間の流出解析を行い、水位－流量関係式を作成する方法を検討した。計算はタンクモデルを用いて久慈川流域の降雨流出解析を行い、生出町(St.1)の観測ハイドログラフに適合するようにマニング式、連続式から粗度係数nの最適化を行い、H-Q式を作成した。St.1の水位－流量曲線を下記のマニング式（1）により算定した流量をもとに作成した。

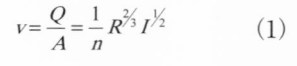

$$v = \frac{Q}{A} = \frac{1}{n} R^{2/3} I^{1/2} \qquad (1)$$

ここに、v：平均流速（m/s）、Q：流量（m³/s）、n：粗度係数、A：流積（m²）、R：径深（m）、I：水面勾配

式中のA、R、Iは岩手県の資料をもとに設定し、粗度係数nは算定した2016年の生出町（St.1）の流量ハイドログラフを再現できるように設定した。得られたnの値は0.037であり河道の粗度係数として妥当な範囲にあると判断した。作成したSt.1の水位－流量曲線を図2-15（a）に示した。この水位－流量曲線から水位データを適用して算定したSt.1の最大流量は1,033 m³/sである。

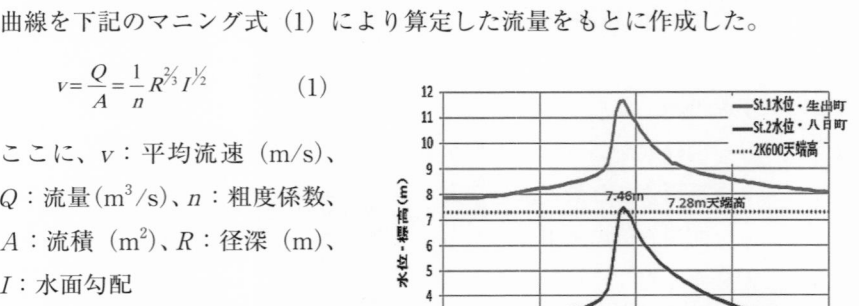

図2-14　生出町St.1, 八日町St.2のハイドログラフ

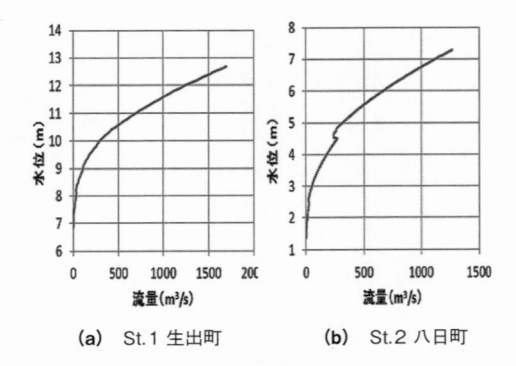

（a）　St.1 生出町　　　（b）　St.2 八日町

図2-15　St.1、St.2の最適化による水位－流量曲線

次に、St.1と同様にSt.2の水位−流量曲線を作成する。St.2の水位データについては基準高と横断面の位置関係が不明なため、粗度係数nおよび水位データの基準高を逆解析により算定した。得られたnの値0.038はSt.1に近い値であり、妥当な範囲の値であると判断した。St.2の水位−流量曲線を**図2-15（b）**に示した。タンクモデルによる水収支の評価は次のc項に示している。

c. 生出町水位観測（St.1）へのタンクモデルの適用

検証地点における流出解析にあたりSt.1、St.2の各地点の断面形状、低水位、水面勾配および流域面積を調査し、**図2-16**、**図2-17**に示した。**図2-17**では河川縦断距離標の各地点の左右の堤防天端高、河床高を示した。流域面積は国土地理院基盤地図情報（10mDEM）を用い、GISソフトMap Windowによって計測している。その結果、流域面積はSt.1では262.00km^2、St.2では270.59km^{2}となり、St.2はSt.1の1.03倍の流域規模を有する。流出解析のタンクモデルは中間流出を考慮し、4段タンクを使用した。降雨量と流量は日単位のデータとしている。

ここではSt.1の年間流量に流域規模を考慮して1.03倍したものをSt.2の年間流量としたとき、この流量となる水位の零点高は1.8m、粗度係数$n=0.038$となり、St.1とSt.2で概ね近い値が得られた。**図2-14**に示したように、St.2の最大水位は7.46mであり、右岸の堤防天端高7.28mより0.18m高い。また、**図2-15（b）**に示すように、St.2の水位−流量曲線を見ると堤防天端高に対す

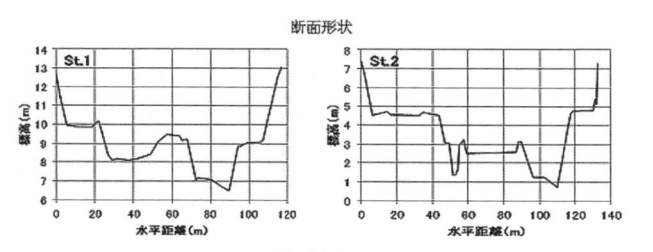

断面形状

水面勾配

St.1（5K000）		St.2（2K600）	
距離標	低水位	距離標	低水位
4K900	6.80	2K500	1.49
5K100	7.51	2K700	1.80
水面勾配	0.00355	水面勾配	0.00155

図2-16 生出町（St.1）、八日町（St.2）の河川断面形状および低水位、水面勾配

る流量は$1,267\,\mathrm{m}^3/\mathrm{s}$となっている。

　なお、タンクモデルのパラメータは、実数値・大域的探索法であるSCE-UA法による研究および事例と同様な手法によって同定し、誤差評価関数はNash-Sutcliffe指標を用い（NS）0.57を得ている。なお、本研究ではタンクモデルによる計算の対象期間は2014〜2016年の3か年間である。流量の観測値は水位と$H\text{-}Q$式の両データを入

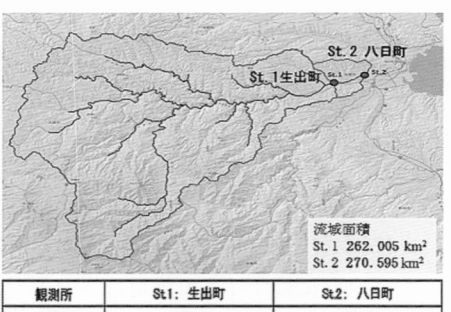

図2-17　GISソフトMap Windowによって計測した生出町（St.1）、八日町（St.2）の流域面積

手できた2015年を対象とした。その結果、年間流量を見ると、計算流出量は2014年928mm、2015年836mm、2016年889mmであり、2015年の観測流量827mmを概ね再現できていることが分かった。

d.　流木による水位上昇と流木のない場合の水位

　図2-18は上記の最適化によって算定した2地点の洪水ハイドログラフである。St.2（流域規模）は流木のない場合のハイドログラフであり、St.2（HQ）は流木が捕捉されているハイドログラフである。算定した最大流量はSt.1が$1,033\,\mathrm{m}^3/\mathrm{s}$、St.2（HQ）が$1,365\,\mathrm{m}^3/\mathrm{s}$であり、St.2（HQ）の流量はSt.1の1.32倍になっている。St.1とSt.2の間には大きな流入はなく、かつ流域面積の違いは1.03倍であり、2箇所の流量に平常時は大きな違いはないと考えられる。ここで特徴的なことは、**図2-18**は8月30日20時以降にSt.1とSt.2（HQ）の流量の違いが急激に大きくなっており、St.2（HQ）八日町水位は下流の橋梁の流木捕捉の影響によって水位が急上昇したものと推測される。また、**図2-18**の点線のSt.2（流域規模）はSt.1の流量を1.03倍したハイ

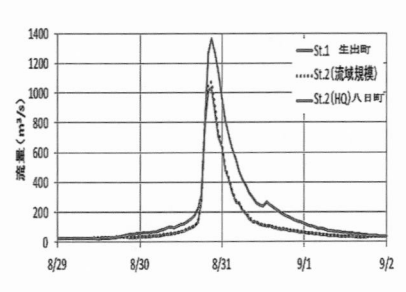

図2-18　St.1、St.2の最適化による各地点の洪水ハイドログラフ

ドログラフであり、St.2の流木の捕捉のないときの流量を示している。この最大流量は1,073m³/sであり、St.2（HQ）の水位–流量曲線による最大流量より293m³/s小さいことが分かる。この流木のないSt.2（流域規模）の最大流量に対する水位は6.90mであり、同地点の天端高7.28mより0.38m低いことになる。すなわち、流木の捕捉がなければSt.2（HQ）の水位は堤防天端高を0.38m下回ることになる。以上の検討結果から橋梁での流木の捕捉による水位上昇がない場合、越水・氾濫は発生しなかったか、あるいは被害は少なかったものと考えられる。

(3) 結　論

　近年、全国各地の豪雨土砂災害では橋梁箇所での大量な流木の捕捉があり、これが洪水の氾濫被害を拡大させている。久慈川調査では流木がない場合、堤防からの越水氾濫はなかったのではないかという疑問から検討を行った。

・久慈川で流木が捕捉された箇所の特徴は、流域の下流部において広い高水敷をもつ中規模河川である。ここでは橋梁の橋脚部が高水敷にあり、クリアランスが小さい箇所で捕捉されていることが多いことが明らかになった。

・橋梁群において流木の捕捉があり、越水氾濫が発生したという事実に対して、流木がない場合の洪水位の検討を行った。H-Q式が未完成の既存の水位観測データを活かして、本洪水ハイドロに適合するようにマニング式、連続式から粗度係数nの最適化を行い、水位観測所の水位・流量関係式H-Q式の作成を試みた。さらにタンクモデル法を用いて年間の降雨流出解析を行い、流量の妥当性を検討した。

・モデルのパラメータの最適化により、2地点の水位流量曲線を作成し、このときの最大流量を水位に換算し、堤防天端高と比較し、越水の有無を検討した。

・この結果、流木が捕捉されなければ、洪水ピーク水位は今回の観測水位より0.56m低く、かつ堤防天端高を0.38m下回ることが分かった。したがって、久慈川の橋梁群では流木の捕捉がない場合、越水・氾濫はなかったか、あるいは被害は少なかったものと考えられる。

参考文献——

・岩手県県土整備部砂防災害課:岩手県台風第10 号等により被災した公共土木施設の災害査
　定の完了について、http://www.pref.iwate.jp/soshiki/kendo/、2017年2月1日
・気象庁:台風第10号による大雨・暴風の状況、http://www.jma.go.jp/、2016年8月31日
・東京管区気象台:平成28年台風第10号に関する気象速報、http://www.jma-net.go.jp/to-
　kyo、2016年8月31
・岩手県県北広域振興局土木部：http://www.pref.iwate.jp/kenpoku/、2016年11月18日
・岩手県久慈市災害対策本部および同消防課:台風第10号浸水状況図（久慈川）、2016年11
　月18日
・岩手県:小本川水系河川整備基本方針http://www.pref.iwate.jp/soshiki/kendo/、2011年1
　月
・岩手県岩泉町災害対策本部:岩泉町被災状況、2016年12月26日現在
・国土交通省:平成 28 年 8 月台風により被災した岩手県管理河川における緊急的な治水対策
　について、2016年12月9日
・岩手県沿岸広域振興局岩泉土木センター河川港湾課:平成28年度8月30日出水概要（小本
　川水系小本川）、2016年11月18日
・岩手県沿岸広域振興局岩泉土木センター、岩手県県土整備部河川課:小本川・清水川河川
　改修計画の概要（岩泉～乙茂地区）、2016年12月21日
・岩手県沿岸広域振興局岩泉土木センター、岩手県県土整備部河川課:小本川・清水川河川改
　修計画の概要（裳野～中里～中島～小本地区）、平成28年（2016年）12月22日
・土屋十圀・小山直紀・大石裕泰・佐伯博人: 2016年8月の台風10号による岩手県北部水害
　調査報告、自然災害科学、Vol.36、No.4、pp.409-427、2018年
・気象庁:台風第10号による大雨・暴風の状況、http://www.jma.go.jp/、2016年8月31日
・岩手県久慈市災害対策本部および同消防課：台風第10号浸水状況図（久慈川）、2016年11
　月18日
・岩手県県北広域振興局土木部：http://www.pref.iwate.jp/kenpoku/、2016年11月18日
・田中丸治哉：タンクモデル定数の大域的探索、農業土木学会論文集、1995巻、178号、pp.
　503-512、1995年
・高崎忠勝・河村　明・天口英雄：合流式下水道の流出特性を考慮した都市洪水貯留関数モ
　デルの構築、水文・水資源学会誌、Vol.21、No.3、pp.228-241、2008年
・高崎忠勝・土屋十圀:2016年8月の台風10号による久慈川の洪水被害に流木が果たした影
　響、自然災害科学J. JSNDS、No.38-4、pp.503-511、2020年

第3章

2017年柳瀬川の水難事故
―2017年8月30日東京・埼玉の記録的短時間大雨

3-1 記録的短時間大雨は局地豪雨―軽視でない都市河川

(1) 水難事故の発生

　2017年は7月5日、福岡県朝倉市で586.0mmの豪雨により死者40人、行方不明2人の犠牲者を出し、九州北部水害が大きく注目された。朝倉市の水害は線状降水帯を伴う豪雨による黒川、赤谷川の山間部の河川の洪水・土砂災害・流木災害であった。

　一方、同年8月30日、関東では東京都と埼玉県との都県境にかけて記録的短時間大雨により柳瀬川で水難事故が発生した。この事故の最中に、突然、

写真3-1　大雨によって水のたまった新座柳瀬高校のグラウンド＝埼玉県新座市大和田4丁目で2017年8月30日午後4時49分（撮影:毎日新聞本社）

写真3-2　ヘリコプターで捜索する消防隊員ら、新座市第4中学校のグランド（右岸）＝埼玉県新座市で2017年8月30日午後4時48分（撮影:毎日新聞本社）

筆者の携帯電話が鳴り、テレビ局のディレクターから水難事故の現場の状況説明があり、夕刻のニュースにするので早急な解説を求められた。「この川の事故はどう考えたらよいか。どうしたら防止できるのか。」今でも現場に来て見てほしいと言わんばかりの質問を受けた。以下は、そのとき説明した内容のほか、その後の知見も含めて述べたい。

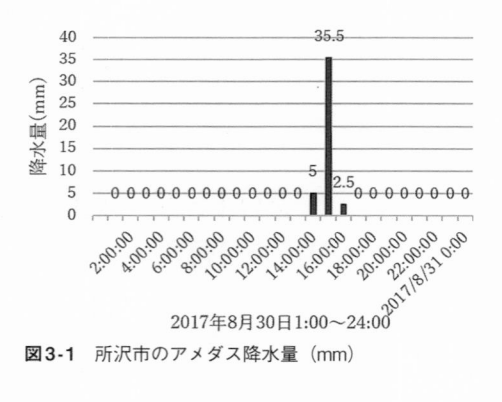

図3-1　所沢市のアメダス降水量（mm）

現場は同日15時20分、清瀬市から練馬区付近では約100 mmの雨量で道路は冠水し交通が渋滞した。埼玉県側でも狭山丘陵付近で西から東にかけて発達した積乱雲が形成され、局所的な大雨が断続的に続き、時間20 〜 50 mm前後の豪雨が新興住宅の街を襲った。所沢市のアメダス降水量は時間最大値35.5 mmを記録している（図3-1）。東京都から埼玉県を流れる空堀川、柳瀬川は新河岸川の支川であるが、強雨の雨域はこれらの流域の上空を移動している。前線の影響で関東では大気の状態が不安定となり局地的な大雨となった。

この記録的短時間大雨では越水氾濫には至らなかったが、単なる水難事故ではなく、極めて都市的な環境のもとに発生した水難事故の事例であり、河川と下水道との「流域治水」に関わる重要な課題であることから取り上げることとした。

水難事故は**写真3-1**から判断すれば大雨によって水の溜った新座柳瀬高校のグランドや河川周辺の冠水の状況は豪雨が推察される痕跡である。また、**写真3-2**は、河川に隣接する排水ポンプ所があり、柳瀬川への放流が濁水の色の違いでも推察できる。この日、埼玉県新座市の柳瀬川で釣りを楽しんでいた70歳、71歳の2人の男性が急速に

写真3-3　ヘリコプターでつり上げられて救出される男性＝埼玉県新座市で2017年8月30日午後4時44分（毎日新聞本社ヘリから撮影：藤井達也氏）

増水した水に流され1人が9.2km下流の新河岸川の河原で死体となって発見された。もう1人の方は、河川敷の樹木につかまり、埼玉県警のレスキュー隊に救助され一命を助けられた（**写真3-3**）。この水難事故は偶々埼玉県で発生したが、都・県境の中小河川では春から夏にかけてゲリラ豪雨がしばしば発生している。

(2) 背景

　都市河川は下水道の整備が進み、河川の水質環境が大きく改善されてきた。このため近年、アユなどが下流から遡上するようになった。しかし、普段、川の水量は少ない。川の中は基本的に自由使用なので水遊び、魚とり、野鳥観察など誰でも川で楽しむことができる。なお、柳瀬川をはじめ都内の近郊の中小河川は高度経済成長期の前から漁業権はすでに失われている。一方、下水道施設が合流式の都市河川流域では雨天時に下水道施設の汚水吐や下水処理場からの排水放流により急激な水位上昇が発生することがある。この水難事故が発生した箇所より1km上流には東京都の清瀬水再生センターの処理場がある。

3-2　豪雨時の無処理放流対策が急がれる下水道システムと河川管理

(1) 急激な増水の原因

　毎日新聞によると「30日午後3時20分ごろ、埼玉県新座市大和田4の柳瀬川で、『木につかまっていて流されそうだ』と男性から119番があった。県警新座署などによると、同市の男性2人が大雨で増水した川に流され、中州の木につかまっていた。しかし、午後3時45分ごろに男性（71歳）が下流に流され、別の男性（70歳）は同4時45分頃…」消防隊のヘリコプターで救出された。

　YouTubeに投稿された映像と情報によれば、このときの現場は2時間の間に河川水位は1.75mの増水が見られたとしている。また、市民からは鉄砲水となり低水路から河川敷に急上昇した水位が1.5m上昇したとの情報があった。さらに、この水位上昇は時間を遅れて2〜3回の水位上昇になっていたと市民からの報告もあった。

　すなわち、段階的に増水している。このことから考えられる増水の原因は、

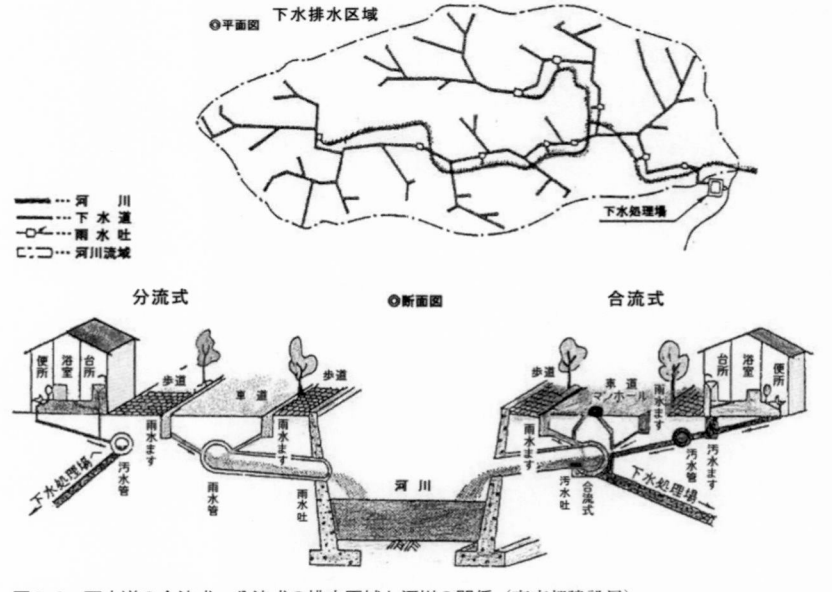

図3-2　下水道の合流式・分流式の排水区域と河川の関係（東京都建設局）

　①局所的な豪雨に伴う河川への直接流出

　②合流式下水道の汚水吐から河川へ流出

　③約1km上流の清瀬水再生センター（下水処理場）からの無処理放流

　④上流の村山貯水池（多摩湖）から北川に流入している水

が考えられる。上記のうち最後の④は地震による堤体の崩壊がなければ現実性ないと考えられる。通常①の豪雨による洪水が考えられる。しかし、流出した水位の増水の状況から判断すると、①に加えて、②と③が重複して放流されたことが増水の原因と考えられる。②に関しては都市河川への合流式下水道からの放流は流入量が汚水量の3倍以上になれば汚水吐から河川に流出することが排水管の構造上から設定されている（**図3-2**）。ただし、清瀬水再生センターの場合は、雨水と汚水を別々の下水道管で集め、雨水は川へ放流、汚水は水再生センターで処理する「分流式下水道」になっている（平成31（2019）年4月現在、完成途中）。この流域の処理場は分流式のため②は地域によっては該当しないことになる。しかし、**図3-3**に示すように、分流式の場合は道路面や住

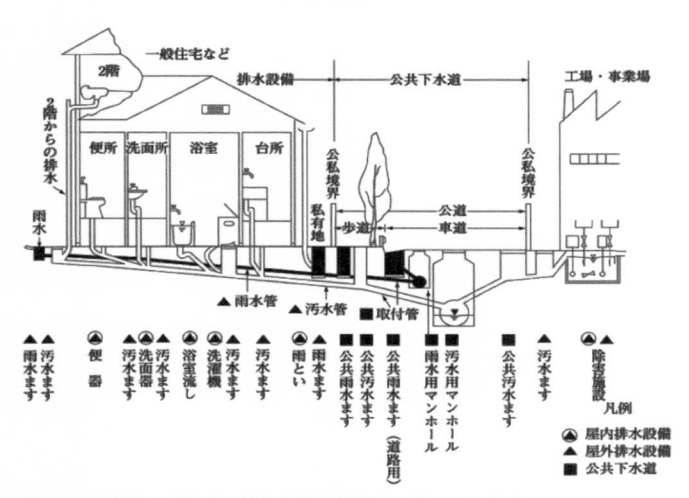

図3-3　下水道の分流式の排水区域の事例（東京都下水道局）

宅・敷地などの排水は下水道雨水管から雨水用マンホールを経て河川に排水されることになっている。現在、東京都23区の合流式の排水区や分流式が進んでいない排水区では雨天時対策として新設の下水貯留管の建設が進んでいる。しかし、完成までには汚水吐から河道へ放流されている地域もある。下水管から河川に放流される箇所は道路と河川の交差する橋梁付近などの限定した箇所などにあることが多い。

(2) 清瀬水再生センター（清瀬下水処理場）

　水難事故のあった場所は、新座市大和田4丁目地先であり、これより上流約1kmに東京都清瀬市下宿3-1375にある清瀬水再生センターがある。**図3-4**のように河川の右岸の放流渠から柳瀬川に処理水を放流している。処理区域は、東村山市・東大和市・清瀬市・東久留米市・西東京市の大部分、武蔵野市・小金井市・小平市・武蔵村山市の一部で、計画処理面積は8,042haである。処理場は日量364,450m^3/日の処理能力を有している。この数字は、時間では15,185.416m^3/h、毎秒4.2181711m^3/sとなる。この水量は柳瀬川の事故の箇所より上流の通常の河川の水量よりはるかに多い。処理場のシステムは活性汚泥法による処理のため最初に沈殿池へ、次に一次沈殿池で2〜3時間かけて沈

殿させ、次の反応層では空気を送り込み6～8時間を要する。さらに、二次沈殿池で3～4時間かけて上澄と汚泥を分離して放流する。したがって、処理時間は最短でも11時間から長くて15時間かけて処理してから塩素処理し、河川に放流している。この一次・二次の処理工程では、AO法、A_2O法、ステップA_2O法という窒素・りんの除去を行う嫌気・好気法の高度処理を行っている（**図3-4**、**3-5**）。

しかし、清瀬水再生センターの

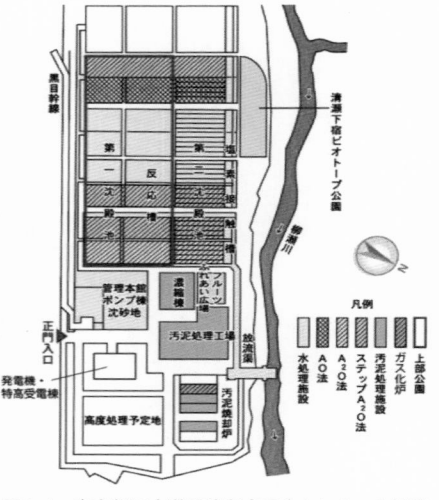

図3-4　東京都下水道局清瀬水再生センターの概要図（東京都下水道局）

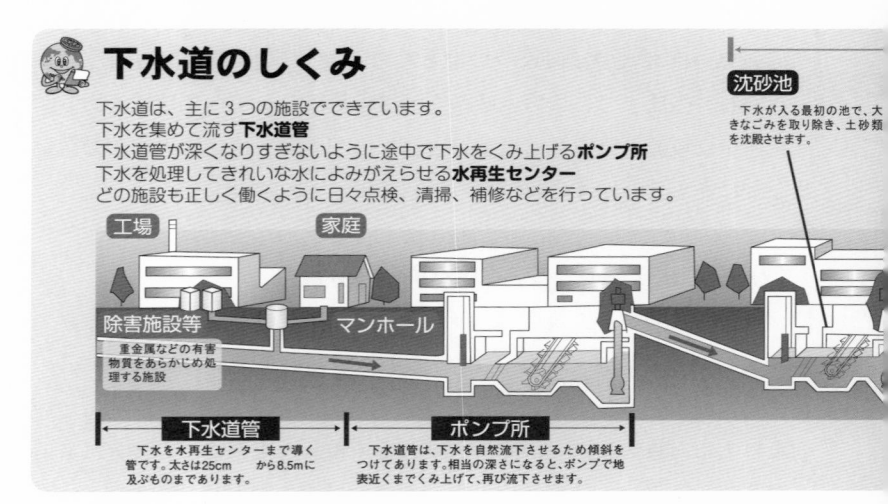

図3-5　東京都下水道局清瀬水再生センターの概要図
（東京都下水道局のホームページより引用）

場合は分流式のため、汚水用マンホールに集められた家庭や工場・事業所の汚水は計画処理量が上記のように排水されている。また、排水区の雨水は雨水用マンホールに集められ、区域内の排水管路網から所定のポンプ施設などから柳瀬川に排水されるシステムになっている。

　一方、従来の合流式の場合、降雨時は処理場に家庭排水のみならず流域の市街地から集まる雨水排水が加わることになる。このため、通常の処理時間を確保できないだけでなく、目標の水質も確保できない。処理水量が超過となり、処理時間を短縮するか、無処理放流を余儀なくされることになる。このため時間50 ～ 100 mmの強雨、豪雨が続くときはかけ流し放流をするか、処理場のポンプ所で流入制限することが想定されている。したがって、河川への放流は人為的コントロールによる急激な放流があることを免れない。

　前述したように清瀬下水処理場の排水区は分流式のため家庭排水、事業所などの汚水は下水道管の汚水吐から河川への流出はない。しかし、近年、汚水管

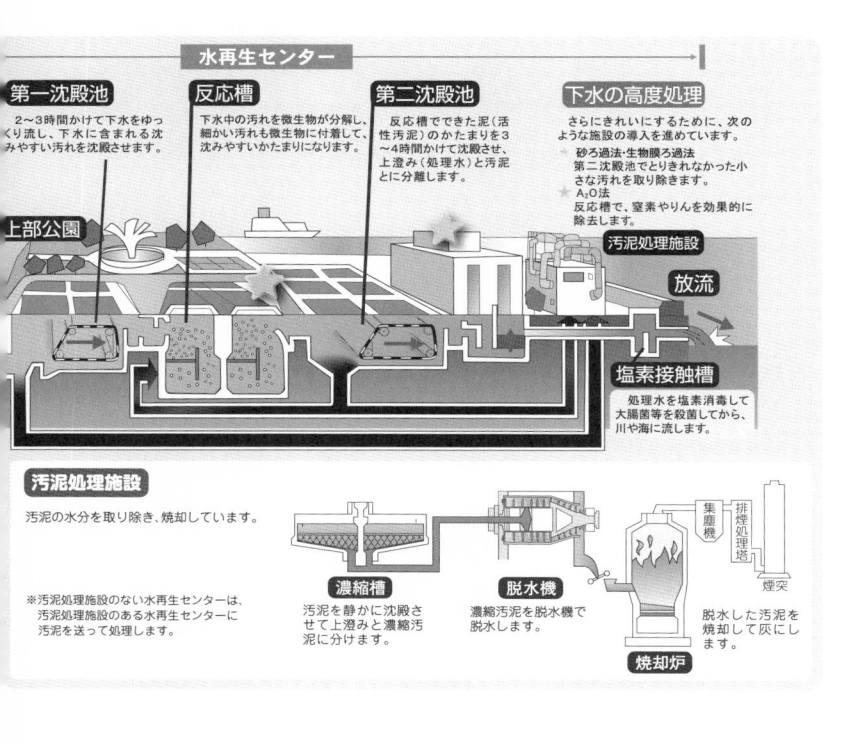

に雨水が流れ込み、重大な事故が発生していることが小平市の排水事故の情報から明らかになっている。

(3) 小平市の排水事故

　小平市内の分流式下水道区域ではトイレや台所などから発生する汚水は、最終的には清瀬市にある水再生センターで処理され、河川へ放流されている。しかし、雨天の日になると晴れた日の約2～3倍の汚水が流れ込み、近年のゲリラ豪雨や台風の際には水再生センターの機能障害が発生し、周辺地区のマンホールから汚水が噴き出すなどの重大な事故が発生している。平成25年度（2013年）から始められた清瀬水再生センターの排水区は、現在、小平市では合流式下水道区域と分流式下水道区域に分かれており、新小金井街道より東側、または西武新宿線より北側が分流式下水道区域、その他の範囲が合流式下水道区域になっている。

　このため雨の日に汚水量が増加する原因としては、降った雨が以下の事由により汚水管に浸入していることが考えられるとしている。①雨どいからの雨水排水が汚水管に接続されている。②マンホールや汚水ますの隙間から雨水が浸入している。③老朽化や破損した箇所から地下水が浸入している。④屋外の流しが雨ざらしになって雨水が下水に排水されているなどを指摘している。特に、分流式下水道の地区の住民に対して、次のような協力を呼び掛けている（図3-6）。

㋑雨どいからの雨水排水は汚水管には絶対につなげないでください。「雨水浸透ます」を設置し、地中に排水してください。

㋺汚水ますのふたが開いていたり、破損している場合は、破損した隙間などから雨水が浸入することも考えられるので、見つけた場合は修理などの対応をお願いします。

㋩外の流しが雨ざらしになっていると、排水口からそのまま雨水が浸入します。屋根などの雨除けや、排水口にゴム栓を取り付けるなどの対策をお願いします。

　さらに東京都下水道局からは「多摩地域の皆さんへのお願い～屋外の流しへ

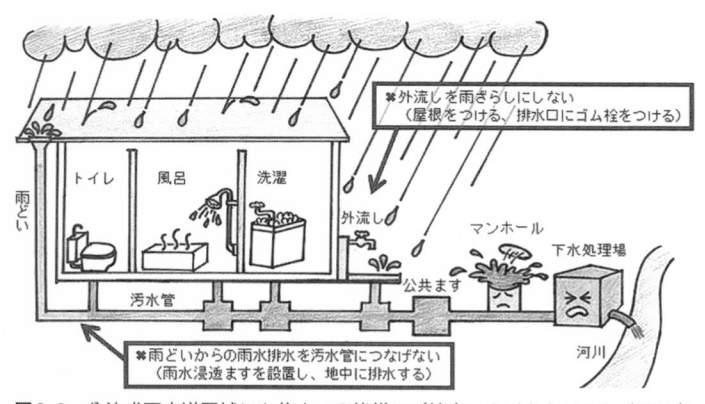

図3-6　分流式下水道区域にお住まいの皆様にご協力いただきたいこと（2020年（令和2年）6月9日、東京都小平市環境部下水道課）

のふた設置など～」と呼びかけ、令和元年度（2019）台風19号の豪雨に伴う被害の事例として道路上のマンホールの蓋が吹き上げられ、道路冠水が発生した事例を示し、多摩地域の市民にネット上からも呼びかける事態となっている（**写真3-4**）。現在、小平市では分流式下水システムへの移行の途中にあるが、2017年8月30日の記録的短時間豪雨によって柳瀬川で水難事故が発生していることを考えると、今後、線状降水帯などによる豪雨が頻発する日本列島の都市地域における喫緊の内水の治水対策が求められる。

写真3-4　令和元年度台風19号の豪雨に伴う被害　多摩地域の皆さんへのお願い～屋外の流しへのふた設置など～（東京都下水道局）

3-3　流域治水が試される河川と下水のコラボレーション

(1) 放流量の確認と公開

　河川法施行令では河川への汚水を排水する場合は河川管理者に届け出をしな

ければならない。水質に関する事項はもちろんのこと、水量については河川への50m³/日以上の汚水・排水であり、生活・事業（耕作・養魚を除く）に起因する排水を対象にしている。ここで、50m³/日は排水期間中の最大の水量をいうのではなく、当該事業所の稼働率80％以上の状態において排水される量の30日間の平均値についていうものとしている。また、排水の開始と終了の時期を記載することとしている。

　上記の届け出事項は、下水処理場についても順守されているものとの前提の上に立っても、上記の3-2節（1）に示した急激な増水の原因の③について、豪雨時の無処理放流の放流量と水質を確認することが重要である。これらのデータを保存し、公開する必要がある。また、河川法施行令が示している稼働率の考え方や数値などが最近の極端豪雨がもたらす洪水・増水の事象に対して妥当な考え方になっているか検証することが重要になっている。

　以上の水難事故から言えることは、河川や下水道の管理者である水に関わる行政組織が一体となって「流域治水」の視点に立って外水・内水の治水対策を進める必要がある。具体的には河川管理者への届け出の放流量の確認だけではなく、国土交通省が進める2020年からの「流域治水」の考え方に立てば、「集水域」「氾濫域」のあらゆる面で関係者となる下水道施設は豪雨水害や水難事故において放流量のデータを公開することが求められる。

　また、当面の下水道施設の豪雨対策として処理場の無処理放流の場合は、河川のダム放流時の事前の放送や通知と同様に流域および排水区の住民に避難を呼びかけることを検討する必要があると考えられる。

参考文献————

・東京都建設局：平成28年東京都河川図
・藤井達也：毎日新聞本社、写真撮影、https://mainichi.jp/graphs/20170830/hpj
・河川管理行政実務研究会編著：全訂河川管理の実務、大成出版社、1996年
・東京都下水道局：東京都下水道局清瀬水再生センターの概要図、2022年 https://www.gesui.
　　metro.tokyo.lg.jp//business/b4/guide/sise-list/04-07/index.html
・東京都小平市：https://www.city.kodaira.tokyo.jp/kurashi/082/082799.html、2022年
・東京都下水道局：https://www.gesui.metro.tokyo.lg.jp/living/a3/tamagouu/、2022年

第4章

2018年西日本豪雨水害：高梁川水系小田川
―2018年7月梅雨前線の停滞と線状降水帯

4-1 分かっていた小田川の治水上の課題と管理

（1）7月豪雨の大雨の特徴

　広範囲で記録的な大雨が西日本豪雨水害をもたらした。梅雨前線が停滞し、大雨特別警報の発表となった2018（平成30）年7月5日から8日までの大雨の気象要因について、気象庁は速報的に解析した結果を発表し、大雨をもたらした次の3つの気象要因を明らかにしている。① 多量の水蒸気の2つの流れ込みが西日本付近で合流し持続したこと、② 梅雨前線の停滞・強化などによる持続的な上昇流の形成があったこと、③ 局地的な線状降水帯の形成ができたことを上げ、これまでの梅雨前線や台風による大雨事例と比べて、今回の豪雨では特に2〜3日間の降水量が記録的に多い地域が、普段雨の少ない瀬戸内地方を含め、西日本から東海地方を中心に広い範囲に広がっていたことが大きな特徴であるとしている。**図4-1**は西日本から東海地方にかけての72時間降水量の期間最大値である。また、**図4-2**は2018年7月上旬（7月1日〜10日）に、全国のアメダス地点（比較可能な902地点）で観測された旬間の降水量の総和を、1982年1月上旬から2018年7月上旬まで36年間の各旬の値で比較したものである。2018（平成30）年の今回が最も多い値（降水量の総和195,520.5mm、1地点あたり216.8mm）となった。この豪雨期間に全国で降った雨の総量が過去36年間の豪雨災害と比べても、極めて大きなものであったことを明らかにしている。**図4-2**の矢印は旬間の降水量の総和値の度数分布であるが、西日本豪雨水害をもたらした平成30年7月上旬の豪雨は、直近の①平成26年8

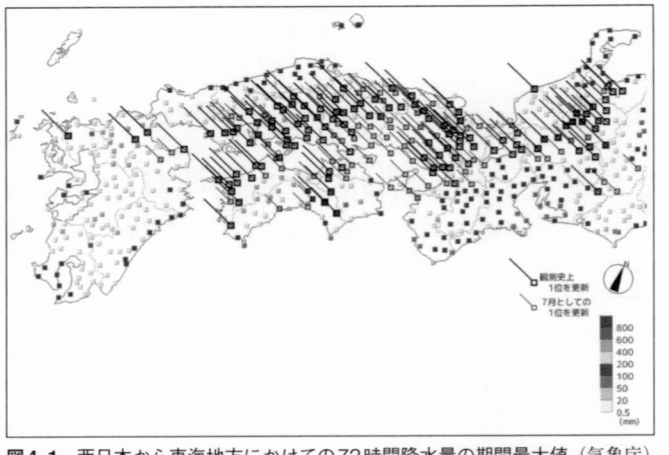

図4-1　西日本から東海地方にかけての72時間降水量の期間最大値（気象庁）

月上旬の広島豪雨土砂災害、②平成27年9月上旬の関東・東北豪雨災害、③平成29年7月上旬の九州北部豪雨災害を超える洪水外力であり、いずれも線状降水帯が形成されていた豪雨であった。

　西日本豪雨災害の被害は、人的被害が死者220名（岡山県61名、広島県108名、愛媛県26名ほか）、行方不明者10名（岡山県3名、広島県6名、愛媛県1名）、住家被害は全壊5,443棟（岡山県4,107棟、広島県697棟、愛媛県476棟ほか）、半壊6,600棟（岡山県1,734棟、広島県1,929棟、愛媛県2,109棟ほか）となった（平成30年8月7日13時30分第51報消防庁災害対策本部）。

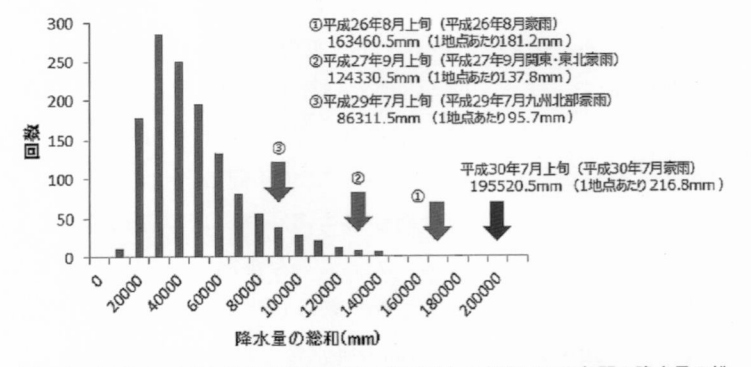

図4-2　全国のアメダス地点（比較可能な902地点）で観測された旬間の降水量の総和を1982年1月上旬から2018年7月上旬における各旬間の値の度数分布（気象庁）

（2）倉敷市真備町の小田川の水害

　筆者は、この豪雨災害での河川氾濫の実態を明らかにするため2018年8月2～4日、岡山県倉敷市真備町の水害被害調査に入った。国土地理院作成の浸水推定段彩図および山陽新聞（**図4-3**）を参考に、高梁川・小田川・高馬川・末政川・内山谷川・真谷川の順に堤防、治水施設の損壊、河道内の状況、氾濫による浸水した家屋の損壊、農業被害状況等、地元住民からのヒアリングを含む調査を行った。浸水被害は真備地区をはじめ10地区の浸水戸数は9,288戸に及んでいる。このうち最大被害となった真備町では、浸水区域1,200ha、死者51名、浸水戸数約4,600戸、救助者数約2,350人、避難者数約8,200人の被害であった。

　これらの被害をもたらした降雨は小田川流域の井原観測所で、2018年7月5日～7月8日の4日間の累積雨量は240mmとなり、30～50年確率に相当する降雨を岡山県の西南地域にもたらした（**図4-4**）。また、本川の高梁川上流域

図4-3　倉敷市真備町地区一帯の推定浸水範囲（2018年7月13日（金）山陽新聞に河川名、決壊箇所を加筆）

と成羽川上流域では、時間雨量20mm程度の比較的強い降雨が15時間程度継続し、総降雨量300～400mmの降雨量を観測している。

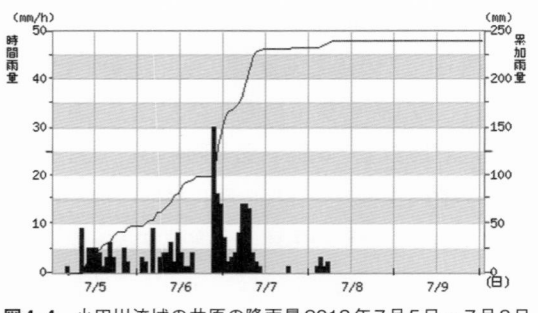

図4-4　小田川流域の井原の降雨量2018年7月5日～7月8日 4日間の累積雨量240mm（水文水質データベースより作成）

1）小田川の治水上の課題

　これまで国や岡山県の河川管理と治水対策がどのように実施されてきたのか、また課題はどこにあったのか知る必要がある。

　今次の水害発生の11年前の2007年に国の小田川に関する治水の課題と対策が示されている。すなわち、国土交通省高梁川水系河川整備基本方針（2007年8月）の「河川の総合的な保全と利用に関する基本方針」では、次に示す重要な3点の課題が示されている。

①小田川については、高梁川との合流点の本川水位が高いために背水の影響が小田川に及びそのため内水被害が生じている。このため、本川への合流点位置を下流に変更することによって背水の影響を少なくし、洪水時の小田川の水位を大きく低下させ、被害の軽減を図る。

②小田川沿川では、小田川に並行する国道486号に陸閘が5箇所設置され、天井川となっている支川の堤防や2線堤を締め切り、氾濫域の拡がりを防ぐ対策がとられている。また、平成11年（1999）に小田川に隣接して開通した第三セクター鉄道井原線は浸水対策として高架、盛土構造で建設されている。

③堤防については、大部分が明治、大正期の第1期改修によるもので、形状変化や築堤高が高いことによる不安定化、堤防材料の高透水性が懸念されているため、築堤、既設堤防の補強、護岸の設置等の工事を行ってきたが、平成18年（2006）7月洪水では基盤漏水が発生している。

この基本方針で重要と考えられていた3つの課題に視点をあて、以下に示す調査を行った。

課題①　高梁川の小田川への背水（バックウォーター）の影響

　課題①の対策は高梁川との合流点で支川小田川への背水の影響が顕在化していたため、合流位置を下流に変更することであった。水害から3年後の現在、かつての旧川であった下流の柳井原貯水池を含む激甚災害対策特別緊急事業（略称：激特事業）(2018〜2023年)により合流点の付け替え工事が国と岡山県によって進行している。11年前の整備方針がこの大水害を機に動いたことになる。しかしながら、小田川は地形的には谷底平野の氾濫原である低地を流れ、河床勾配が1/2,300と緩やかであり洪水のたびに高梁川の背水の影響を大きく受けていた。水害のリスク要因はこの地形特性にあったことは明らかで、46年前の昭和47（1972）年7月には高梁川の大逆流で樋門破壊と浸水、42年前の昭和51（1976）年9月には小田川左岸崩壊による浸水など過去にも何度も浸水被害を受け、沿川は内水被害の危険性が高いことが指摘されていた。大水害による浸水被害と多くの犠牲者を出し、経済成長期から見れば約50年後に付け替え工事が着手されたことになる。河川管理と治水上の最大リスク要因はどこにあるのかは分かっていたのである。

　図4-5は真備町周辺の浸水推定段彩図および末政川に沿った地形縦断（A-B）を示している。数字は主要地点の縦断距離と標高、太線は氾濫水面である。図が示すように標高8〜12mまで浸水域が広がっている。末政川の右岸に沿った地形縦断図A-Bに示されるように、低平地で最も高い場所は小田川の堤防天端であり右岸T.P.15.62m、左岸15.66mである。今次の水害では、末政川が小田川に流入する直下の矢形橋の最大水位は7月7日3:00、T.P.15.487mであった。小田川の堤防天端に約10cmのところまで来ていたのである。

　また、**写真4-1**に2018年7月7〜8日西日本豪雨災害の倉敷市真備町地区の小田川の堤防決壊と氾濫の状況を示す。倉敷市真備町地区の小田川の堤防決壊と氾濫の全景である。集落は対岸の山裾にあり、国道486号は水没し小田川と並行して井原鉄道の高架が走る。天井川の末政川、高馬川が小田川に直角に流入している。

図4-5　真備町の浸水推定段彩図（上）および末政川右岸に隣接する地形縦断図（下）、（A-B）、数字は主要地点の縦断距離と標高、太線は氾濫水面（国土地理院資料に加筆）

写真4-1　2018年7月7〜8日西日本豪雨災害。倉敷市真備町地区の小田川の堤防決壊と氾濫。集落は対岸の山裾にあり、国道486号は水没し小田川と並行して井原鉄道の高架が走る。天井川の末政川、高馬川が小田川に直角に流入する（撮影：アジア航測（株）に加筆）

2）高梁川の酒津地点と支川小田川の矢形橋および三成水位観測所の水位

　国土交通省は小田川付け
替え工事を実施するに当た
り、高梁川の合流部で背水
の影響により小田川は約
5mの水位が上昇したこと
を明らかにしている（国土
交通省岡山河川事務
所:http://www.cgr.mlit.go.
jp/okakawa/）。実際に洪
水時の小田川の水位はどの
ようになっていたのか時間
を追って検証してみる。小
田川の直轄区間は合流部か
ら約7.9kmであり、水位
観測所は下流から矢形橋、
上流に東三成水位観測所が
ある。また、矢形橋下流の
合流地点から約4km下流
には、高梁川酒津地点の水
位観測所がある。これらの
観測水位データから洪水波
形のピーク時刻と水位変化
を図4-6、図4-7、図4-8
に示した。なお、河川水位
データは水文水質データ
ベース（国土交通省）より
作成した。

　高梁川の酒津地点と小田

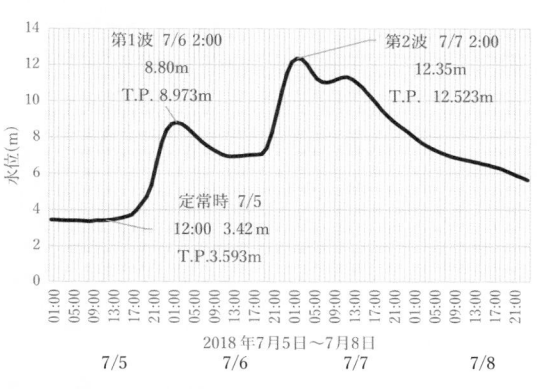

図4-6　高梁川の酒津地点の水位変化

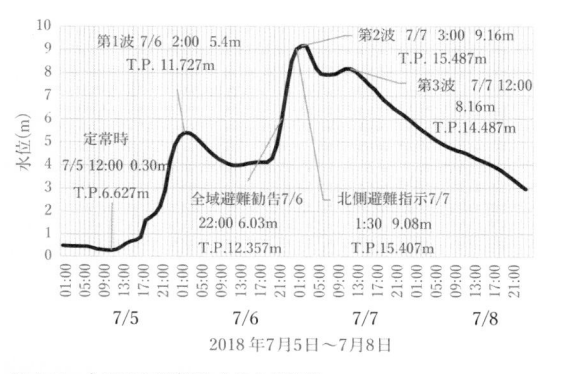

図4-7　小田川矢形橋地点の水位変化

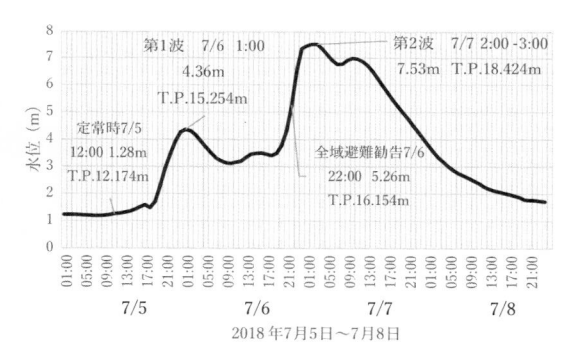

図4-8　小田川の東三成観測所の水位変化

川の矢形橋地点の第1波の洪水ピークは7月6日2:00の同時刻であり、水位は酒津地点T.P.8.973m、矢形橋T.P.11.727mであり、その差は2.754mである。第2波のピーク水位はそれぞれ、翌日の7月7日2:00に酒津地点T.P.12.523mであり、同日の7月7日3:00に矢形橋水位T.P.15.487m、その差は2.964mである。本川と支川の第1波、2波の各ピーク水位差は2.75〜2.96mであり、水面勾配は1/1,200でほぼ同値である。この区間の洪水ピークの伝播速度は1.1m/sとなる。一方、第1波の水位時刻は2地点とも同時刻であるが、第2波のピーク水位の時刻は、小田川の矢形橋では第1波に比べて1時間遅滞している。これらの水位記録から本川高梁川のバックウォーター現象はこの洪水でも明らかである。また、洪水直前の7月5日12:00の平常時の水位は、酒津地点T.P.3.593m、矢形橋水位T.P.6.627m、その差は3.034mであり支川の矢形橋水位が高い。今次の洪水でも平常時でも、酒津地点と矢形橋地点の水位差は約3.0m程度の水位差がある。この区間の背水現象は常態化している。

　さらに小田川の直轄区間である矢形橋、上流の東三成観測所（福頼橋）の水位を比較する。この区間の距離は約7.2kmである。第1波のピーク水位は7月6日2:00に矢形橋T.P.11.727m、東三成は同日の7月6日1:00にT.P.15.254mである。水位差は3.572mである。また、第2波の洪水最大水位はほぼ同時刻であり、7月7日3:00に矢形橋T.P.15.487mである。東三成観測所は7月7日2:00と3:00に同値の水位T.P.18.424mである。下流の矢形橋が低く、水位差は2.937mである（この数値は下流の矢形橋と酒津地点の水位差2.964mとほぼ同値である）。第1波、第2波のピーク水位とも下流の矢形橋が低い水位であり、水面勾配は1/2,000〜1/2,700である。どちらもピーク水位は1時間遅れとなっている。この区間の洪水伝播速度は2m/sである（下流の矢形橋と酒津地点1.1m/sの2倍）。しかし、この区間も河床勾配は1/2,300の緩勾配であるため、流れはさらに滞留しやすい河道であることが分かる。この支川上流小田川の区間でも、本川高梁川酒津地点からの背水の影響を受けて流れは遅滞していることが分かる。なお、流下途中には灌漑用のラバー堰が2箇所で設置されているが、洪水時には倒伏していたと想定される。

　現地調査および上空からの写真からも明らかなように、河川敷の樹林帯の植

生、河道内の堆砂などが流水阻害の働きをしていたことは容易に推察できる。矢形橋地点より上流区間は河川敷の定期的な樹林伐採や浚渫が行われなければならなかったのである。

　高梁川と小田川の背水に関わる水位情報を要約すると、酒津地点と矢形橋地点の第2波の洪水ピーク水位は1時間差であり、洪水伝播速度は1.1m/sである。この区間の水面勾配は1/1,200である。しかし、当該区間は上流の矢形橋地点から東三成観測所の区間の勾配1/2,300より勾配が大きいにもかかわらず、伝播速度は小さいことが分かった。このことは本川の支川への背水の影響は下流区間では洪水伝播速度で小さく、小田川の上流は下流、高梁川からの背水に加えて河道樹林などの影響が加わったことが示されている。したがって、本川との合流部は洪水ピークが重なったり、接近しない工夫が必要であった。そのためには合流箇所を単に下流に移すだけではなく、支川小田川と高梁川を分離する導流堤あるいは背割堤を作り、下流の柳井原貯水池方面に延長することが必要と考えられる。

　資料によると明治時代の下流の高梁川との合流付近では二川に分離されていた歴史がある。先人の治水の知恵でもあり、河川工学の定説でもある。

　また、高梁川の小田川への背水の影響は、岡山県管理の支川、末政川、高馬川などにも大きな影響を与えたのである。全域避難勧告が発令された時刻が7月6日22:00、矢形橋地点の水位はT.P.12.357m（6.03m）、北側避難指示の発令は7月7日1:30、水位はT.P.15.407m（9.08m）である。水位は3時間半の間に3.05m上昇し、堤防天端まで20cmに迫っていた。

課題②　盆地地形を走る天井川

　小田川の支川は天井川である末政川など4本の支川の治水対策が重要であり、真備地区の都市開発と水防災対策は不可分の課題でもある。

4-2　水害の大きなリスク要因となる天井川

（1）有井地区の末政川の堤防決壊による浸水被害

　この地区を東西に走る国道486号線は天井川の末政川とクロスする。このた

写真4-2　有井地区下の末政川の堤防決壊：末政川とクロスする国道486号線上の堤防天端の陸閘と決壊箇所（1・2・4、撮影：土屋）。下流側の両岸堤防の決壊・崩落箇所（3・図4-9の3、撮影：岡山県）および国道486号線上の東西方向の地形縦断と写真（4・図4-9の2）

め国道は堤防天端まで高低差約4mの末政川をオーバーパスしている。この堤防天端には高さ約1.2mの陸閘が設置されている（**写真4-2**の1・4）。陸閘は洪水時に堤防上の国道を横断しているゲートを締め切り、越水を防止する施設である。しかし、陸閘ゲートが閉じられた痕跡は見られなかった。現地はこの洪水氾濫によって陸閘の脇から越水により堤防の小段を含む裏法面が決壊し、隣接する直下の家屋が損壊している（**図4-9**の1・2、**写真4-2**の1・2・4）。末政川の河川断面はほぼ矩形であり、堤防法面は河床からコンクリートで覆工され、堤防上部の表裏法面は芝草と樹木で覆われた盛土構造である。堤内地側の法面には小段があり、歩道としても兼用されている。また、越水して国道を流下していた痕跡がある。この陸閘は過去にも使用されていたのか疑問が残る施設である。さらに同箇所の陸閘下流の左岸堤防の決壊と右岸堤防の表法面の損壊が続いている（**図4-9**の3、**写真4-2**の3）。この損壊状況から天井川である末政川において、陸閘はその機能を果していなかったと考えられる。岡山県は今次の災害緊急対策事業ではこの箇所は陸閘の撤去を行っている。また、国の高梁川水系河川整備基本方針で示されている2線堤は明確に確認できなかった。なお、井原鉄道の高架化は線路の浸水対策になったが、氾濫洪水は井原線下の

盛土を超えて沿線周辺は2〜4m浸水し、効果は見られなかったと言える。国土地理院の電子国土（WEB）で地形を確認すると盛土高が極めて低いことが分かる。

有井地区では655戸浸水被害を受けている。堤防に近い被災者は「午前4時20分過ぎは1階に寝ていたが水かさが一気に腰まで来ていた」と証言している。両岸の堤防が同一箇所で左岸200m、右岸300mに

図4-9 有井地区の末政川の堤防決壊：下流の①〜③は末政川とクロスする国道486号線上の堤防天端の陸閘と決壊箇所を示す。上流④〜⑦は両岸堤防の決壊箇所（Google Earthより作成）

わたり決壊し、一部は堤体の基盤まで崩壊している（**図4-9**④⑦、**写真4-3**⑧）。氾濫した洪水は左右岸の民家を襲い、空き地や水路を流れた。右岸側より左岸側の氾濫痕跡（押堀）の規模が大きいことが分かる（**図4-9**④⑤、

写真4-3 有井地区上の末政川の堤防決壊：⑤⑥は左岸側の氾濫痕跡（撮影：土屋）。家屋の損壊、大量の土砂流出、押堀の形成が見られる。⑦は約100m下流左岸の堤防裏法面の崩落。⑧は決壊直後の浸水・氾濫と家屋・橋梁の損壊（撮影：岡山県）

写真4-3⑤⑥）。また、約100m下流左岸の堤防裏法面が越水により崩落している（図4-9⑥、写真4-3⑦）。

　これらの決壊箇所は小田川合流点から上流約400m付近の国道486号線との交差箇所および約700m地点の真備町有井地区である。末政川の河川勾配は下流400mまで約1/800、上流700m以上は約1/360である。この河道ではそれぞれ1m前後の落差工がある。末政川は河床が平地地盤より2～4mも高い位置にある天井川であり、水道橋の樋のような水路構造である。特に上流は急勾配であり、かつほぼ直線河道となっている。したがって、末政川の水位は小田川の背水の影響により下流から徐々に水位が上昇し、かつ上流の山間丘陵地からの洪水流は射流状態で流れ、この区間で衝突していたことが推察される。さらにこの2箇所には橋梁があり増水により橋桁やガードレールでゴミ、流木なども捕捉され両岸からの越水があったことも考えられる。特に上流の有井地区の堤防決壊箇所は水位上昇が最高位に達し、左右河岸の同一箇所でほぼ同時に越水したと考えられる。次第に堤体が洗掘を受けて最後には堤防敷の地盤まで浸食されている。これらのことが堤防の決壊痕跡の位置や氾濫流の規模から推測される。

（2）箭田地区の小田川・高馬川の堤防決壊による浸水被害

　箭田地区は1,007戸の浸水被害が発生している。2018年7月7日午前2時頃に目覚めた被災者はすでに1階の床上までの浸水を確認し、水の音がゴーゴーと流れる音を聞いている。その後、「首の辺りまで浸かりもうだめか」と。「瞬く間に2階まで水が届いた」と述べている。また、国から倉敷市への連絡によれば、小田川の越水は7日零時47分にすでに始まっていた。約40分後の午前1時30分に北側地区に避難指示が発令されている（図4-7参照）。直後の午前1時34分に高馬川の堤防決壊が小田川との合流付近で発生している。その後、午前5時52分には小田川の東側部分の左岸堤防が約100m決壊している。さらに小田川の堤防は約5時間半後の12時30分に西側堤防が約50m決壊した。

　真夜中の緊急避難の状況の中で支川高馬川の堤防決壊から小田川の決壊までの間の水位の状態を時系列で確認してみる。第2波の洪水ピーク水位は下流の

矢形橋観測所と上流の東
三成観測所（約7.2km間）
ともに7月7日3:00の同
時刻に発生している（**図
4-7、4-8参照**）。この間
は水位差2.937mを保ち
ながら背水の影響で流れ
は遅滞していた状態に
あったと推定される。小
田川の決壊は高馬川合流
箇所の左岸堤防で発生し
ている（**図4-10**②、**写
真4-4**②）。

図4-10　小田川・高馬川と合流する箭田地区の堤防決壊　高馬川流入箇所①、小田川の堤防決壊②、2棟損壊箇所③、決壊箇所からの氾濫痕跡が見える。白線A-Bは地形横断ライン④、写真4-4④横断図。（Google Earthより作成）

決壊後の堤防表法面は下部を残していることから、小田川の背水により最初に下流の東側の堤防から越水が始まり、裏法面が大きく洗掘を受けていたと考えられる。その後も西側の堤防が遅れて決壊していることから、こ

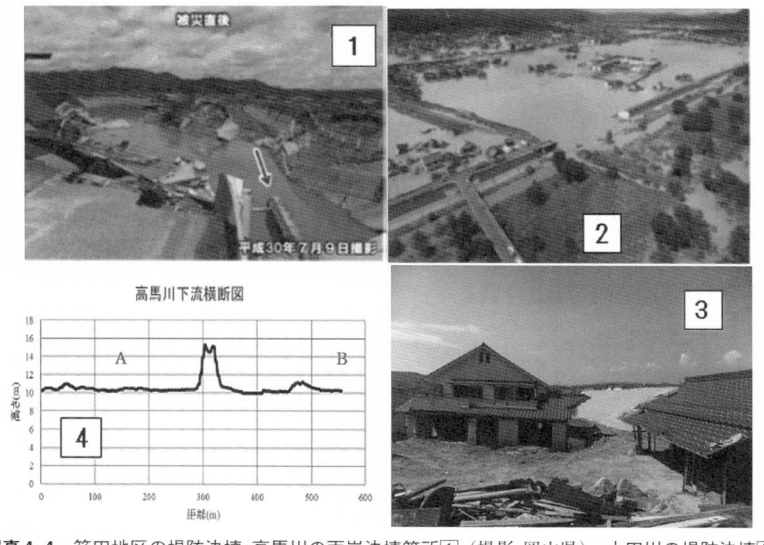

写真4-4　箭田地区の堤防決壊：高馬川の両岸決壊箇所①（撮影：岡山県）、小田川の堤防決壊②（撮影：国土交通省）、2棟損壊箇所③（撮影：土屋）、高馬川下流地形横断（A-B）は図4-10④。

ちらは7日12:00の第3波の増水が影響していたと考えられる。

　また、高馬川の決壊も小田川の背水の影響を受けるとともに山間丘陵地からの洪水流を受けている。合流する直前の左右2箇所で堤防の決壊が発生している（**図4-10**①③、**写真4-4**④）。特に高馬川の右岸の直下にあった堅牢な家屋2棟が全壊（**写真4-4**③）していることから、本川の背水と上流からの洪水流の影響が極めて大きかったものと考えられる。

　真備町地区は水田地帯の中を国道や井原鉄道が走り、駅周辺などに新しい町が形成され住宅が散在している。また、天井川の高馬川は東西方向の地形断面で見ると低平地から高さ約3〜5mの堤防が突起した仕切り壁のように立ち、河床は住宅地より高い位置にある（**写真4-4**④）。さらに山麓の丘陵地から河床勾配は約1/250の急勾配であり、ほぼ直線で小田川に直角に流れ込んでいる。これは天井川の特有の水路構造上のリスク要因といえる。

　さらに盆地地形の低地帯には用水路から小田川につなぐ樋門などが多数設置されている。湛水状況や小田川の洪水水位の影響から判断しても内水排水の樋管、樋門が機能しなくなり、低平地の農業用水路は降雨初期から湛水による氾濫が続いていたことが推測される。高梁川に近い川辺地区は浸水被害1,136戸であり最も多い地区である。この地区の被災者は「午前5時起床したときは近くの用水路の水位は普段より高い程度」と述べ、「その後、急速に水が増えて午前7〜8時頃は辺りが海のようになった。2階に妻と避難したが浸水してきたので屋根に出た」と述べている。

　今後も市街化が進むことを前提にすれば、「流域治水」の視点からも洪水外力のリスク分散を図る対策が必要である。盆地周辺の森林の保水力、山麓のため池の効果の検証を行い、降雨排水、下水道排水、農業用水の排水の小田川への流出抑制と同時に、排水処理システムの新たな構築が喫緊の課題となる。

課題③　河川管理の課題

4-3　内水排水対策が避けられない盆地河川

　岡山県による高梁川水系小田川ブロック河川整備計画（平成22年6月）によ

れば、河川の維持管理の目的が次のように示されている。「河川の維持管理については、河川の特性や沿川の土地利用状況を考慮し、洪水等による災害の防止・軽減、河川の適正な利用及び河川環境の整備と保全がなされるよう河川占用者及び関係機関と調整を図り実施していくものとします。」この計画で河川維持管理の重要な事項として下記の2つを取り上げている。

(1) 河床や河道の植生に関する維持
(2) 河川管理施設の維持

以下では現地調査から得られた視点からこの2つの課題について考察する。なお、中国地方整備局の高梁川水系河川維持管理計画（平成24年3月）の資料も参考にしている。

(1) 真備町の水害の痕跡と小田川の河川管理の課題

写真4-5①は小田川矢形橋の左岸から上流河道内の樹林の繁茂の状況である。樹林の枝葉が堤防天端を超え、橋梁の桁や欄干までを超える高さに樹林が放置されている。調査当日は河道内の樹木の伐採作業が大規模に始まっていた。国の河川維持管理計画によれば「特に、小田川の下流部では最近10カ年程度の間に樹林面積が3倍以上に急増している」としている。また、報告書の水辺の国勢調査の資料では、平成6年度6.5ha、11年度12.2ha、16年度23.5haと樹林面積が拡大した調査結果が示されている。樹種に関して最も繁茂の面積が大きい順に、平成16年度ではいずれもヤナギ高木林約68%、クズ群落の低木林約17%、竹林約11%、落葉広葉樹林約4%となっている。

写真4-5②は右岸の遠田樋門と背景に広がる河道内の樹林帯である。ここでも同様に樹林の繁茂した状況にあり、野鳥のコロニーの営巣も確認でき生態系として保全されている。また、小田川は河道内に灌漑用の河川（水路）があり、途中の右岸側に取水用の大規模なラバーダム（倒伏中）がある（写真4-5③）。また、後背地の用水路などから排水のために堤防に樋門・樋管が各所に設置されている（写真4-5②④）。河道内の灌漑用の水路の盛り土は二線堤[注1]と同様

注1) 本堤の背後に作られる2番目の堤防。副堤・控え堤ともいう。

写真4-5　①は小田川矢形橋の左岸から河道内の樹林の繁茂の状況。②は遠田樋門、浮遊ゴミが残されている。③は宮田堰ラバーダム上流を望む。④は堤内地側の樋門の状態。内水排水の機能不全による氾濫痕跡が見られる。写真1〜4（撮影:土屋）

な堤防となり、洪水時は越水して一体となって流下すると考えられる。なお、下流の非灌漑区間からはこの堤防は見られない。これらの河川敷・水路の樹林の繁茂状況から洪水時には背水の影響は避けられないため洪水流は滞留を招き流水の疎通能力を低下させていると推察できる。近年、河道にはヤナギや竹林が全国的にも多い。しかし、平成11年度から落葉広葉樹林が見られたことは、山麓からの実生の流出によるものであり、長期間にわたり河川敷が堆砂により山地化を起こしていたと考えられる。今後は河床堆砂の浚渫、樹木伐採など生態系保全は、単に順応的管理ではなく「制御する河川維持管理」が求められる。

　小田川は堤防延長15.1km区間に、河川管理施設の施設数は堰0、排水機場1、樋門・樋管22箇所である（平成23年度末）。しかし、本調査では内山谷川合流後の下流に八高橋ラバー堰、真谷川の合流後の右岸下流に宮田堰ラバーダムがあり、計2箇所の取水施設がある。今次の洪水によりラバーダムはその機能から倒伏されていたものと考えられる。**写真4-5**②は遠田樋門である。洪水による堤防からの越水のため浮遊ゴミが残されている。ゲートの管理は不能状態にあったものと考えられる。③は宮田堰ラバーダム、④は堤内地側の樋門施設の

写真4-6　写真①は小田川の洪水氾濫の全景上流を望む。②は堤防の天端付近の漏水箇所。③は真備農協の青果市場の浸水深約3m。④は右岸4k200付近の堤防裏法の崩れである（写真4-6②③撮影:土屋、写真4-6①④:国土交通省）

状態である。周辺の山麓樹林のシルトの痕跡、堤防法面の漂流物などの痕跡から樋門の内水排水の機能不全による氾濫によって水没していたことが推察できる。灌漑用の取水排水システムと治水対策が矛盾しない整合性がある河川施設管理が求められる。

　写真4-6①は小田川の洪水氾濫の全景、③は真備農協の青果市場の浸水深約3mを示す白色のラインである。②は堤防の天端付近の漏水箇所である。特に宮田堰ラバーダムが設置してある右岸堤防は兼用道路のため多数の漏水箇所が見られた。④は右岸4,200m付近の堤防裏法の崩れである。堤防の漏水、亀裂対策は堤防表層材料であっても地質材料に花崗岩質の岩石を由来とする風化花崗岩などは避ける必要がある。

　また、堤防は想定を超える外力（越水など）に対して盆地の住民の命を守るためには区間を限定して堤防全面を被覆し決壊・漏水しない堤防を目指す必要がある。すでに実績もあるアーマーレビー工法[注2]などがある。

注2)　アーマーレビー堤防（鎧型堤防）は耐越水堤防として考案された。その後、越水対策としてハイブリッド堤防（二重鋼矢板締切型、ソイルセメント地中連続壁型）の開発が進められている。

参考文献

- 気象庁：「平成30年7月豪雨」の大雨の特徴とその要因について（速報）、http://www.jma.go.jp/、2018年7月13日
- 消防庁：平成30年8月7日13時30分第51報消防庁災害対策本部
  https://www.fdma.go.jp/disaster/info/items/190820nanagatugouu60h.pdf
- 国土交通省：水文水質データベース、http://www1.river.go.jp
- 国土地理院：平成30年7月豪雨による倉敷市真備町周辺浸水推定段彩図
  https://www.gsi.go.jp/common/000208572.pdf
- 山陽新聞：2018年7月13日 特集
- アジア航測（株）：日西日本豪雨災害　E-mail:service@ajiko.co.jp
- 国土交通省中国地方整備局：平成30年7月豪雨の気象・水文概況、
  http://www.cgr.mlit.go.jp/okakawa/
- 岡山県：高梁川水系小田川ブロック河川整備計画、平成22年6月
  https://www.pref.okayama.jp/uploaded/life/804311_7552404_misc.pdf
- 岡山県：高梁川水系小田川ブロック河川整備計画（変更原案）令和元年8月
  https://www.pref.okayama.jp/uploaded/life/836276_7918651_misc.pdf
- 国土交通省中国地方整備局岡山河川事務所：高梁川水系河川維持管理計画、平成24年3月、p.9　https://www.cgr.mlit.go.jp/okakawa/kawao/ijikanrikeikaku/takahasikawa-ijikanri/1203takahasiiji.pdf
- 国土交通省高梁川・小田川緊急治水対策河川事務所：真備緊急治水対策プロジェクト事業進捗等説明資料〜令和3年度の予定と大雨時の対応〜　https://www.cgr.mlit.go.jp/takaoda/jimotosetumeijoukyou/jimotosetumei_2106mabi.html
- 海津正倫：倉敷市真備町における西日本豪雨災害時の洪水流について、E-journal GEO、調査報告Vol.14（1）、pp.53-59、2019年

第5章

2019年東日本豪雨・千曲川水害
―2019年10月台風19号

5-1　カテゴリー5のスーパータイフーン19号による被害

　2019年10月12日、台風19号は関東甲信地方から東北地方にかけて大河川の流域に総降雨量300〜500mmの豪雨を降らし、東日本の各地で堤防の決壊、越水氾濫が発生し、人命・財産をはじめ農業、商業、交通、観光など生活や生業、産業活動に至るまで甚大な被害をもたらした。連続して豪雨災害が続くこの数年の中でも突出している被害規模である。

　全国で決壊した河川とその箇所数は、国の直轄河川6水系7河川で14か所、都道府県管理河川は20水系67河川で128か所であった。決壊は計20水系71河川で142か所に及んだ（国土交通省2019年11月20日）。水害の形態は地方都市や中山間部では県管理の河川での堤防決壊と氾濫、浸水、土砂災害である。他方、東京、川崎など大都市では下水排水などの内水氾濫という形で被災している。甚大な被害は静岡県から関東甲信、宮城県、岩手県まで13都県の広域に及んだ。

　人的被害は死者98人、行方不明3人、家屋被害は全壊2,762棟、半壊17,395棟であり計20,157棟である（消防庁第57報2019年11月21日）。しかし、水害から2年後の人的被害は災害関連死を加えると全国123人（死者・行方不明）、仮設等避難者5,300人となり長期に影響をもたらした（NHK 2021年10月12日）。家屋被害は過去のカスリーン台風（1947年）を10,859棟、狩野川台風（1958年）を3,414棟も上回った。また、床上浸水19,969棟、床下浸水29,727棟で合計49,696棟であった。2018年7月の西日本豪雨災害と比較しても人命

（西日本豪雨の死者237人）を除いて、家屋の損壊被害では約3,000棟、浸水被害では約11,700棟に達し、西日本の被災を超えている。2019年の被害額は台風19号1兆8,600億円、房総半島の強風による台風15号は2,876億円、計2兆1,476億円となり、被害額では1959年9月の伊勢湾台風（死者・行方不明5,200人余）とほぼ同額であり戦後2番目の被害であった。

写真5-1　千曲川右岸側の須坂市上空から鳥瞰する浸水した北相之島地区の住宅団地。対岸は堤防が決壊した長野市長沼地区穂保。遠方右は水没する北陸新幹線車両基地（長野県提供）

　ここでは千曲川を対象に治水施設や河川構造物の損壊状況について調査結果から見えてきた河川管理と技術的な課題を明らかにしたいと考えている。写真5-1は千曲川の右岸側の須坂市上空から撮った浸水した北相之島地区の住宅団地、対岸には堤防が決壊した長野市長沼地区穂保が見える。

（1）豪雨災害をもたらした台風19号

　2019年10月6日に南鳥島近海で発生したアジア名Hagibisの台風19号は過去最強クラスのカテゴリー5（最大風速135ノット以上。1ノット＝0.51m/s）のスーパータイフーンであった。10月7日から大型で猛烈な台風に発達し、9日9時には中心気圧915hPaで進路を北に変え、そのまま北上し、12日19時前に945hPaとなり大型で強い勢力で伊豆半島に上陸した。その後、関東地方を通過し、13日12時に日本の東で温帯低気圧に変わっている

台風第19号　経路図（日時、中心気圧（hPa））速報解析※

図5-1　2019年10月台風19号の経路（気象庁、2019年10月15日）、アジア名Hagibisは過去最強クラスのカテゴリー5のスーパータイフーン

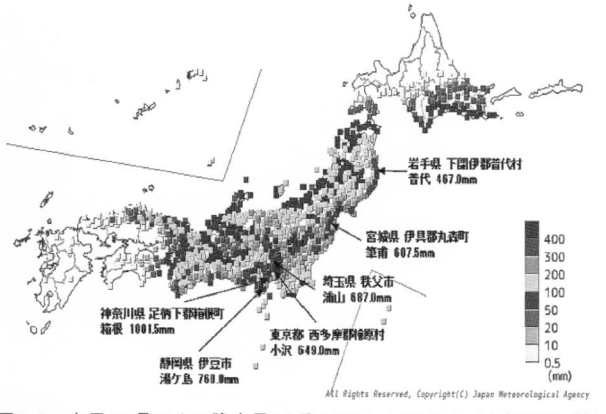

図5-2　台風19号による降水量10月10日から13日までの総雨量（気象庁2019年10月15日）

（図5-1：気象庁2019）。気象庁は13都県に大雨特別警報を発令した。10月10日から13日までの解析雨量分布は、広い範囲で300mmを超えて、関東西部、伊豆半島で総雨量が500mmを超える地域があった。千曲川流域では上流の関東山地を中心に500mmを超えている。台風は千曲川上流域に最も激しい豪雨をもたらし、12日の24時間最大雨量は埼玉県境の十石峠に近い南佐久郡佐久穂町大日向の上石堂で553mm、荒船山に近い佐久市内山の初谷546mm、気象庁の観測点である同郡北相木村は395.5mm、いずれも観測史上最も多かった（信濃毎日新聞：特集ニュース2019年11月1日）。

　一方、飯山市、長野市、千曲市などの下流域では200mm以下で中上流域に比べ少ない。その他の地域では、4日間に神奈川県箱根で1,001.5mmに達し、東日本を中心に17地点で500mmを超えている（**図5-2**：気象庁2019）。また、静岡県から関東甲信越地方、東北地方の多くの地点で3、6、12、24時間降水量の観測史上1位の値を更新し、箱根町の922.5mm/日は気象庁観測で最大となり記録的な大雨となっている。

（2）千曲川流域の水害

　水害をもたらした長野県内の2019年10月12日00時〜13日24時の24時間の降水量は、中上流域でかつ右岸側の群馬県など県境の関東山地を中心に

300mmを超えた。長野、松本、上田などの中下流の平地では150mm未満の降水量にとどまっている（**図5-3**）。支川の犀川流域は100mm程度の降水量となっている。しかし、**写真5-2**が示すように、長野市長沼地区穂保で千曲川左岸の堤防が約70mにわたり越水し決壊が発生した。洪水氾濫は約950haの広さにわたり、人命被害、家屋損壊、農地被害など甚大な被害をもたらした。中でも交通機関はJR東日本北陸新幹線長野車両センターでは決壊や内水氾濫により留置車両の10両編成が浸水し、電気設備の浸水を受けてすべての車両が廃棄となった。また、上田電鉄別所線の上田〜城下間の千曲川に架かる橋梁の崩落により1年以上の復旧を余儀なくされた。

　さらに生活インフラでは長野市、中野市、佐久市など5か所の下水処理場が浸水被害により処理機能停止に追い込まれ、6か月から1年間停止した。長野県の人的被害は当初の死者は5人から2年後には災害関連死者を含め18人、仮設等避難者918人となっている（NHK2021年10月12日）。また、住家屋被害8,300棟、農業被害2,494億円、観光損失20億円超の被害となった。被害の大きい主な自

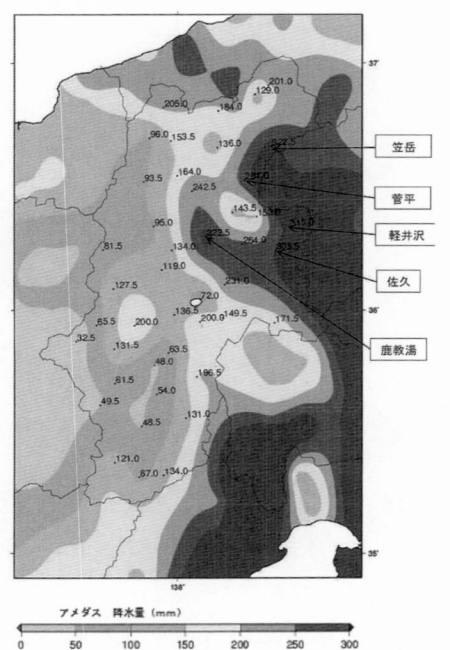

アメダス　降水量（mm）

図5-3　台風19号による降水量10月12日00時から13日24時までの24時間総雨量（長野地方気象庁発表2019年10月15日）

写真5-2　千曲川左岸の穂保地区の堤防決壊と洪水流（共同通信社提供）

治体別被害（家屋・死者）は下記の通りであった。長野市3,620棟・2人、千曲市1,677・0人、佐久市1,051・2人、飯山市626・0人、上田市321・0人、須坂市288・0人、佐久穂町141・0人、中野市125・0人、小布施57・0人、坂城50・0人（毎日新聞2019年11月13日）

5-2　長野市穂保の桜づつみ堤防（側帯）の決壊はなぜ発生したのか

（1）桜づつみ堤防（側帯）とは何か

　桜づつみ堤防の決壊箇所は国の直轄管理区間である（以下、桜づつみ堤防（側帯）の側帯を省略することもある）。長野市の当該箇所の従来の堤防は治水計画の100年確率ですでに完成していた。その堤防に桜づつみを14m拡幅する築堤工事を2002年から14年間を要して2016年に全長4.37kmが完成している（図5-4の整備前後・事業断面図）。

　桜づつみ堤防事業は元号が昭和から平成になることを記念して平成元年頃から全国で展開してきた建設省時代からの事業である。長野市と国土交通省が共同で行い、拡幅の土地を地元住民の協力により提供してもらい進められた。この事業の目的は、桜づつみ堤防への愛着が深まり、地域の人々が集う憩いの場になることを願い進められたのである。地域の住民が桜樹木の植栽、下草刈

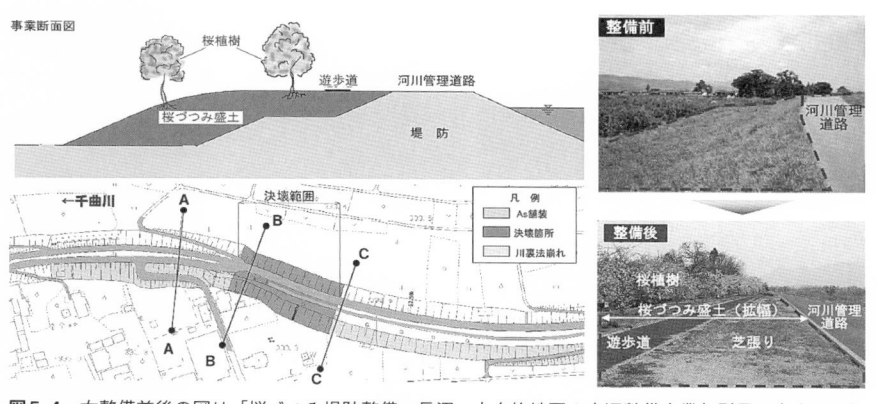

図5-4　右整備前後の図は「桜づつみ堤防整備・長沼・小布施地区の水辺整備事業」引用。左上図は桜づつみ堤防（側帯）、下図は穂保地区の堤防決壊箇所（約70m）平面図、A-A～C-Cの断面は図5-5参照。堤防へのアクセス道路である坂路は6本（国土交通省資料より引用し加筆）

り、清掃などの維持管理を行い
協力してきた。一方、桜づつみ
の盛土は千曲川の堤防強化にも
繋がり、水防などの緊急対応時
には土砂の備蓄材として活用さ
れることが国土交通省説明資料
には明示されている。

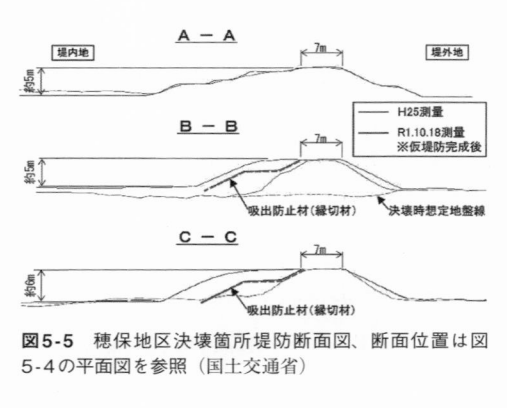

図5-5　穂保地区決壊箇所堤防断面図、断面位置は図5-4の平面図を参照（国土交通省）

　桜づつみ堤防の決壊箇所は、
千曲川に犀川が合流後の下流で
あり河川幅約1,000m、河床勾配1/1,100の緩勾配で、かつ広い高水敷が約
12kmにわたる河道の左岸箇所である（**写真5-2**）。決壊箇所より下流5.5km
からは河川幅約230mの狭窄部となり、ここに立ヶ花水位観測所がある。台風
19号による立ヶ花観測所の流域平均降雨量は196.8mm/2日を記録し、100年
に1度の計画降雨量186mm/2日を10.8mm/2日上回った。千曲川の計画高水
位（T.P.334.95m）を1.77mも超過している。その結果、立ヶ花より上流の左
右の堤防の数か所で越水し、穂保地先の左岸堤
防が約70mにわたり決壊した（**写真5-2、図
5-4左下**）。氾濫した浸水面積は約950haであ
る。被災した長沼・豊野地区等の被害は死者2
名、床上浸水3,305棟、床下浸水1,781棟であっ
た（毎日新聞2019年）。周辺の堤内外地はリン
ゴ果樹栽培などが盛んな地域であり農業被害も
甚大となった。この決壊箇所を含む河道は河川
の自然的・地形的区分からは千曲川下流のセグ
メント2（2-2）にあたり、細砂やシルトが堆積
しやすい地形環境にある。江戸時代からの千曲
川の旧河道は蛇行し、湛水しやすく湿地帯でも
あり、洪水の被害が大きい地域であった。堤防
の決壊箇所に近い、下流にある妙笑寺は2.4m

写真5-3　千曲川大洪水水位標（妙笑寺）〔撮影:塩野敏昭氏提供に加筆〕

浸水している。この寺の境内に千曲川大洪水水位標がある（**写真5-3**）。これによると寛保2年（1742年）の戌の満水に次ぐ大洪水であった。

（2）桜づつみ堤防（側帯）の構造から堤防決壊の要因を探る

　国土交通省の第3回千曲川堤防調査委員会（2019年12月10日）は決壊要因の可能性として越水の影響程度を評価し、次の4点について見解を示した。

　①「監視カメラから越流が生じているのが確認されており、堤防決壊地点の上下流区間も川裏法尻[注1]に越流水による洗掘等が確認されている。これらのことから、越流によって堤防等の欠損が発生し決壊の主要因になったと推定される」としている。

　②堤防の浸透による滑り破壊については「越流時の洗掘により堤防が痩せていく過程ですべり破壊が生じた可能性は排除できないが主要因ではないと言える」としている。

　③浸透によるパイピング破壊に関しては「基礎地盤は厚い粘性土層の分布が確認されており、パイピング[注2]が起きにくい地質構成になっている。」「パイピングが主要因となった可能性は低いと推定される」とした。

　④浸食に関しては「堤防決壊箇所の上下流とも川表法面に目立った浸食の痕跡は確認できないことから、決壊の主要因となった可能性は低いと推定される。」とした。

　なお、越流は監視カメラと水位記録から10月13日0:30頃に堤防天端T.P. 338.2mに達し、その後、同月13日2：40に最高水位T.P.339.0mに達している。堤防からの最大越流水深は0.8mであった。その間に2時間以上堤防からも越流が発生していた。ここで、委員会の見解のうち①②の「堤防決壊の主要因論」に関して、桜づつみ堤防（側帯）に踏み込んだ見解が示されていないため、筆者は桜づつみ堤防（側帯）の地質構造の特殊性から「越流による堤防の欠損の可能性」および「浸透による滑り破壊が洗掘の進行過程で連続して発生した」ことが決壊の要因であったことを説明したいと考えている。

注1）　川裏とは堤防より住居側のこと。反対側は川表という。
注2）　パイピングとは浸透水の挙動により生じる地盤や構造物の破壊現象のこと。

（3）決壊した「桜づつみ」堤防（側帯）とは何か

　図5-4は穂保地区の堤防決壊箇所の平面図、図5-5は決壊箇所を含む堤防の3か所の断面図である。桜づつみ堤防（側帯）は図5-6に示したように斜線部の盛土のことで、堤防の側面に吸出し防止材（縁切り材）で仕切り、その上部に土砂で盛土し、堤防天端ですり合わせて裏法面に厚さ30cmの衣土を置き、桜を植栽してわら芝で覆い築堤されている。衣土とは降雨により芝植生が浸食されるのを防ぐため、標準として粘性土で表層を覆土する工法をいう。これは河川法に基づく工作物設置許可基準（国土交通省平成6年9月22日）および河川管理施設等構造令（国土交通省平成25年7月5日改正）、第24条の二項、第二種側帯に該当する構造になっている（国土交通省北陸地方整備局）。吸出し防止材（縁切り材）は不織布のポリエステル製品で引張荷重が1トン/m以上である。

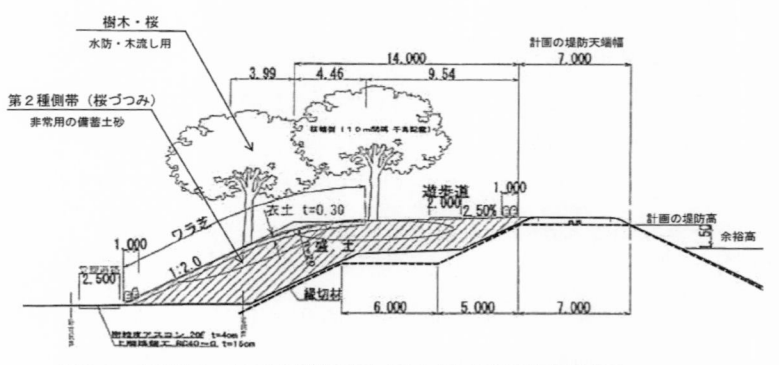

図5-6　長野桜づつみ工事標準断面図（国土交通省北陸地方整備局）

図5-7　決壊箇所の垂直写真①～④別途撮影箇所（2019年10月16日撮影:国土交通省）

図5-8 桜づつみ堤防（側帯）崩落地点，吸出し防止材を境に裏法面の崩落がみられる ①決壊部上流側 2019年10月13日撮影（国土交通省資料）

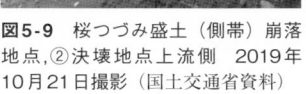

図5-9 桜つづみ盛土（側帯）崩落地点，②決壊地点上流側 2019年10月21日撮影（国土交通省資料）

上記の省令等によると、この桜づつみ（側帯）の機能は堤防の安定を図るため緊急の水防対応時に、非常用の土砂などをここに備蓄し土嚢にする材料である。植樹した桜木は木流し工の材料にするものである。もしくは、通常は河

図5-10 ③桜つづみ堤防（坂路）法面崩落地点A-Aおよび堤防決壊地点の下流側B-Bである。図5-5、図5-6の各断面参照。2019年10月13日撮影（国土交通省資料に加筆）

川の水辺環境を保全するため、堤防の裏側の脚部に側帯を必要な箇所に設けた堤防と位置づけたものである。したがって、側帯である裏法側は本体堤防ではないため植樹を可能として実施している。決壊箇所の近傍には堤防裏法尻に非常用土嚢などを準備する施設が用意されていた。

　従来、河川法では、堤防には樹木を植えることはできなかった。しかし、平成10（1998）年6月、当時の建設省は「河川区域における樹木の伐採・植樹基準」の改正を行い、堤防の裏小段・側帯、河道の高水敷、遊水池、高規格堤防などへの植栽を可能にした。現地の調査でも分かったことは天端の遊歩道の縁を境に、桜木を植栽した桜づつみ堤防の側帯部が縦断的にほぼ垂直に崩落している。**図5-7**は決壊から3日後の10月16日、国交省が撮影した決壊箇所の垂直写真である。この図の①～④の角度から撮影した堤防の各構造を次の**図5-8**、**図5-9**、**図5-10**に示した。**図5-8**の①は桜づつみ堤防の決壊部上流側の側帯の崩落地点、**図5-9**の②は桜づつみ（側帯）盛土の崩落した縦断面である。

地層名	土質
Bs	粘土質
Bg	礫質土
Bc	粘性土
Bs-1	砂質土

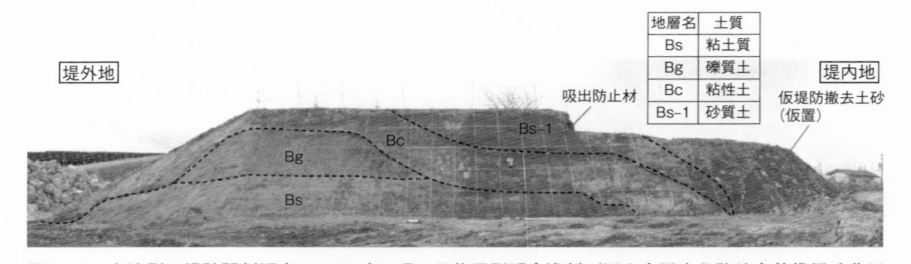

図5-11　上流側の堤防開削調査、2020年2月2日住民説明会資料（国土交通省北陸地方整備局千曲川河川工事事務所）

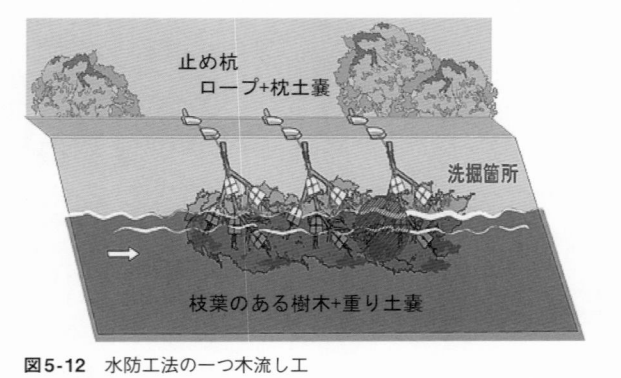

図5-12　水防工法の一つ木流し工
（一般社団法人北海道河川財団テキストに加筆）

図5-5（C-C断面）の断面図および**図5-8**、**図5-9**で明らかなように、当該箇所は上部では遊歩道を境に、下部では残存した吸出し防止材を境に縦断方向に垂直に崩落していることが明確に分かる。

この側帯は堤防天端とほぼ面一（つらいち）に施工されて、雨水や堤防への浸透水を排水させることが目的であり、裏法脚部には水抜きドレーン施設を付けた構造である。吸出し防止材は本来、本体堤防への河川水や雨水の浸潤による堤体内の土砂の吸出し防止を目的にしたものである。しかし、この吸出し防止材が上面、側面に覆土されている桜づつみの土砂と堤体を分離する素材となり、ここに浸透した雨水あるいは越流し浸透した水が直接排水され、滑りやすい境界面を作ってしまった可能性が推察される。

2020年2月、国土交通省は住民説明会資料として決壊上流端の堤防開削調査の断面（**図5-11**）を公表している。この堤防右端の土砂は仮堤防撤去土砂（仮置）と明記され地質は明記されていない。それ以外は桜づつみ堤防に示した標準断面（**図5-6**）および**図5-5**（C-C断面）横断図と同様である。側帯部の土

砂（Bs-1砂質土）は吸出し防止材の点線ラインより上に盛土されていたが、遊歩道部の一部を残して崩落していることが、**図5-5**（C-C断面）と比較して分かる。また、**図5-11**では、堤体は粘性土（Bc）によって下層の礫質土（Bg）、砂質土（Bs）の全体が覆土されており、上層からの浸透や漏水の可能性は少ない、かつ堤防の基盤は厚さ約10mの粘土層となっている。

　なお、**図5-12**に示すように、木流し工とは水防工法の一つであり、急流部では流水を緩和し堤防の川側、河岸が崩れるのを防ぐ工法である。緩流部では波かけの防止を目的としている。材料には樹木、木杭、土嚢、ロープなどを使用し、施工には命綱を使いながら下流から上流に投入する。1本では効果は限定的で複数本投入するのが一般的である。この水防工法が長沼・穂保地区の堤防決壊防止のために運用された痕跡は見られない。また、水防団や河川管理者が実施したという情報もない。

(4)「桜づつみ」堤防（側帯）の土砂崩落

　国の堆積物調査では**図5-13**の①②③に示すように決壊箇所上端付近では側帯からリンゴ畑のある堤内地側への大量の土砂の崩落により堆積厚は1.5m～最大3.0mと報告されている。これは桜づつみの側帯に備蓄されていた土砂が崩落したものであることは明らかである。筆者らの調査でも決壊箇所の上下流の法面においても崩落が見ら

れる。**写真5-4**は決壊箇所下流の左岸55.5k付近における側帯の法面である。越流により側帯の法面が浸食され崩落し、砂利が露出していることが各所で確認できた。桜づつみ堤防の決壊箇所を含む前後、約1.5kmにわたって越水し、側帯から土砂が崩落している。

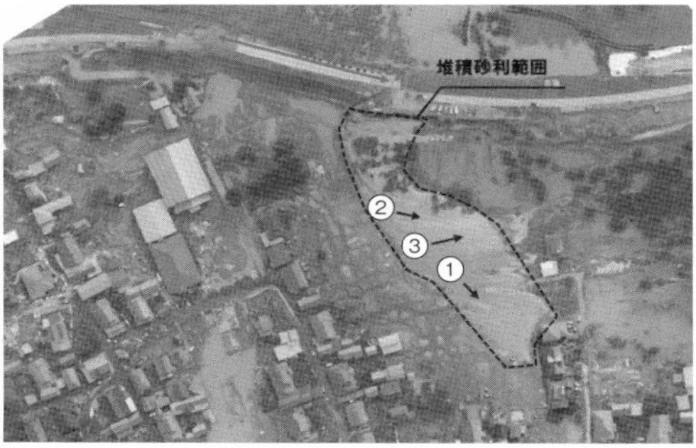

　筆者は2020年1月にもこの

図5-13　桜つつみ堤防（側帯）法面崩落地点，堆積物調査。① 堆積砂利最大3.0m，② 堆積1.5m，③ 堆積2.0m 2019年10月18日撮影（2020年2月2日国土交通省住民説明会資料）

写真5-4　長野市穂保の決壊箇所下流左岸55.5k +133〜213m越水により堤防（側帯）裏法浸食箇所から崩落した砂利（2019年11月7日撮影：土屋）

写真5-5　桜つづみ堤防（側帯）の決壊により法面崩落地点周辺の砂礫堆積物に埋められた信州林檎（堆積深1.5〜3.0m）。後方は氾濫流により損壊した家屋群（2020年1月17日撮影：土屋）

決壊した現地に入ったが、土砂で埋没した果樹園の無残な光景は強く印象に残るものであった（**写真5-5**）。

(5)「桜づつみ」堤防の「坂路」とは何か

　坂路は**図5-4〜5-5**（B-B〜A-A断面）、**図5-10**に示す決壊箇所の下流部にあたり、桜づつみ堤防（坂路）法面も同時に崩落している。堤防天端は兼用道路であり舗装され市道でもある（**図5-4**、**図5-10**）。濃い黒が決壊箇所で、薄い黒は「川裏法崩れ」である。ここは「桜づつみ（側帯）堤防」でもあり、決壊箇所も同じ構造である。また、河川にアクセスする道路が決壊箇所周辺の堤外地、堤内地に計6本ある。これを河川管理では「坂路」という名称で工作物設置許可基準（国土交通省平成6年9月22日）、河川管理施設等構造令（国土交通省平成25年7月5日改正）などでは坂路の設置が不適当な箇所として堤外地の水衝部（川表部）となっている。当該箇所は堤防の線形が大きな曲線であるが堤外地の水衝部となっている。また、坂路は「計画堤防内に設置しないことを基本とする」としている。さらに決壊箇所の**図5-5**（B-B断面）は交通量も多く堤防の不同沈下が懸念されていた。2021年、国土交通省は堤防決壊の主要因の一つに「堤防の高さが下流側及び対岸側に比べて相対的に低かった」ことを認めている。

　以上の資料による検討から堤防の決壊要因は越流時の洗掘により裏法面の浸

食が次第に拡大し、吸出し防止シートを境に側帯の滑り破壊につながり、さらに洗掘の進行過程で連続して本体堤防の損壊に至ったことが決壊の要因と考えられる。桜づつみ堤防の側帯の機能は「河川環境の向上」のほか、水防対策では「桜木は木流し工の材料」であり、「土砂は非常用の土嚢の材料」に使用する目的があった。非常時の本番で発揮できなかったことは検証課題でもある。この堤防は「桜づつみ」と呼ばれ、長沼地区の過去の水害との戦いの歴史を伝承し、記憶するために地元の小学生の歌詞をここに立て、地元の声を反映して桜を植栽し、百年堤防として2016年に完成している（毎日新聞2019年10月18日朝刊）。また、毎日新聞（2019年10月15日夕刊、国土交通省（2020年2月27日）の情報などから筆者の印象を加えると、市民の感覚では本来の堤防としてしか見えず、広げられた堤防構造の側帯の詳細を理解していなかったものと推察することができる。桜づつみ堤防の越水により市民の想いや設置者の意図とは相反する堤防決壊という悲劇を生んでしまったと考えられる。

　今後、桜づつみ堤防は全国の河川にも設置されているため、構造的検討を実験などで検証する必要がある。

5-3　河川維持管理の課題—広大な高水敷の堆積土砂・高密度の果樹木

　千曲川下流の河道は地形・地質的に河川形態のセグメント区分[注3] では2またはBc区間であり長野盆地を流れている。河川勾配は1/1,000 〜 1/1,500で緩勾配である。下流部には立ケ花狭窄部があり、地形的にも滞留し、シルト・細砂などが堆積しやすい河道構造となっている。したがって、国土交通省千曲川河川事務所の1995（平成7）年〜 2005（平成17）年の河床変動調査でも狭窄部上流は若干堆積傾向にあることが把握されている（国土交通省2019年）。このため河床掘削による河床低下を図ることが指摘されている。

　今回の台風19号がもたらした洪水による流出土砂量は膨大な堆積量が推測される。また、河川幅約1,000mになる河川敷には地割慣行制度と呼ばれ共有地として果樹栽培などが伝統的に行われている（内藤武美、2004年）。さらに、

注3）　河床勾配、河床材料の代表粒径などは上流、中流、下流で異なるが、地形区分が同一で似たような特徴を持つ区間ごとに河道を4つに区分することをセグメント区分という。

河畔周辺には自然林が繁茂している。これらの果樹を含む樹林は高水敷に面的にも広範囲に存在している。これは河道の疎通能力に対して流れを阻害する要因になることは明らかである。このため河道の高水敷内の樹林・果樹木・土砂堆積量を把握し、今後の河川維持管理に関わる資料とすることを目標に調査を実施した。調査は、**図5-14**に示した小布施橋から村山橋の区間で行っている。

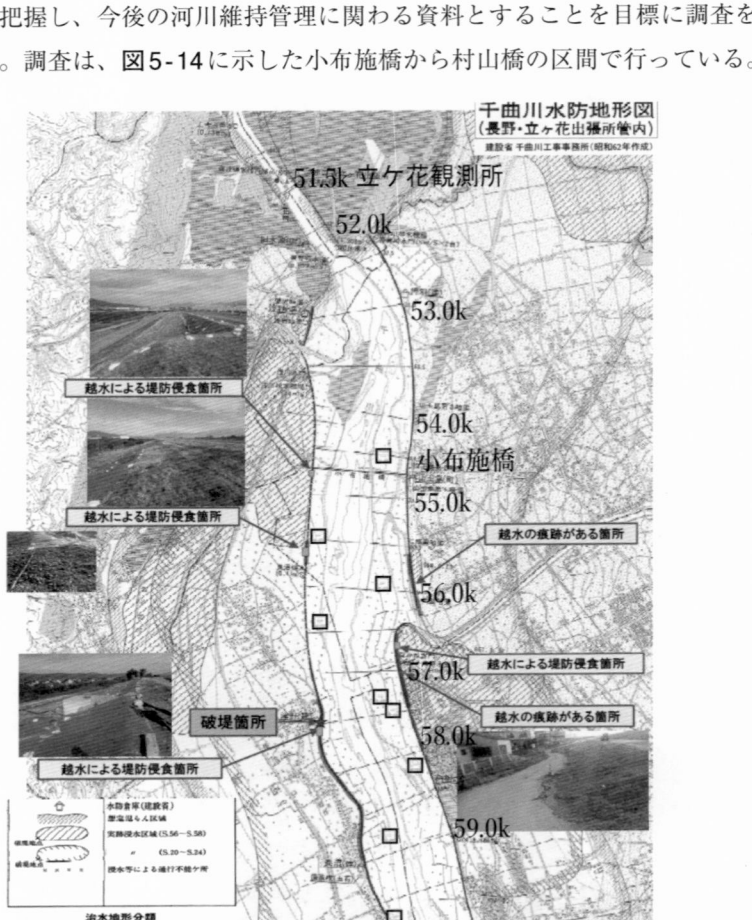

図5-14　河川敷土砂堆積・樹木および越水箇所調査（□印:土砂堆積調査箇所、千曲川水防地形図に加筆）（国土交通省北陸地方整備局）

(1) 堆積土砂および果樹木・河畔林調査

1) 調査日時と区間・箇所

第1回は2019（令和元）年11月7日、小布施橋下54.5k～村山橋60.0kの区間5か所、第2回は2020年1月17日小布施橋下流52.5k～屋島橋62.0kの区間5か所

2) 調査方法と目的

調査箇所は**図5-14**に示した口印の箇所である。河川敷は右岸側5か所、左岸側5か所の計10か所で実施した。河川敷の利用形態はリンゴ果樹園4か所、栗果樹園2か所、桃果樹園1か所、裸地2か所、サッカー場1か所である。果樹木調査は樹高、目通し高の樹幹直径の測定を実施し、メジャー、距離計、スタッフを使用した。果樹木調査では樹木密度の評価を行うことを目的とした。なお、一般樹木は河畔を中心に広範囲に存在していたため重点的に調査を実施した。

3) 調査結果

①河川敷土砂堆積調査

調査結果の一覧を**表5-1**に示した。土砂堆積深の調査では平均堆積深の最大値は左岸55.5k付近のリンゴ果樹園38.05cm（計測箇所数20か所）、最小値は右岸57.0k付近の北相之島のリンゴ果樹園で11cm（計測箇所数4か所）となっている。全体的に地質は上層がシルト、下層が粘土で構成されている。全調査地点の10か所の平均値23.18cm、左岸側の平均値31.53cm、右岸側の平均値は13.16cmである。

表5-1 河川敷土砂堆積調査結果

NO	測定地点	河川敷		利用形態	平均堆積深(cm)	計測箇所数	土質(上層・下層)	周辺環境
1	62.0k屋島橋下流付近(1.17)	左岸		サッカー場	21.78	8	シルト・細砂	川沿い樹林
2	58.2k 村山橋下流岸寄り(1.17)	左岸		裸地1区画	34.06	8	シルト・細砂	巨木
3	59.0k下流 (11.7)	左岸		リンゴ果樹園	26.3cm,32cm	5	細砂・リップル	低水路32cm
4	56.5k低水路側 (11.7)	左岸		栗果樹木	37	2	シルト・細砂	
5	55.5付近(1.17)	左岸		リンゴ果樹園	38.05	20	シルト・粘土	
6	54.5付近小布施橋下(1.17)		右岸	裸地	13.17	6	シルト・粘土	
7	56.0k付近(1.17)		右岸	栗果樹木	13.5	6	シルト・細砂	松川流入
8	57.0k付近上(11.7)北相之島		右岸	リンゴ果樹園	11	2	シルト・粘土	
9	57.0k付近横(11.7)北相之島		右岸	リンゴ果樹園	11	2	シルト・粘土	
10	58.5k付近(1.17)相之島		右岸	桃果樹園	17.14	7	シルト・微細砂	

平均堆積深23.18cm,左岸31.53cm,右岸13.16cm

これらの計測・目視から推定すると堆積深の上層がシルト、下層が粘土または下層細砂となっている箇所もある。上流および左岸ほど上層シルト・下層細砂が多くなっている。これは洪水により砂など比重の大きなものが最初に掃流力で運ばれて沈殿し、その後、水位が上昇し滞留が始まる。さらに流速が減衰する箇所から徐々に浮遊しているシルトが沈降していった現象と考えられる。また、河川敷の左岸は右岸の2倍以上

写真5-6　左岸59k付近の河川敷のリンゴ果樹木、ポール先端付近まで葉面にシルトが付着(撮影:土屋)

堆積しやすいことも分かった。小布施橋上流55.5k付近から57.0k付近の左岸ではシルトの堆積が顕著であった。右岸56.0k付近の栗樹木では支流松川からのシルト・細砂の流入があるが、堆積深は13.5cmと比較的少ない。左岸59k付近の河川敷のリンゴ果樹園の4mポール先端まで葉面に洪水トレーサーとしてシルトが付着している（**写真5-6**）。

②河川敷樹木・果樹木調査

　調査結果の一覧を**表5-2**に示した。一般の樹木調査では左岸58.2k村山橋下流の河川敷にはケヤキの樹高35.05m、直径φ5.3m、樹高約25mの巨木がある。神社鳥居があり浸水高2.8m、直径φ34.06cmの柱があり象徴的な場所と

表5-2　河川敷果樹園・樹木調査結果

NO	測定地点	河川敷	利用形態	樹木本数	面積(m²)	樹木密度(本/m²)	平均樹高(m)	平均直径(cm)
1	62.0k屋島橋下流付近(1.17)	左岸	サッカー場	生垣	約1,500			
2	58.2k 村山橋下流岸寄り(1.17)	左岸	裸地1区画	(ケヤキ樹高35.05mφ5.3m,樹高約25m,神社鳥居浸水高2.8mφ34.06cm)				
3	59.0k下流 (11.7)	左岸	リンゴ果樹園	16	440	0.036	2.52m	15.1
4	56.5k低水路側 (11.7)	左岸	栗樹木	17	1,488	0.011	6〜7m	41.8
5	55.5付近(1.17)	左岸	リンゴ果樹園	53	4,250	0.0125	2.5m	17
6	54.5付近小布施橋下(1.17)	右岸	裸地	なし	400	なし	なし	なし
7	56.0k付近(1.17)	右岸	栗樹木	14	400	0.035	6〜7m	約40
8	57.0k付近上(11.7)北相之島	右岸	リンゴ果樹園	10	312	0.032	2.23m	16.2
9	57.0k付近横(11.7)北相之島	右岸	リンゴ果樹園	14	448	0.031	2.23m	18.3
10	58.5k付近(1.17)相之島	右岸	桃果樹園	21	625	0.034	約3m	約16〜18

写真5-7 右岸57k付近の河川敷に繁茂する樹林帯、その向こうが低水路（撮影：土屋）

写真5-8 伐採し堤防に積み上げられた河川敷樹木（左岸55k付近2020年1月17日）（撮影：土屋）

して高水敷にある。また、樹高約10〜20mの河畔林が右岸左岸とも繁茂しており、高水敷の河畔に縦断方向に繁茂している状況は写真でも明らかである（**写真5-7**）。

また、伐採され堤防に約100mにわたり積み上げられた樹木からも巨木（直径20〜40cm）であることが分かる（**写真5-8**）。

一方、果樹木調査の種別ごとの結果は次の通りである。高水敷のリンゴ果樹の樹高は2.23〜2.52m、栗樹木の樹高約6〜7m、桃は約3mとなっている。果樹の幹直径はそれぞれリンゴ果樹15.1〜18.3cm、栗樹木40〜42cm、桃16〜18cmである。

樹木密度はそれぞれリンゴ果樹木0.0125〜0.036本/m^2、栗樹木0.011〜0.035本/m^2、桃0.034本/m^2となっている。

これらの果樹木の水没状況を電子国土の河川横断図から読み取り推定した。越水した堤防天端高から高水敷高との差を水没深さとした。その結果、水没深さは決壊地点の左岸57.5k付近は4.65〜5.51m、左岸59.0kは3.11〜3.28m、下流の左岸55.5kは5.31〜5.50mである。右岸57.0kは4.68〜5.18m、右岸58.5kは4.36〜5.73m、下流の右岸54.5kは5.41〜5.70mである。

栗樹木を除いて左岸59.0k・左岸55.5k・右岸57.0kのリンゴはすべて水没している。

次に、**表5-2**の河川敷果樹木・河畔樹木調査結果から、河道の高水敷における植樹の基準で果樹木の密度の評価を行った。河川における樹木管理の手引き

（財団法人リバーフロント整備センター、1999年）で示されている植樹の条件と許容植樹密度（上限）によると河床勾配1/2,500以下の場合、高水敷の水深（0.5〜6.0m）と低水路幅/高水敷幅比（0.2〜6.0）の関係について1ha当たりの樹木本数が示されている。

　調査箇所のリンゴ果樹の平均密度0.024本/m^2、栗樹木の平均密度0.023本/m^2は1ha当たりにするとそれぞれ240本/ha、230本/haとなる。この箇所の高水敷の水深は3〜5m、低水路幅/高水敷幅比は0.32であるから基準によると高水敷の水深4mの場合、許容植樹密度は0.5本/haとなっている。リンゴ果樹密度は許容植樹密度の480倍、栗樹木は460倍になる。現在の果樹木は超過密した高水敷になっている。今後、果樹木は群落となっている点を考慮し、粗度係数の評価を行う必要がある。

③土砂堆積に関する考察

　写真5-9は左岸59.0kのリンゴ果樹園の土砂堆積状態を示している。写真5-10はリンゴ果樹園の河川敷に形成されたSand rippleである。右側の上流から左側下流に土砂堆積が畝の山波を形成していることが分かる。リンゴ樹木の間を川の縦断方向に堆積している。正面奥が低水路河道となっている。堆積した形状は山型となり峯の高さは45cm、峯

写真5-9　リンゴ果樹園の土砂堆積深計測
（撮影:土屋）

写真5-10　リンゴ果樹園の堆積状況　Sand ripple（砂漣、砂堆）4m間隔で堆積し、深さ10〜45cm（撮影:土屋）

と峯の間は4m間隔で、谷では堆積深さ10cmと小さい。堆積したのは主に細砂が多量であり、シルトはわずかに地表面とリンゴの葉面、果実表面に分布している。ここで見られた水理現象は砂漣、砂堆が発生していたことを示している。

　洪水時、高水敷を流れる流体の挙動を推測することができる。砂漣は砂粒子が静止状態から流速が増加する過程で河床の乱れによって最初に現れる現象である。周辺のリンゴ樹木は流体力による倒伏や変形は認められず、かつ周辺畑地は洗掘や深掘れが発生していない。また、リンゴ果樹園内の流れは反砂堆ができる射流（$Fr>1$:フルード数1以上）とは考えにくい。したがって、流向は低水路から河道の横断方向に流れ込み、初めは流速が小さく、細砂が沈降し、さらに増水によって乱された後、やがて水中に滞留・浮遊していた浮遊性のシルトが時間をかけてリンゴの葉面、果実表面にも沈着したことが推察できる。

④土砂堆積状況

　小布施橋上流の左岸55.5kの付近のリンゴ果樹園は堤防から河川敷に坂路を使って入ることができる。そこは堤防から見ていた光景とは全く異なる。リンゴ果樹園内にはアスファルト舗装された通路が張りめぐらされている。河畔林が生い茂る場所まで調査することができた。幅3.5m程度の通路の両側には堆積した土砂の壁が続いている（**写真5-11**）。堆積深は区画されたリンゴ園のまとまった一区画の2辺を5m間隔で測定するようにした（**写真5-12**）。

　筆者らは農作業中の果樹農家の方にヒアリングを行い、過去の堆積し

写真5-11　リンゴ果樹園の土砂堆積の状況左岸55.5k付近（撮影:土屋）

写真5-12　リンゴ果樹園の土砂堆積深の計測　一区画の二辺を5m間隔で計測、左岸55.5k付近（撮影:土屋）

た地層を教えていただき計測を進めること
ができた。過去に堆積した地層の境界は雑
草などが枯死していることから見分けるこ
とができる。また、シルトは透水性が悪い
ため新しい堆積層は水分を含み黒色になっ
ていることからも分かる。

　耕作がされていない裸地も2か所の調査
を行った。また、深さ約2m以上の試掘箇
所では今回の台風19号による洪水土砂の
痕跡を確認することができた。ここの堆積

写真5-13　リンゴ果樹園の土砂堆積深さ
の最大値60cmの箇所（撮影：土屋）

深は約60cmの深さである。また、過去の堆積土砂は掘削除去されていないこ
とも分かった。リンゴの樹木は幹の枝分かれの腰や肩まで土砂に埋没している
（**写真5-13**）。

⑤土砂堆積量の推定

　土砂堆積の深さは全調査地点の10か所の平均値23.18cm、左岸側5か所の平
均値31.53cm、右岸側の5か所の平均値は13.16cmである。この数字は堤防か
らの越水がシビアな議論となる中では、決して無視できる数字ではないと考え
られる。土砂の除去をしなければ、この堆積の深さの分だけ河川水位を上昇さ
せることにつながる。

　台風19号の洪水では、小布施橋～村山橋間のうち約2km区間の河道の高水
敷の堆積量を推算すると平均堆積深さ23.2cmでは推定約300,185m³／2kmと
なる。これはダンプ4t車75,000台に相当する。

（2）広い高水敷を持つ複断面構造の水理

①河川の流れと河道横断面

　立ケ花狭窄部から60k村山橋の区間は広い高水敷を持ち複断面構造となって
いる。このような区間においては開水路の矩形断面とは異なり洪水時の流れは
複雑な不安定流れを有することが知られている。上記の堆積土砂の調査で洪水
痕跡としての土砂の挙動に関して「③土砂堆積に関する考察」で述べたように

水理的に興味深い砂漣の形成が見られた。そこで、既往の水理関係の論文から立ケ花狭窄部から村山橋間の堤防決壊前の流れを考察することにした。

　写真5-14は57.5k付近の決壊箇所を下流方向に見た鳥瞰である。ここでは堤防決壊後から洪水が低減している状況下にある。左岸高水敷の流れは決壊箇所に向かう流れが上流からも下流

写真5-14　千曲川左岸穂保地区の堤防決壊と洪水流（共同通信社提供）

からも形成されている。この地点は川幅950m、低水路幅230mである。高水敷は横断図から左岸側約300m、右岸側約420mである（**図5-15**）。河川勾配は1/1,100である。

　一方、右岸側の流れは高水敷に滞留し、停滞した状況が見られる。これは高水敷に繁茂する樹林や果樹園の樹木によって高水敷の流れは滞留していたことが推察される。また低水路の流れは両側の高水敷と異なり、流心部で水面に浮かぶ白濁した気泡列の流れから高水敷より速い流れであったと推察することができる。

　この流れの違いを仕切っているのは両河岸の河畔林であり、これらは洪水時、高水敷と低水路の流れの交換を低減させていたと考えられている。河畔林の帯は欧州ドイツ圏域では高水敷の樹木群と低水路とのインターフェースプ

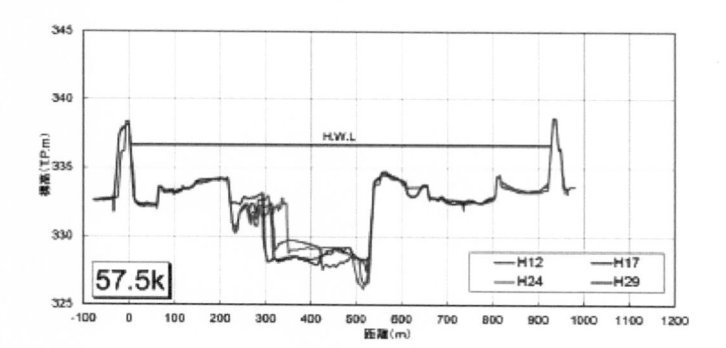

図5-15　千曲川左岸57.5k堤防決壊付近の河川断面（千曲川河川事務所）

レーンでrough wallと呼ばれている（Prof.Dr.-Ing.Eckhard Ritterbach）。これは河畔林の帯が流速差によって発生する渦流を出現させない役割を果たし、流れやすくさせているからである。

　しかし，当該箇所は高水敷に高密度の果樹林があり、洪水時は滞留しやすい。また、河畔の樹林帯は粗度を大きくしている。一方、低水路は洗掘が一層進行すると考えられる。河川敷の樹木は河川管理の重要な課題である。この洪水では下流の立ヶ花狭窄部によって上流の河道幅の大きい高水敷は貯留池化し、堤防天端までの水位上昇期は下流から上流に向かって水位が上昇していたものと推察することができる。

②広い複断面形状の水理実験例

　上記の千曲川の河道に近似した複断面形状をもつ開水路の水理現象である水平渦が三次元乱流構造であることを実験によって明らかにした池田らの研究（池田駿介ら、1995年）がある。

　この研究は複断面開水路流れで発生する水平渦は、高水敷と低水路の横断方向の流速差に起因する変曲点不安定性と2列渦列の安定性という2つの要因の影響を受ける複雑な現象であることを明らかにした。複断面開水路に発生する水平渦の三次元乱流構造をレーザー流速計によって計測し、三次元の流速ベクトルを詳細に明らかにしている。**図5-16**は境界面に2列の非対称渦列を二次元で示したもので、高水敷の流速ベクトルは下流から上流に流れていることを示している（池田駿介、1995年）。

　実験は左右に高水敷を両側対称に持ち、河川幅B、低水路幅bの比を変化させている（**図5-17**）。水路長14m、水路幅40cmであり、水路勾配は1/1,000である。この実験では高水敷の樹木相当

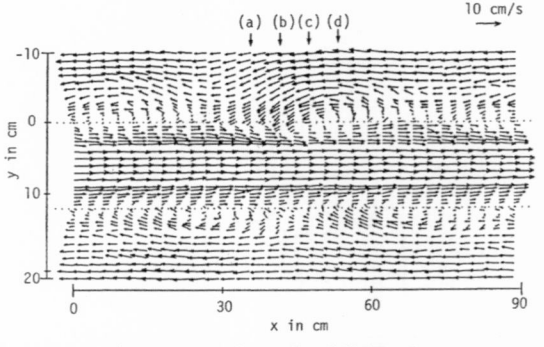

図5-16　境界部における流速u_jで動く移動座標系から見たx-y面（z=0.3cm）での流速ベクトル図。(a)(b)(c)(d) の各横断図は省略（池田駿介ら、1995年）

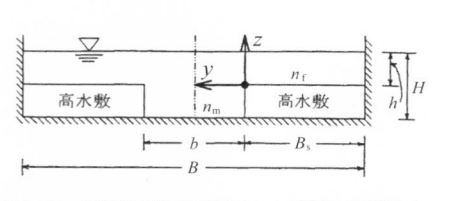
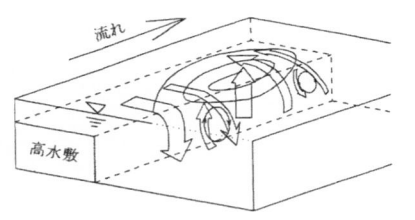
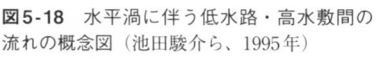

図5-17　複断面水路の横断図および記号の説明（n_m, n_f）はそれぞれ低水路，高水敷のマニングの粗度係数（池田駿介ら、1995年）

図5-18　水平渦に伴う低水路・高水敷間の流れの概念図（池田駿介ら、1995年）

の粗度係数は設定されていない。スケール規模を縮尺で見ると小規模であるが、極めて興味深い示唆を与えている。

　複断面境界部に発生する水平渦に伴う流体の挙動は、高水敷上では強い二次元性が、低水路側では渦中心の上昇流を伴った三次元性が卓越している。**図5-18**はこのような水平渦に伴う低水路と高水敷間の流れの様子を概念的に示したものである。

　今回の洪水では同様な水理現象は未確認であるが、池田らの研究は長野市穂保57.5k付近の堤防決壊前の洪水流の挙動を理解するためのヒントを与えている。すなわち、今後の河川管理の課題として、河川敷の堆積土砂分布とその影響、果樹木・樹林による粗度係数の評価と樹木管理、さらに堤外地の坂路の流れの影響に関しても理解を深め、洪水時の河川敷の流れを研究に繋げていくことが課題と考えられる。

5-4　交互砂州の自励現象が続く中流域河道の宿命と対策

(1) 上田市諏訪形地先の堤防損壊と上田電鉄橋梁の崩落

①桁下余裕高不足と河床変動の激しい河道

　千曲川中流は山本の地形的区分からセグメント区分1〜2-1に相当し、河川勾配1/200、流れは激しく河床の土砂は運搬されやすい。距離標104k付近の上田市諏訪形地先の堤防左岸の橋台基礎が洗掘され約300mにわたり欠損した（**図5-19**）。このため、上田電鉄の鉄橋一径間が落橋し、不通となった。国土交通省千曲川河川事務所の資料（2020年）および京都新聞（2019年）から落橋に至るまでの状況が分かる。2019年10月13日午前7時10分頃は堤防欠損が

図5-19　上田市諏訪形の堤防左岸約300mが
洗掘欠損（千曲川河川事務所）

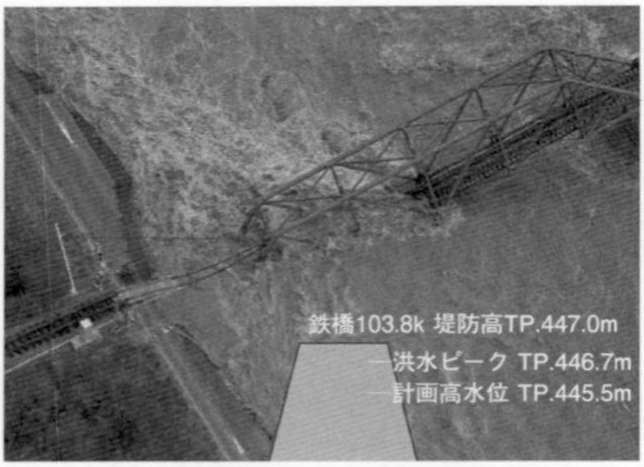

図5-20　上田電鉄橋梁の落橋（2019年10月13
日午前8時40分：京都新聞ネット）、同箇所の水位
の位置関係を加筆

見られたが、鉄橋は残っている。しかし、その90分後の10月13日午前8時40分にはマスコミのヘリコプターから落橋したことが伝えられている（**図5-20**）。

　国土交通省千曲川河川事務所は飯山から上田までの河川管理の施設点検を行い管理区間32か所は河川重要水防箇所の「警戒度合A，B」としてリストアップしている（国土交通省2020年）。諏訪形の堤防欠損箇所は警戒度合Bとなっている。千曲川橋梁（上田交通）103.8kの予想される危険は「桁下余裕高不足」が指摘されていた。

　この箇所から約4.7km上流には生田水位観測所があり、台風19号の洪水では計画高水位に近い河川水位ピーク5.87m（TP.469.47m）、ピーク流量7,266.5m³/sが記録されている。同箇所は計画堤防高（TP.470.2m）であり、既往最大水位3.98mを1.9m超えている。したがって、推算すると計画高水の勾配は1/200であるから上田電鉄橋梁付近の洪水ピーク水位はTP.446.70mとなり、計画高水位を超えていたことになる。また、現地調査では、堤防洪水痕跡からも推定することができる。桁下余裕高不足によるため橋座などが水没していたことが推測される。信濃川水系河川整備計画の資料（国土交通省2019年12月10日）によれば、落橋した橋梁地点の距離標103.8kでは堤防高TP.447.0m、計画高水位TP.445.5m、台風19号の洪水ピーク水位TP.446.7mである。**図5-20**に水位の位置関係を示したように、洪水ピーク水位は計画水位を1.2m超えて堤防高まで0.3mに迫っていた。「桁下余裕高不足」が指摘されていた通

りであったことになる。したがって、当該箇所の今後の検討課題は河床洗掘のメカニズムを明らかにすることが重要と考えられる。

　さらに上田電鉄は堤防左右岸の橋台前後の堤防上部法面が芝張であり、下流の上田橋の堤防法面と比較すると明確な違いを確認することができる。上田橋（道路橋）堤防法面は路面幅以上にコンクリートブロックで覆工されている（**図5-21**）。上田電鉄橋梁は橋座が水没し、前後の法面も洗掘されていたものと推定される。また、河川法24、26条の占用許可、工作物の許可では、設置位置の選定基準として不適当な箇所の事例として「河床の変動が大きい箇所」が挙げられている（国土交通省平成25年7月5日改正）。さらに「本基準に準拠して審査を行う」としている。河床の変動が大きい箇所は全国いたる

図5-21　上田電鉄橋梁、上田橋の左右堤防の前後法面覆工の違い（Google Earth より作成）

図5-22　洪水後の上田電鉄橋梁、上田橋の前後の河床変動は図5-23の洪水前と比較して左岸側の砂州が一掃されている（千曲川河川事務所）

所にある。しかし、上田市城下の諏訪形地先周辺の河道・河床の変動は昭和22（1947）年9月、平成元（1999）年11月、平成16（2004）年11月と過去3回の上空写真の資料（国土交通省千曲川河川事務所2019年）があり、砂州形成の消長は経年的に激しく、左右の御所・天神護岸整備工事（平成11、12、17、25年）が行われてきた（国土交通省千曲川河川事務所2020年）。台風19号による洪水後の上田電鉄橋梁・上田橋の前後は河床変動により左岸側の砂州が一掃されている（**図5-22**）。しかし、**図5-23**に示すように、2つの橋梁は、洪水の出水前においては左岸側の大きな砂州上を横断している。直線区間の交

互砂州の形成は瀬と淵が一対に形成され、河床は自励現象として必ず移動することは過去の事例でも明らかである。同箇所は「河床の変動が大きい箇所」として認識されていたと考えられる。上田電鉄橋梁は大正元年開通であり、当時は明治29年の河川法の下に許可されたものと推察できる。いったん許可されたものでも、公共性の高い鉄道橋は現行の基準に準拠して審査は行われていたはずである。既設の古い施設は更新した新しい基準に即して慎重に見直し、対策が必要である。また、上田電鉄橋梁の上流の諏訪形地先には河川伝統工法の根固め工、木工沈床が洗掘と沈下で損壊を受け、激流の痕跡として確認することができる（**写真5-15**）。伝統工法のさらなる検証が求められる。

図5-23　洪水前の河床状況。2つの橋梁は左岸側の大きな砂州の上を横断している（千曲川河川事務所）

写真5-15　左岸根固め工・木工沈床が洗掘と沈下を受け損壊。下流の橋脚も傾斜している。広大な砂州があり引き込み水路があった。（撮影：土屋）

②河川形態と水理学的考察

千曲川中流セグメント1区間では河岸浸食が激しく、蛇行の程度は少ない。河床の砂礫の粒径も同一の材料で構成される傾向にある。上田市城下諏訪形地先の左岸堤防の欠損箇所が300mにわたっている。河岸が崩落した河道の変化を洪水前の状況と比較することによって、この中規模河床形態の特性を水理学的にみることができる。**図5-24**は洪水前年の2018年8月の砂州と澪筋（川に描かれた白色の曲線）の状態である。また、λ_{B1}、λ_{B2}は砂州の半波長であり、B1・B2・B3は川幅である。なお、波長$\lambda = \lambda_{B1} + \lambda_{B2}$である。**図5-25**は台風19号の洪水後の2019年10月16日の砂州と澪筋である。欠損箇所前後の約2km区間の澪筋と砂州の波長λを**図5-24**と比較すると、澪筋ともにほぼ位相

図5-24　上田市城下諏訪形地先の洪水前の砂州と澪筋（2018年8月撮影：国土交通省資料に加筆）

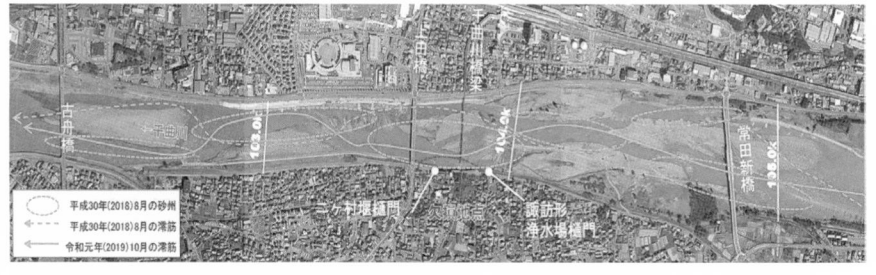

図5-25　上田市城下諏訪形地先の洪水後の砂州と澪筋（2019年10月16日撮影：国土交通省資料）

が左右河岸で逆転する大きな変化となっている。1999年から2018年まで上田橋、上田電鉄橋梁のある左岸側には大きな砂州が形成されていた（国土交通省千曲川河川事務所2020年）。**図5-25**は砂州があり水衝部ではなかった箇所が、洪水後すべて水衝部となっている。このような砂州（短列）の形成は交互砂州（Alternating Bar）と定義されている。各地の河川のセグメント1（Bb）の区間では大きな洪水によって土砂は輸送され、洪水イベントのインターバルを保ちながら同様な変動が繰り返されている。これは水理的な自励現象とも言える。

　そこで、土木学会水理公式集（2010年）から既往研究である中規模河床形態の領域区分の検討を試みた。**表5-3**は川幅、交互砂州の波長、粒径、水深に使用した数値の一覧である。ここで、水深hと砂礫の代表粒径dとの比（h/d）、川幅Bと水深hとの比（B/h）を当該箇所に適応した。**図5-26**の丸印に示すように交互砂州の領域にあることが分かる。ここで、水深／粒径の比はh/d：5000／19＝263、川幅／水深の比はB/h：265／5＝53、d＝19mm（粗礫）で算

表5-3　交互砂州の波長，川幅，水深，粒径（地盤工学会編2010年参照）

川幅 B (m)	半波長 λ_B (m)	粒径: d (mm)	水深 h:5m
B_1: 233	λ_{B1}: 720	d_1: 75（粗石）	B/h: 265 / 5 = 53
B_2: 200	λ_{B2}: 850	d_2: 19（粗礫）	B/h: 281 / 5 = 56
B_3: 362		d_3: 4.75（中礫）	h/d: 5000 / 19 = 263
平均値: 265	平均値: 785	d_4: 2（細礫）	λ_B/B = 2.963

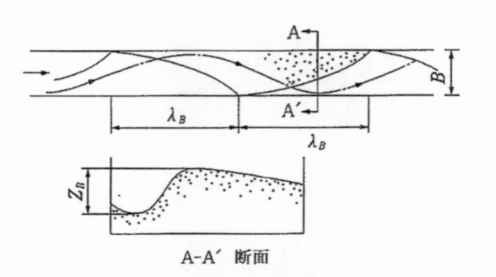

図5-26　中規模河床形態の領域区分（土木学会水理公式集、平成11年版7刷・平成22年1月）に加筆

図5-27　交互砂州の波長と波高の定義（土木学会水理公式集、平成11年版7刷、平成22年1月）

出している（地盤工学会編2010年）。

　次に、交互砂州の波長と波高の関係を検討した。波高 Z_B の定義は**図5-27**の1波長区間の河川断面（A-A′）の水衝部の洗掘深さである。この深さは堤防調査委員会の資料から、千曲川橋梁直下の砂州が最大7,100mm浸食し、決壊した護岸基礎からは4,000mm浸食している（**図5-28**の上図）。なお、護岸決壊箇所においても6,400mm浸食を受けている（**図5-28**の下図）。以上の検討から砂州波高と水深の関係は**図5-29**の●点の位置となる。なお、B/h：265 / 5 = 53、Z_B/B_2 = 7 / 200 = 0.035で算定している。水深に対して川幅が大きいほど右下へ移動し、川幅が小さいほど左上に移動している。砂州波高 Z_B、すなわち浸食深さは大きくなっている。

　中流域は河川勾配1 / 200 〜 1 / 50の急勾配である。護岸の損壊した河道は、砂礫の移動が長期にわたり、自励的水理現象でもある交互砂州が形成される区間であることは避けられない。このような河道において基礎工は被災前の計画

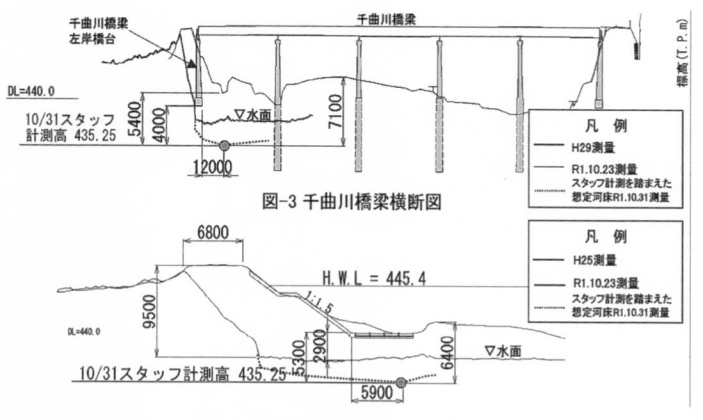

図-3　千曲川橋梁横断図

図5-28　千曲川橋梁横断図と左岸決壊箇所の想定河床の計測高（国土交通省堤防調査委員会資料）

河床高より最深河床を重視し、基礎天端高を設定することが大切である（財団法人国土技術研究センター編2007年）。その上で、瀬と淵の変動を考慮した浸食・洗掘対策のために根固め工、鋼矢板工などを検討する必要がある。

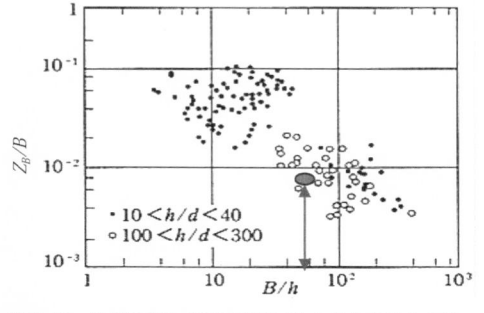

図5-29　砂州波高と水深の関係（土木学会水理公式集、平成11年版7刷・平成22年1月）

（2）上田市大屋地区のピストル水制と田中橋の崩落

①洪水に耐えた6基の出し水制護岸

　千曲川の直轄管理区間の最上流110kは上田市大屋橋である。ここより上流は長野県管理区間である。**図5-30**は大屋橋右岸直上にある6基の出し水制群が並ぶ護岸で、ここは北国街道海野宿下の出し水制でもある。これらの水制は旧建設省富山工事所長で戦前・戦後からの水制工の大家であった橋本規明氏が開発したもので、ピストル水制と呼ばれた（新版河川工学・高橋裕）。今日のコンクリート三角中空ブロックなどの原点になっている。この箇所は流路が蛇

図5-30　写真左は大屋橋,ここより上流長野県管理の右岸6基の出し水制群（ピストル水制）（Google Earthより作成）

写真5-16　6基のピストル水制と石張り護岸の組合せは損壊なし（撮影:土屋）

行し、右岸の水衝部であり、**図5-30**、**写真5-16**に示すように台風19号の洪水時には損壊を免れた事例として取り上げた。伝統的な河川工法が洪水流に耐えた箇所あるいは損壊を受けた箇所においてその適用方法と構造をもう一度検証するためにも研究する価値がある箇所である。

②東御市海野地区の道路橋に近接した護岸基礎の崩落

　海野地区は旧北国街道の江戸時代の宿場町であった。現在も通りの両側に約100棟の家屋が連なる歴史的な町並みを形成しており、「日本の道100選」「重要伝統的建造物群保存地区」に選定されている。これを契機に1989年（平成元年）から海野宿内の道路環境整備事業が実施され、観光の拠点の一つになっている。現在は国道18号からしなの鉄道をオーバーパスし、海野バイパス道路が千曲川右岸沿いに走っている。この道路の橋梁と隣接した千曲川河岸が約250mにわたり洗掘し損壊した。しなの鉄道に架かる道路橋の崩落とこの橋梁に供架しているガス管が爆発し、水道の断水も引き起こし、鉄道は不通になった。**写真5-17**を見ると千曲川右岸の護岸および橋台基礎工などの下部の河岸水衝部が崩落している。

　一方、**図5-31**は台風19号の洪水前の様子で、**写真5-17**と同一箇所である。護岸は下部に6基の水制群とその間に石張りの法面が確認できる。しかし、護岸工の上部は道路の取り付けによる盛り土となっている。この盛り土と護岸の一部に既に崩落している箇所が多数確認することができる。**写真5-18**は上記

写真5-17 千曲川右岸の護岸・道路・橋梁基礎が約250mにわたり崩壊
（2019年10月19日撮影：近隣住民より提供）

図5-31 台風19号の洪水前の同一箇所。右岸水衝部に6基の水制工と石張護岸。その下流の法面は崩落している箇所がある（Google Earthより作成）

写真5-18 崩壊前の右岸水衝部から上流を見た洪水流。（2019.10.12.午後4:30撮影：住民提供）

の護岸が崩落する前の2019年10月12日午後4時30分に右岸上流の洪水流を映した映像である。住民の情報では数時間後に撮影箇所は崩落し、その後、上記の橋梁に供架するガス管の大爆発音が発生したとしている。

③東御市田中地区の護岸・橋梁の損壊

　千曲川に架かる県道81号の「田中橋」の右岸の橋台・護岸が崩壊し、橋桁が落橋している。通行の車1台が下流に流され、一時3人が行方不明となったが奇跡的に自動車の中から救助された。田中橋の左岸下流の河岸も浸食を受けている（**写真5-19～5-21**）。この橋から下流の河川横断面が拡大していることから、狭い上流から洪水流が散乱放射し、渦流が両岸の浸食をもたらしたと考えられる。橋台の基礎の地盤は固結した浅間山噴石物である（**写真5-22**）。

写真5-19　田中橋右岸の橋桁崩落から浸食した左岸を望む（撮影:土屋）

写真5-20　田中橋左岸下流の河岸も浸食を受ける（撮影:土屋）

写真5-21　田中橋右岸の浸食・崩落を受けた橋台と住居（撮影:土屋）

写真5-22　田中橋右岸の浸食された河床の基盤。固結した浅間山噴石物（撮影:土屋）

④東御市滋野地区の護岸・橋梁の崩壊

　東御市市道の布下橋は昭和41（1966）年完成の2径間のワーレントラス橋である。残った2径間の橋の左岸には吊り橋の木橋があったが、堤防もすべて流された（**写真5-23**）。東御市の報告によると千曲川支川の鹿曲川では切久保橋ほか7か所の橋が崩落・流失した。また、布下橋の上流では小諸市川辺地区の大杭橋1径間が流失している。

写真5-23　東御市市道の布下橋。左岸にあった吊り橋の木橋と堤防が流失（撮影:豊田政史氏）

5-5 河川重要水防区域の警戒度評価と千曲川上流域の実態被害
―山間地域の中小河川の水害から見える流域治水の今後

（1）千曲川上流の佐久市の水害

①佐久地域の自然と降雨

　長野県が管理する千曲川上流の北佐久・南佐久圏域は千曲川源流の甲武信岳に発し、南西に八ヶ岳連峰・蓼科山、北東に浅間山、荒船山などの連山から流れる支川が多い流域である。千曲川本川は北部フォッサマグナの地溝帯に位置する佐久盆地、上田盆地、長野盆地へと北流するが、その源流域を形成している地域である。地層は千曲川を境に流域の奥から南東に関東山地の秩父帯の中生層、古生層があり、西側の山地に猿丸累層（鮮新世）と呼ばれる新第三紀層、北東に最も新しい第四紀層の安山岩からなっている。

　年間降水量は低平地で600mm前後、高地で1,000mm程度と少なく、中央高原型の気候である。しかし、台風19号では佐久地域は10月12日の24時間雨量は千曲川の東側で400〜500mm（**図5-32**）に達し、昭和34（1959）年8月の台風7号に次ぐ甚大な被害となっている。豪雨の最も多い地点は、抜井川の源流・十石峠に近い佐久穂町大日向「上石堂」で553mm、滑津川の最上流で荒船山に近い佐久市内山「初谷」は546mm、気象庁観測点の北相木村は395.5mmで、いずれも観測史上最も多い記録を更新している。佐久地域では年間の降雨量の4割あまりに相当した。

　5-1節（2）「千曲川流域の水害」で示したように、台風19号による千曲川上流の山間地域の降雨量は300〜500mmであり、これらが中流の上田市の護岸損壊や鉄道橋梁の落橋、さらに下流の

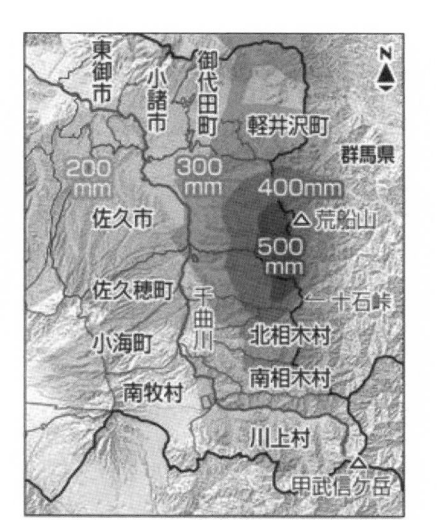

図5-32　佐久地域の10月12日の24時間降雨分布（信濃毎日新聞特集　2019年11月1日）

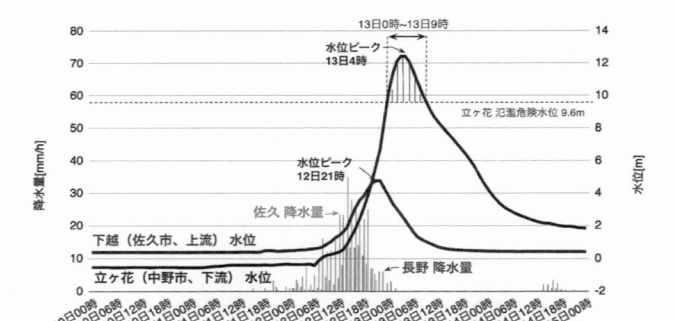

図5-33 千曲川の上流佐久市と下流の中野市の水位および降水量の比較
（2020年土木学会水工学委員会報告書）

長野市長沼地区の桜つづみ堤防決壊などをもたらしたと考えられる。

　図5-33に示すように中野市立ヶ花の水位ピークは10月13日4時、佐久市の水位ピークは10月12日21時である。すなわち洪水の伝播時間は、水位ピークの時間差7時間である。一方、下流の降雨量は、長野市・飯山市の平地で100mm、山間部でも200mm程度であった。社会的には下流の都市部の被害が大きく注目されるが激しい豪雨がもたらした上流域の被害にも着目したい。

②被害の概況と河川の維持管理

　佐久市の被害額は県内では長野市に次ぐ規模となり、河川護岸など372か所、農業関係は取水施設の頭首工や水路が1,890か所であった（佐久地域振興局）。住家被害の主な地区は谷川が流れる臼田・入沢地区95棟、志賀川の下宿地区67棟、田子川の常和地区約50棟、吉沢川の清川地区約40棟、千曲川合流直近の中込・杉ノ木地区では滑津川の堤防が320m決壊し、田畑・家屋の浸水はそれぞれ35ha、21棟であった。さらに同地区内の流域下水道水処理センターが浸水し、1年近く機能停止となった。千曲川本川では佐久市野沢原地区の中島公園に隣接する無堤防区間で家屋が2棟流失している。

　一方、佐久穂町では抜井川・余地川が流れる集落では浸水・損壊は141棟で最も多く、千曲川本川では同町高野町地区の南佐久大橋下の堰堤下の左岸護岸の崩壊が発生している。また、本川下流では小諸市川辺地区の大杭橋1径間が流失している。

　上記の被害は堤防など河川構造物等の損壊によるものである。したがって、

図5-34　佐久市西部の警戒ランクA,B要注意の評価箇所（細い実線枠）と今次調査の被害実態（太実線枠）（長野県佐久建設事務所資料に加筆）

　以降に記す各地域の報告では、河川施設等の維持管理の視点から今後の防災対策、復旧整備事業、河川維持管理の課題を明らかにすることを念頭に被害調査を行い、被害の大きさや被災箇所の特異性に配慮した対策を重点的にまとめている。以下、佐久穂町の被害調査も同様である。

　現地調査と検討方法は下記の法令、省令を参考にしている。河川施設の損壊等の調査は「河川法」「河川管理施設等構造令」、国土交通省の「河川重要水防箇所一覧（工作物）」および長野県の「重要水防区域による堤防・護岸の警戒度評価とその対策」等による資料である。なお、長野県の北佐久圏域における重要水防区域の規模、箇所は佐久市、小諸市、軽井沢町、御代田町、立科町で河川延長49,980m、156か所が挙げられている。その内、佐久市内の堤防、護岸等の警戒度の評価箇所は92か所となっている。

③佐久市内の滑津川・志賀川・田子川・谷川の堤防決壊・氾濫

　長野県が管理する河川は水防上、特に警戒を要する箇所を「重要水防区域箇所」として選定している。選定基準には予想される危険な状況とそれに対応する水防工法が示され、工作物と工作物以外に分けて3ランクに区分している。

黒色のマークが「警戒度合A」、薄い黒色「警戒度合B」、白色が「要注意」となっている。この選定基準には予想される堤防等の危険箇所と規模、越水の予想される水位とその対策である水防工法が示されている。調査ではこれらの基礎的な情報を参考に、堤防・護岸などの被害状況を調査し、考察を加えた。**図5-34**は佐久市西部の警戒ランクA、B、要注意の評価箇所（薄い黒色）と実際の被害の発生箇所および被害実態は各箇所ごとに文章で示した。以下に、主な被害箇所の被害状況と被害が拡大した原因等について考察する。

イ．中込・権現堂・杉の木地区 （図5-34, NO.5）

　佐久市内を流れる一級河川滑津川は、流域面積106.5km^2、5つの支川をもつ比較的大きい河川である。滑津川ではJR小海線橋梁下流約400mの権現堂地区の湾曲する堤防が長さ320mにわたって決壊し、氾濫した（**写真5-24**）。被害は決壊箇所より下流の杉の木地区で発生し、避難中に死者1名、床上浸水15棟、床下浸水6棟である（**写真5-25**）。洪水は水田、果樹園から幹線道路を超えて下流の杉の木地区の住宅を浸水させている。さらに近接している流域下水道水処理センターも浸水し、機能が約1年停止した。この決壊による氾濫面積は約35ha、実りの水田が砂礫の海となった（**写真5-26**）。

　決壊した箇所の長野県の評価は警

写真5-24　滑津川左岸堤防の決壊地点。堤防法面が石張り（土屋）

写真5-25　杉の木地区の浸水家屋21棟、黒色のラインは床上浸水家屋（土屋）

写真5-26　左岸堤防320m決壊、氾濫面積約35ha、実りの水田が砂礫の海となる（土屋）

戒度合Bランクで、場所名は権現堂とあり、予想される危険は「水位1.3m、延長200m堤防決壊」である。破堤前の湾曲した堤防の同左岸は1949年のキティー台風で決壊している。長野県の重要水防区域一覧では水防工法が「蛇篭布せ」とあるが、過去の災害履歴からも警戒度ランクBでは低い評価と考えられる。また、この地区は2015年に千曲川右岸の中込地区を含む想定降雨量212mm/2日（確率1/100）で浸水想定区域として既に示されていた。長野県は同箇所の決壊の要因について、①異常な降雨による出水、②パラペット（湾曲部）の高さ不足、③決壊箇所の脆弱性の3つを上げている。一方、滑津川流域は開発が進み市街地化が進んでいる。しかし、河川整備計画がない。まず、河川基本整備計画を立て、抜本的な治水対策が求められる。なお、滑津川は詳細な河川現況図などはなく、かつ河川水文観測は降雨のみであり、河川水位観測はされていない。

　このようなことから、当該地点の踏査による洪水痕跡および**写真5-27**と県の部分的な資料を参考に、洪水流量の算定を行った。電子国土から河川横断面を作成し、暫定的に洪水時の流量をマニング式と連続の式から算定を試みた。断面は台形断面（河川幅62m、河床幅32m、水深2.7m）、粗度係数$n=0.035$である。その結果、洪水ピーク流量は約500m³/s程度であったと推定される。また、決壊箇所から8km上流の支流志賀川の2次支川香坂川ダムの洪水調節の制御の有無を検討した。香坂川は志賀川合流地点において基本洪水252m³/s

であり、ダムにより61m³/s（24%）をカットし、191m³/sにする計画である。しかし、この洪水ではダム流入ピーク流量82.06m³/s（10月12日, 21:18）、放流ピーク流量80.16m³/s（同日, 21:28）であり、余水吐流量を加えるとピーク109.98m³/sであった。流入・放流量ともほぼピークが同時刻で、かつその差1.9m³/sである。ダム調節機能が果たされていな

写真5-27　決壊箇所より約400m上流にJR小海線の鉄橋がある。10月12日15:23の洪水状況（信濃毎日・緊急報道特集）。この後、撮影箇所の堤防は橋台から約10m堤防法面とも崩落している。

かったことが認められる（**図5-35**）。ダム調節機能の管理および施設のシステムの改善が求められる。

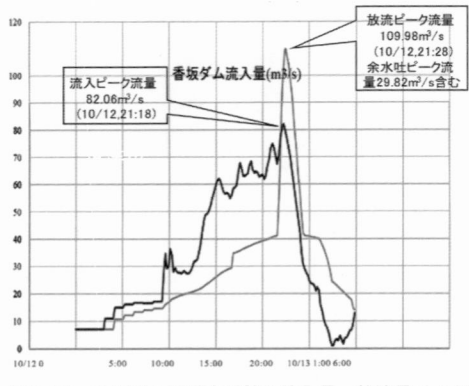

図5-35　香坂ダムの洪水調節：流入量・放流量ハイドログラフ

　現在、滑津川の支川志賀川流域に牧場、工場、さらに香坂川・霞川がありこの小流域は高速道路、スキー場などが開発されている。一方、本流の滑津川流域は上流にはゴルフ場、運動スタジアムもあり、市役所を中心に市街化も進んでいる。なお、この流域では、支川田子川・吉沢川の山間部も大きな被害となっている。

ロ．千曲川本川・佐久市原地区（**図5-34, NO.2**）

　当該箇所は河川幅約170mであり、河道はほぼ直線で河床勾配は約1/120、急勾配である。交互砂州が発達しやすい場所であり、過去は伝統工法の聖牛[注4]が右岸側に2基設置されていた。この頃はアユの放流が行われ釣りのメッカであった。佐久大橋建設に伴い落差工が設置され、聖牛は撤去された経緯がある。佐久市西部の警戒箇所のランクでは佐久市「原地区衛生セ

図5-36　千曲川左岸1,000m無堤地。左岸堤防の洗掘により人家2棟が流失（楕円内）。右岸も越水の危険性があった。遠方に上から野沢橋、佐久大橋（佐久市資料に加筆）

ンター下の左岸1,000m無堤地、2.5m越水、対策工は蛇篭伏であり、警戒度B」である。実際の被害は河岸侵食により家屋2棟が流失している（**図5-36**）。

注4）　ひじりうし、せいぎゅう。多くの丸太で三角錐を横に倒したような構造物をつくり、蛇籠をのせたもので、急流による河床の洗掘による流出を防ぎ、水を跳ねる透過型の水制工。

ハ. 佐久市北桜井地区 （図5-34，NO.3）

当該箇所の長野県の評価は「警戒度A、御影橋下流左岸1,400m、堤防高不足、予想水位は2m、越水」であり、対策は「木流し工、積土嚢」としていた。

しかし、この堤防は江戸時代からの霞堤であり、2か所の開口部があり、堤防沿いに水害防備林も並行している。今次の洪水では主に下流の霞堤の開口部から水田に浸入していた（図5-37）。現地調査を行ったときは、下流の霞堤の法面が長さ約25m損壊を受けて復旧工事が進められていた。法面の損壊は、本川が大きく湾曲している内側で、かつ直上に東京電力の取水口のための落差高約3mの堰堤が横断しており、洪水の主流が右岸側に形成されたため、左岸内側は流速差により反転する渦流や内水からの流れが重なり発生したものと推察することができる。なお、昭和2（1927）年に下流の小諸発電所（西浦ダム）が完成しているので、堰堤がなかった過去の時代は2か所の霞堤が機能していたものと考えられる。

2020年12月、長野県は上流の御影橋から霞堤を含む中部横断高速道路までの左岸側に隣接する土地に遊水池の建設を提案している。面積31ha、貯留量110万m³、水深3.5m、堤防高最大6.8mの規模の計画である。遊水池は越流方式で上流側57万m³、下流側53万m³を貯留させる。本川のカーブの内側で、かつ河床勾配約1/150の急勾配の箇所では洪水流を計画どおり取水することは極めて困難と考えられる。長野県は千曲川流域全体で遊水池7か所を提案している。ここに昔から霞堤があり自然の理にかなった手法であった。これを評価し活用することも検討する必要がある。この地点より上流域で田んぼダム等による降雨量の流出を抑制する分散化の可能性も検討すべきであろう。その上で、流域の田んぼダムの活用も流域治水の視点から遊水池を議

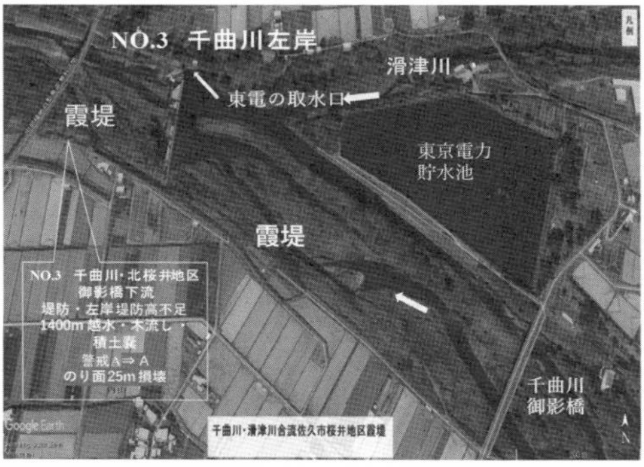

図5-37 千曲川左岸北桜井地区の堤防（霞堤）の法面損壊。

論する必要がある。貯留量110万m³の雨量換算（相当雨量）は9〜10mmである。長野県は被害が大きかった上流支川の滑津川・田子川、谷川の流量増加に対する相殺論の視点から遊水池を提案しているが、これらの流域面積（滑津川106.5km²、谷川12.7km²）に限定する必要はない。2021年4月、制定された流域治水関連法では、流域のあらゆる関係者が協働して流域全体で水害を軽減させる対策を実施するとしている。同地点より上流域全体で洪水外力のリスク分散を図ることが流域治水の趣旨でもある。遊水池の対象となる水田の所有は地元の優良米の地権者であり、影響する市民との合意形成には十分時間をかけた議論が必要であろう。

二．田子川・常和地区（**図5-38**, NO.7）

　当該地区は約180戸の家屋がある。その50戸が損壊、浸水を受けている。**図5-38**に示した長野県の資料によると警戒度合Aランクにあたり、薄い黒色枠NO.7のラインで示されている。重要水防区域の一覧表には左右700mにわたり越水と記載されている。予想される危険は越水と断面不足が挙げられてい

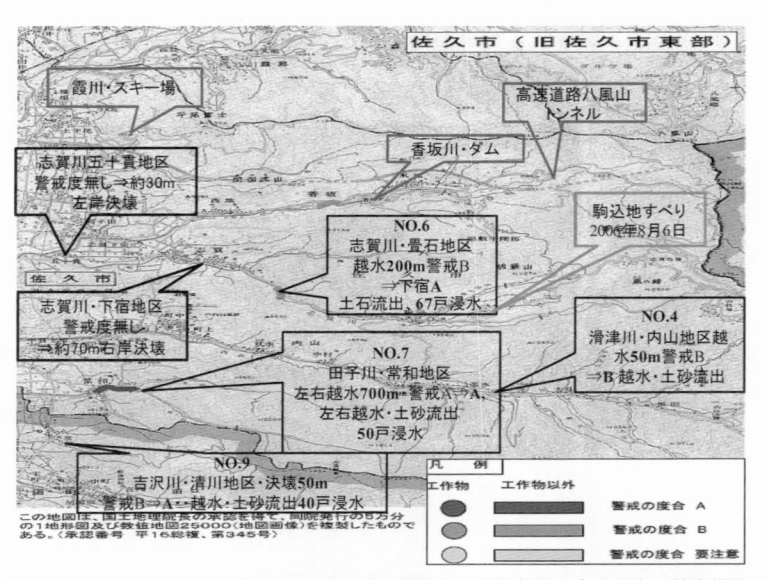

図5-38　佐久市東部の警戒度合のランクA,B要注意の評価箇所と今次調査の被害規模、発生箇所（薄い実線枠）、太実線枠：予測評価なしの箇所。長野県佐久建設事務所資料に加筆

写真5-28　田子川・常和地区の土砂流出（佐久建設事務所）
写真5-29　台風19号前の田子川・常和地区、土砂流出の後の写真5-28と同地点（Google Earthより作成）
写真5-30　家屋の敷地や部屋にまで土砂が流入した被災した民家（撮影：土屋）

る。予想される水位は1.2mとある。水防工法の対策は積土嚢である。

　この小河川は集落の入口の伝々橋から上流が砂防指定地である。途中から2本の支流となり、北沢に2基（遊砂池）、南沢に3基の砂防堰堤がある。隣接する滑津川との分水界まで広域に保安林の指定がされている。**写真5-28**と写真**5-29**は台風前後の常和地区の状況である。河道は砂礫で埋め尽くされ、道路面まで溢れている。県の予想どおりの被害であるが、河川断面不足の解消が喫緊の課題となる。その際、上流の砂防施設の土砂捕捉機能の役割が果たされているか、砂防堰堤、遊砂池の堆砂状況を検証する必要がある。また、上流は河床勾配が大きくなるが、落差工のステップが小さいことが分かる。**写真5-30**に示すように、田子川は河岸沿いの家屋が越水と土砂被害を受けている。道路沿いの家屋は浸水を受けているところが多い。生活道路であるため河川断面不足は道路の拡幅とセットで検討する必要がある。

ホ．吉沢川・清川地区（**図5-38**，NO.9）

　当該地区は約110戸の家屋がある。最大で約40戸が損壊、浸水を受けてい

写真5-31　吉沢川から越水し道路を流れる洪水（住民提供）

写真5-32　損壊を受けた護岸と狭小の吉沢川と生活道路（撮影:土屋）

写真5-33　吉沢川から越水し道路を流れた洪水により損壊した家屋（長野県佐久事務所）

る。清川地区の吉沢川は**図5-38**の警戒度合のランクに明示されていないが、重要水防区域の一覧表には警戒度合Bとあり、延長は堰堤下50m、予想される「水位1.5m」が記載されている。予想される危険は「護岸等の弱体と決壊」が指摘されている。吉沢川は市道の三分中込線の宮前橋が架かる前後が急傾斜地崩壊危険区域に設定されている。集落は道路沿いと吉沢川に沿った急傾斜の土地に立地しており、道路幅、水路幅も狭小である（**写真5-31 ～ 5-33**）。護岸が崩落したり損壊を受けている箇所が数箇所見られる。地区の上流には農業用のため池があり灌漑に利用されている。下流の住居では、**写真5-31 ～ 5-33**に示すように、洪水時は吉沢川から越水し、河川と道路の区別がつかない危険な状態となった。住民のヒアリングによると河道は土砂で埋め尽くされ、路面を洪水が流れたことが分かった。過去にも小規模の豪雨でも危険な土砂流出があり懸案課題となっていた。この地域は急傾斜地崩壊危険区域であると同時に河川からの土砂流出対策が課題となる。下流の水田地帯では土砂による被害もあり、砂防施設も同時に検討する必要が考えられる。

また、上流の山林管理がなされていないことも分かった。

ヘ．志賀川・畳石・下宿地区（図5-38，NO.6）

　畳石・下宿地区は約215戸の家屋がある。床上浸水17戸、床下浸水50戸、計67戸が浸水被害を受けている。また、志賀川から氾濫した膨大な土砂の流出によって水田、畑地が土砂による被害を受けた。地区上流には志賀川右支川の瀬早川に3基の砂防堰堤があり、群馬県境まで保安林の指定がされている。また、上流は急峻な地形となり、駒込、八重久保地区が急傾斜地崩壊危険区域に、駒込の右岸斜面に地すべり防止区域に設定され、2基の砂防堰堤が設置されている。山地部は群馬県境の内山牧場、物見山まで保安林の指定がされている。

　写真5-34、写真5-35は土砂災害および堤防決壊の状況を河川の上流から順に示している。写真5-34を見るとほぼ直線の河道には両側に低い堤防があり、砂礫が左岸の堤防を乗り越えて畑地、水田地帯を埋め尽くしている。粒径20cm〜1mほどの中礫、大礫である。図5-38の佐久市東部の「警戒度合のランクB」であり、予想される危険は「左右200mが堤防高不足、越水・水位1.3m」となっ

写真5-34　畳石・下宿地区土砂災害、右岸下流から上流を望む（撮影:土屋）

写真5-35　下宿地区で水衝部の右岸堤防の決壊　約70m河床は中小の礫の堆積が見られる　警戒度合の予測にはない箇所（撮影:土屋）

写真5-36　五十貫地区・左岸に湾曲する堤防の決壊、警戒度合の予測にはない箇所（長野県佐久事務所）

ている。対策工法は積土嚢となっている。しかし、上流の砂防施設の今次水害の効果を検証し、堤防高の嵩上げ、捕捉土砂量の大きい砂防ダム、遊砂池の設置など根本的な対策が必要と考えられる。また、砂防指定地の拡大も同時に検討する必要がある。

　写真5-35を見ると水衝部の右岸堤防が約70m決壊し、堤内地の会社の倉庫が損壊している。**写真5-36**は下宿地区の下流に位置する五十貫地区の湾曲する左岸堤防の決壊による氾濫で水田地帯に浸水している。この2か所は警戒度合のランクには示されてない箇所であった。地元の地区長さんとの現地のヒアリングでは、過去にも同箇所は決壊を繰り返していることも分かった。しかし、県の警戒度合の予測から落ちていた。地元の古老らの経験知、体験知を反映することが求められている。

ト．谷川・入沢地区（**図5-39**，NO.8）

　谷川流域の入沢地区は佐久市内の中で最も被害が大きく、死者1人、家屋260戸のうち全壊5戸、半壊10戸、床上浸水10戸、床下浸水70戸、計75戸の被害であった。

　流域の現状は、入沢口に小規模の急傾斜地崩壊危険区域に設定された箇所が

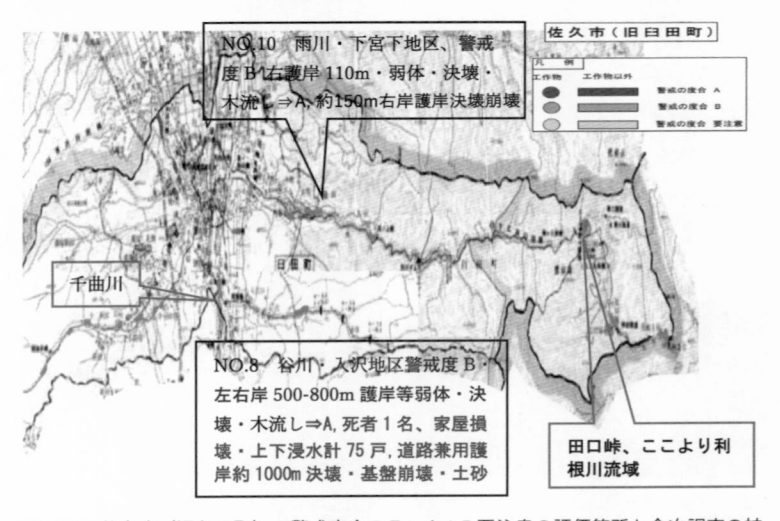

図5-39　佐久市（旧臼田町）の警戒度合のランクA,B要注意の評価箇所と今次調査の被害規模,発生箇所（太実線枠）を示した。長野県佐久建設事務所資料に加筆

写真5-37　河岸護岸が決壊し道路が基盤まで洗掘崩壊（長野県佐久事務所）
写真5-38　写真5-37と同地点の洪水前の入沢地区の景観（Google Earth）
写真5-39　生活道路に掛けられた橋に流木が捕捉。越水氾濫による浸水（住民提供）

ある。流路は比較的短く、上流には昭和41年に入沢砂防ダム（高さ8.0m延長74.2m）が完成し、さらに青沼砂防堰堤、赤谷砂防堰堤が設置されている。保安林の指定はされていない。県の重要水防区域の一覧表の予想される危険は、左右護岸それぞれ500m、800mにわたり「護岸等の弱体、決壊」とあり、さらに予想される越水は「水位1.5m」が予測されていた。水防工法は「木流し」となっている。

　被害の状況を調査するため踏査と住民および自主消防団のヒアリングを実施した。**写真5-37**に示すように約1,000mにわたり河岸護岸が決壊し、道路が基盤まで洗掘崩壊している。同時に道路に埋設されている下水道、水道施設が損壊している。水道施設は復旧のため徹夜作業となった。**写真5-38**は洪水前の入沢地区の平時の様子である。河川護岸が兼用工作物として道路と共用されている。また、ヒアリングでは道路と対岸の住家のために橋が設置され、23橋中13橋が流木・ゴミなどを捕捉して流失している。これにより越水氾濫も伴っている箇所も見られた（**写真5-39**）。この橋は生活道路の一部であり、本

表5-4　佐久市管内の長野県河川重要水防箇所（92か所のうち12）　千曲川・滑津川・志賀川・田子川・谷川・大沢川・片貝川の損壊が大きい12か所、上段は予想危険箇所、下段は調査による被害箇所と規模

番号	河川名	左岸右岸	警戒度判定	延長(m)	個所数	場所	予想水位(m)	予想される危険	水防工法
1	千曲川	右	B	500	1	中込頭首工上流	2.5	堤防高不足・越水	積土嚢
								一部越水	
2	千曲川	左	B	1000	1	佐久市原地区 衛生センター下	2.5	無堤地・越水	蛇籠伏
		左	A	約200	1	中島公園上		河岸侵食・2棟流失	
3	千曲川	左	A	1400	1	桜井御影橋下流	2	堤防高不足・越水	木流し・積土嚢
		左	A	約25	1	2か所の霞堤機能		霞堤・法面一部損壊	
4	滑津川	右	B	50	1	内山町下	1.3	堤防高不足・越水	積土嚢
		右	B	約50		畑地・道路に氾濫		越水・土砂流出	
5	滑津川	左	B	200	1	権現登・杉の木	1.3	堤地・決壊	蛇籠伏
		左	A	約300		死者1名床上96戸床下61戸, 計166戸水災理解設浸水		決壊・浸水	
6	志賀川	左	B	200	1	畳石	1.3	堤防高不足・越水	積土嚢
				約200		床上浸水17戸床下浸水60戸,想定外69戸,計136戸		越水氾濫・土砂流出	
	志賀川	右	B	200	1	畳石	1.3	堤防高不足・越水	積土嚢
				約200				越水氾濫	
7	田子川	左	A	700	1	宮和	1.2	断面不足・越水	積土嚢
		左	A	約700		損壊床上26戸・床下浸水58戸 計84戸		越水氾濫・土砂流出	
	田子川	右	A	700	1	宮和	1.2	断面不足・越水	積土嚢
		右	A	約700				越水氾濫・土砂流出	
8	谷川	左	B	500	1	入沢上	1.5	護岸等弱体・決壊	木流し
		左	A	約500		全壊6戸,半壊10戸,床上浸水66戸,床下浸水66戸,計130戸		道路兼用護岸決壊崩壊・土砂流出	
	谷川	右	B	800	1	入沢上	1.5	護岸等弱体・決壊	木流し
		右	A	約1000				道路兼用護岸決壊崩壊・土砂流出	
9	吉沢川	左	B	50	1	堤下	1.5	護岸等弱体・決壊	木流し
		左右	A	約50		損壊床上30戸,床下浸水27戸 計67戸		道路兼用護岸越水・土砂流出	
10	雨川	右	B	110	1	下宮下	1.5	護岸等弱体・決壊	木流し
		右	A	約200				護岸決壊崩壊	
11	片貝川	左右	A	2000	1	片貝橋下流	1.5	堤防高不足・越水	積土嚢
		左右	A	約2000		浸水床上29戸,床下67戸 計96戸		越水氾濫17ha	
12	大沢川	左右	A	1600	1	片貝橋合流点	1.5	堤防高不足・越水	積土嚢
		左右	A	約1600		浸水床上26戸,床下82戸 計107戸		越水氾濫4.7ha	

来、左岸側にも生活道路が必要で
あったと考えられる。したがって、
河道改修は拡幅とともに生活道路と
橋の設置をセットで行うことが地区
の復旧・復興につながるものと考え
られる。

チ．雨川・旧臼田・田口地区（図
5-39．NO.10）

　雨川流域の田口地区は河川護岸に

写真5-40　新宮代橋下の右岸護岸約150mにわた
り洗掘し崩落（撮影:土屋）

被害が見られた。都市計画区域の境界でもある新宮代橋下に大きくカーブする
湾曲部がある。この右岸護岸が約150mにわたり洗掘され崩落している（**写真
5-40**）。また、丸山地区の上流、田の上橋付近の右岸側の沢からの土砂流出に
より河岸の崩壊が見られた。重要水防区域の一覧表では予想される危険は右護
岸110m「護岸等の弱体、決壊」とあり、予想される「水位1.5m」、水防工法
は「木流し」となっている。なお、雨川は他に3か所の予想される危険が示さ
れていたが被害は見られなかった。この河川流域は千曲川流域分水界の田口峠
までに1か所雨川砂防堰堤がある。積雪のため調査は断念したが、峠より下は
利根川流域となる。この流域は保安林に設定されている。

　以上、佐久市管内の千曲川・滑津川・志賀川・田子川・吉沢川・谷川・大沢
川・片貝川の被害が大きい12か所の現地調査結果を**表5-4**に一覧で示した。
番号1、4、7、11、12の5か所は、ほぼ被害の箇所・規模を予想した通りであっ
た。しかし、その他の箇所は実際の被害との乖離が見られた。また、全く警戒
度評価がされてない被災箇所が2か所あった。この現地調査で地元の区長さん
らに立ち会っていただいた。水害が発生しやすい箇所やその土地の履歴を河川
管理者が把握していないことが推察される。地域の古老などの経験知を河川行
政に反映させる必要性を感じた調査となった。

（2）千曲川南佐久圏域の佐久穂町の水害

　南佐久圏域は千曲川本川流域の最上流部にあたる圏域で小海町、佐久穂町、

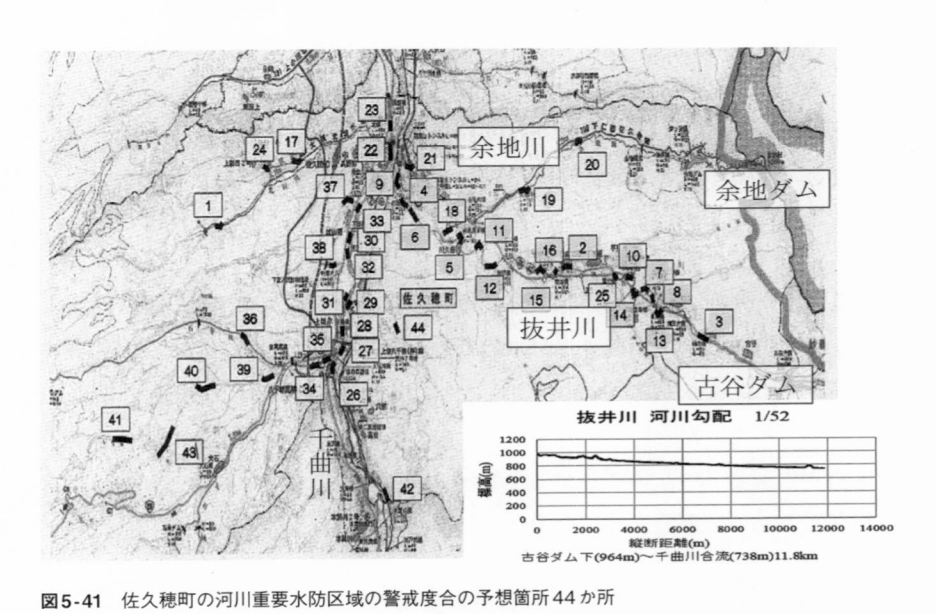

図5-40　千曲川最上流部南佐久圏域（長野県資料）

図5-41　佐久穂町の河川重要水防区域の警戒度合の予想箇所44か所

川上村、南牧村、南相木村、北相木村の2町4村で構成されている。西は八ヶ岳の稜線、東南部は秩父、荒船山系の稜線であり、山梨、埼玉、群馬の県境に接している（**図5-40**）。

　台風19号による降雨量の最も多い地点は佐久穂町の東側を流れる抜井川の源流十石峠に近い大日向地区上石堂であり553mmを記録している。そのため千曲川上流域の自治体の中でも佐久市に次ぐ2番目の被害を受けている。佐久穂町の被害は総計141棟（全壊12・半壊52・床下浸水72・一部損壊5）であった。

　長野県の河川管理である河川重要水防区域一覧表では、佐久穂町の予想警戒度合が示されている危険箇所は計44か所である（**図5-41**）。その内、被害規模の大きかった河川11か所の調査を実施した。なお、佐久穂町内の警戒度評価と箇所数は千曲川本川10か所（A:7, B:2, 要注意1）、抜井川16か所（A:15, B:1）で延長は2,860m、余地川は3か所（A:3, B:0）で延長は580mとなっている。

①千曲川本川

イ．宿岩地区（**図5-41**、NO.23）

　国道141号線に沿って上流に向かい千曲川本川が並行している。左岸法面が約100m洗掘による損壊を受けている（**写真5-41**）。重要水防区域の一覧には当該箇所は予想されていない。しかし、対岸の右岸側は「警戒度判定A、200m越水、予想水位1.5m、天然護岸・越水、対策工

写真5-41　佐久穂町宿岩地区の兼用護岸損壊（長野県佐久事務所）

は積土嚢」である。予想されていない左岸が約100m洗掘損壊している。道路と河川護岸の兼用工作物の被害である。

ロ．高野町地区（**図5-41**、NO.22）

　当該箇所の予想されている警戒度評価は「千曲川栄橋上下流・警戒度評価A、左岸の天然護岸が越水200m、予想水位1.5m」である。対策工は積土嚢としている。実際の被害は「左岸の堰堤下流の天然護岸が約200m、円弧状の浸食洗掘を受けて家屋、歩道の損壊」であった（**写真5-42**）。**写真5-43**は同箇所

写真5-42 洪水により左岸の護岸を円弧状に洗掘している（南佐久大橋から撮影：土屋）

写真5-43 写真5-42と同箇所の木工所・家屋の損壊、国道（歩道）まで河岸が崩落（信濃毎日新聞）

　の左岸沿いの木工所・家屋の損壊、国道（歩道）まで河岸が崩落した現場をフォーカスした写真である。**写真5-44**は洪水前の南佐久大橋から下流の遠景である。堰堤の右岸から灌漑用水路が接続し、下流の河幅は広がっている。一方、堰上の栄橋前後は河川幅が狭小化している。平常時の流れは堰堤により流れは滞留し、流速は小さくなり貯留される。このため土砂の堆積が進んでいたものと考えられる。その結果、左右の河岸に植生が繁茂し、さらに河川幅を減少させている。

　河川法第26条に工作物設置基準がある。堰の設置基準に「設置にあたって対策が必要な箇所」として「河川に設けられた他の工作物（橋・伏せ腰）に近接した箇所」が挙げられている。さらに省令の河川管理施設等構造令：堰の設置基準には橋梁と堰堤との距離が「川幅以上、又は200m以上必要」となって

写真5-44 洪水前の南佐久大橋（堰堤上）から下流を望む（Google Earth）

写真5-45 写真5-44と同箇所の復旧完成後の全景（2021年5月12日撮影：土屋）

いる。現地の計測では川幅でもある橋長L＝85.6m、堰堤との距離75mであった。どちらも堰の設置基準を満たしていない。河川維持管理の検証が必要である。**写真5-45**は復旧完成後の栄橋および堰堤から下流の遠景である。右岸側に灌漑用水路が設置されているため、今後の対策工は、河川管理施設等構造令の基準に戻す基本的な検討を進める必要がある。当面の対策は①河道の土砂浚渫、②堰堤に開閉ゲート、またはラバーダムを設置し高水位を管理することが必要と考えられる。

②抜井川・余地川

　抜井川は群馬県境の十石峠（1,356m）に源を発して西に流下し、下流部の川久保地区で右支川の余地川が合流し、佐久穂町の中心部で千曲川に合流する流域面積73.2km²、流路延長17.0kmの一級河川である。余地川流域は流域面積11.8km²、流路延長8.6kmである。抜井川流域は過去に昭和24（1949）年キティー台風、同34（1959）年には伊勢湾台風による記録的な大洪水を受けている。また、内陸性気候であり年間1,000mm程度の降水量のため深刻な水不足に陥ったこともある。

　このため長野県は抜井川の治水を目的に洪水調節および灌漑用水（不特定揚水補給）を目的に古谷ダムを計画し、昭和44（1969）年から着手し、昭和57（1982）年に完成している。古谷ダムは重力式ダムで堤高48.5m、堤長162.0m、総貯水容量2,200,000m³、有効貯水容量1,800,000m³、計画高水流量160m³/s、調節容量100m³/s、計画放流量60m³/sとなっている。また、支川の余地ダムは重力式ダムで堤高42.0m、堤長147.0m、総貯水容量523,000m³、有効貯水容量397,000m³、計画高水流量20m³/s、調節容量8m³/s、計画放流量12m³/sである。

イ．畑中地区（図5-41、NO.4，NO.6）

　NO.4抜井川、一の渕橋上流に位置し、警戒度評価は「予想危険度A、左岸70m、予想水位1.5m、天然護岸の決壊」である。対策工は木流しである。実際の被害は右岸100m護岸決壊、家屋浸水、水田の流亡であった（**写真5-46**）。対策工の木流しの実施は不明である。

　NO.6抜井川、梨の木橋下流の警戒度評価は「予想危険度A、左岸500m、予

写真5-46　抜井川が越水し、右岸の護岸崩壊、水田に流れ込んだ大量の土砂。右岸から上流を望む（撮影：土屋）

写真5-47　抜井川、梨の木橋が流失した2スパンの橋桁床版（丸印）。左岸も越水し洗掘・流亡している水田（撮影：土屋）

想水位1.5m、崖崩れ、決壊」となっている。対策工は木流しである。実際の被害は左岸約500mにわたり溢水し、護岸が決壊し水田が流亡している。余地川合流後の梨の木橋（橋長33.2m×幅員4m）が落橋し、流亡している。対策工の実施は不明である。**写真5-47**の丸印は損壊し流失した2スパンの道路橋床版である。左岸の水田は溢水決壊し流亡している。

ロ．川久保地区（**図5-41**、NO.18）

　当該地区は余地川に架かる梅田橋下流から抜井川に合流する直前の箇所で大きな被害があった。しかし、予測された警戒度評価は「梅田橋上流から海瀬郵便局までの区間が危険度A、左右岸100m・120m、堤防高不足・越水、予想水位1.5m」である。対策工は積土嚢である。実際の被害は梅田橋取り付け直下から左岸150m、右岸120mにわたり護岸決壊、梅田橋、家屋の損壊であった。梅田橋の橋台損壊・落橋、下水施設マンホールの損壊・流失、家屋の全壊、半壊であった（**写真5-48**、**写真5-50**、**5-51**）。**写真5-49**は洪水前の梅田橋から余地川の下流を望む全景である。**写真5-48**と同一箇所である。余地川下流の河川敷は土砂の堆砂、樹林の繁茂が確認できる。洪水後の**写真5-48**は遠方に合流する抜井川の対岸が見える。なお、川久保地区の梅田橋直上の水位観測の記録から2019年10月12日21:00、洪水ピーク水位1.87m、護岸天端高1.80mであり、越水し氾濫していたことが確認できる。このように橋梁、護岸、家屋の激しい損壊の痕跡から単なる浸水ではなく洪水流の橋梁への激突により洪水ピークと同時刻かその直後に越水・氾濫が発生していたものと推察することができる。

写真5-48　梅田橋直下の家屋の損壊、橋台損壊・落橋、下水施設の損壊（撮影：土屋）

写真5-49　洪水前の梅田橋から余地川下流を望む。写真5-48と同一箇所（Google Earth）

写真5-50　梅田橋下流右岸の浸食・決壊による家屋損壊（撮影：土屋）

写真5-51　余地川右岸から上流の梅田橋を望む。流失した全壊家屋（佐久建設事務所）

ハ．石合橋上流・川久保地区（図5-41、NO.5）

　当該地区は急傾斜地の斜面の深い渓谷河川であり、かつ湾曲河道である。警戒度評価は「危険度A、左岸200m・予想水位1.5m、崖崩れ・決壊、対策は木流し」である。しかし、現地の調査では上流ではなく、石合橋下流左岸が約200mにわたり溢水し、護岸を乗り上げた土砂により水田が流亡と化していた（**写真5-52**）。

写真5-52　石合橋下流左岸から溢水し護岸を乗り越えた土砂で水田が流亡（撮影：土屋）

ニ．十二平地区（図5-41、NO.12）

　当該地区は駒寄橋下流に位置し、予測された警戒度評価は「危険度A、右岸300m・予想水位2.0m、堤防高不足・越水、対策工は積土嚢」である。しかし、

写真5-53のように河川氾濫が発生した地域は駒寄橋上流の下川原地区の左右岸が越水し氾濫して、家屋、水田が浸水している。

ホ．大日向・本郷地区（図5-41、NO.16）

　この地域は抜井川の前田橋上流に位置し、河道が大きく湾曲している箇所である。**写真5-54**は洪水前の大日向地区の前田橋上流の全景である。予測された警戒度評価は「危険度A、右岸100m・予想水位2.0m、河床洗掘・決壊、対策は積土嚢」である。同箇所は**写真5-55**に示すように、ほぼ予測通りの被害である。前田橋上流の大日向（本郷）3区で、右岸約100mにわたり護岸が洗掘され、護岸法面、側道まで崩壊している。堤防との兼用道路および埋設していた水道施設などの損壊が発生している。

ヘ．大日向地区（図5-41、NO.3）

　当該箇所は抜井川の柏木橋〜広久保橋（古谷上）にあり、警戒度評価は「予測危険度A、左右岸100,200m・予想水位1.5m、天然河岸・決壊であり、対策工は木流し」である。実際の被害は右岸100m河岸損壊、側道の道路陥没である。ここでも河岸と兼用道路において損壊が発生している。

ト．余地地区（図5-41、NO.19）

　当該箇所は余地川橋上流の湾曲部の河道である。予想される警戒度評価はAであり、左岸70m、予想水位1.5m、天然河岸・決壊であり、対策工は積土嚢

写真5-53　下川原地区の駒寄橋上流左右岸が越水氾濫し、家屋が浸水（佐久穂町提供）

写真5-54　洪水前の大日向地区の前田橋上流の全景（Google Earth）

写真5-55　大日向地区の前田橋上流右岸が護岸洗掘を受け側道も崩壊（佐久穂町提供）

となっている。ほぼ予測通りの被害である。余地川橋上流70mにわたり左岸決壊であった。ここも河川護岸との兼用道路の構造の損壊になっている（**写真5-56**）。

チ．余地地区（予測しなかった箇所の決壊）

　この箇所は余地川が道路に並行する直線河道である。左岸の護岸と道路の基盤まで洗掘されて損壊している（**写真5-57**）。河道・道路の兼用工作物の損壊であり、埋設された水道などライフラインの損壊をもたらしている。この氾濫の原因と考えられることは、洪水前の**写真5-58**と比較して推定することができる。すなわち、対岸に架けられた単純桁橋による流木などの捕捉、河道内の土砂堆積などが重なり洪水流の両岸への越水・氾濫に至ったと考えられる。河川管理における橋梁の占用許可に関する検証が必要と考えられる。

　以上、佐久穂町管内の河川重要水防箇所の千曲川、抜井川、余地川の損壊が大きい10か所の現地調査結果を**表5-5**に一覧で示した。

写真5-56　余地地区　河道左岸の護岸および道路が損壊（撮影：土屋）

写真5-57　余地川の予測にはなかった決壊箇所。左岸の護岸と道路が基盤まで洗掘され損壊（佐久建設事務所）

写真5-58　洪水前の平日の余地川（Google Earth）

　番号4、16の警戒度評価の箇所はほぼ予想した通りの被害の箇所・規模である。その他の箇所は実際の被害との乖離が見られた。

表5-5　佐久穂町管内の長野県河川重要水防箇所（千曲川・抜井川・余地川の損壊が大きい10か所、上段は予想危険箇所、下段は調査による被害箇所と規模）

番号	河川名	左岸右岸	警戒度判定	延長(m)	個所数	場所	予想水位(m)	予想される危険	水防工法
23	千曲川	右	A	200	1	宿岩樋上流・羽黒下	1.5	天然護岸・越水	積土嚢
		左	A	約100		宿岩樋上流・羽黒下		河川護岸・兼用道路の工作物の洗堀・損壊	
22	千曲川	左	A	200	1	栄樋上下流	1.5	天然護岸・越水	積土嚢
			A	約200		栄樋下流		侵食・決壊	
4	抜井川		A	70	1	一の渕樋上流	1.5	天然護岸・決壊	木流し
			A	約100		一の渕樋上流		護岸決壊・家屋浸水・水田流亡	
6	抜井川		A	500	1	梨ノ木樋上流	1.5	崖崩れ・決壊	木流し
			A	約100		梨ノ木樋下流	溢水・水田流亡	護岸決壊/家屋浸水	
5	抜井川	左	A	200	1	石合樋上流	1.5	崖崩れ・決壊	木流し
		左	A	約200		石合樋下流	溢水・水田流亡	護岸決壊	
12	抜井川	右	A	300	1	駒寄樋下流十二平	2	堤防高不足・越水	積土嚢
		左・右	A	約300		駒寄樋上流下川原		溢水氾濫	
16	抜井川	右	A	100	1	前田樋上流	2	河床洗堀・決壊	積土嚢
		右		約100		前田樋上流	兼用道路洗堀崩壊	河床洗堀・右岸決壊	
3	抜井川	左・右	A	100,200	1	柏木樋～広久保樋	1.5	天然河岸・決壊	木流し
		右		約200	1	河岸損壊・道路陥没		道路兼用護岸崩壊	
18	余地川	左	A	100	1	梅田樋上流から	1.5	堤防高不足・越水	積土嚢
		左	A	約150		梅田樋下流全壊,半壊		道路兼用護岸決壊崩壊	
	余地川	右	A	120	1	海瀬郵便局まで	1.5	堤防高不足・越水	積土嚢
		右	A	約120		梅田樋下流全壊,半壊		堤防高不足・越水	
19	余地川	左	A	70	1	余地川樋上流	1.5	天然河岸・決壊	積土嚢
		左	A	約70		水衝部		道路兼用護岸損壊	

③古谷ダム・余地ダムの治水効果

　台風19号の豪雨による古谷ダム、余地ダムの治水効果は水位記録から検討を試みた。まず、24時間降雨は、古谷ダム流域の上石堂およびダムサイトの2か所の降雨量の平均値531mmである。余地ダムはダムサイトの降雨量469mmである。**図5-42**、**図5-43**は古谷ダム、余地ダムの流入量と放流量のハイドロ・ハイエトグラフである。それぞれの流入量と放流量の変化である。古谷ダムのピーク流入量は116.41m³/s（10月12日21:00）、ピーク放流量は58.68m³/s（同日23:00）である。ピーク時刻は2時間遅れて洪水ピークは低減し、カットしている。これらの数値は、古谷ダムの計画流入量160m³/s、計画放流量60m³/sを下回ったため制御が成功している。古谷ダムは約120万m³貯留し、治水効果を果たしている。

　一方、余地ダムにおいては同日21:00の同時刻にピーク流入量29.06m³/s、

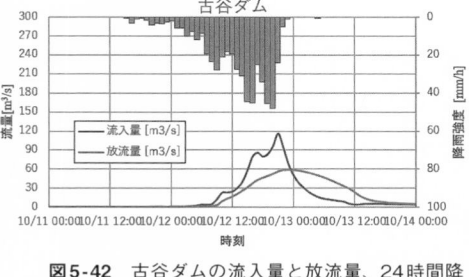

図5-42 古谷ダムの流入量と放流量、24時間降雨はダムと上石堂地点の平均値531mm、流入量ピーク116.41m³/s、放流量ピーク58.68m³/s、約120万m³貯留した。計画流入量160m³/s、計画放流量60m³/s以下であった。

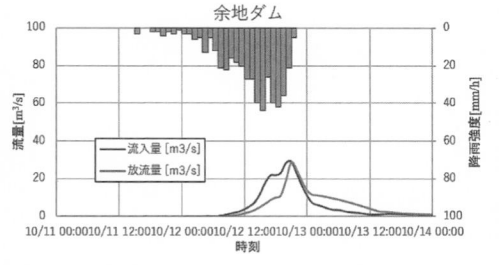

図5-43 余地ダムの流入量と放流量、24時間降雨は469mm、流入量ピーク29.06m³/s、放流量ピーク28.65m³/s、約80万m³貯留。しかし、それぞれの計画量20m³/s、12m³/sを大きく超過している。

ピーク放流量28.64m³/sであり、ピーク時刻が重なり、かつほぼ同量の水量である。放流のハイドログラフからは放流開始から途中に急速な放流となっている。放流ゲート制御に課題を残したと考えられる。余地ダムは80万m³貯留しているが、治水効果を十分果たせなかった。もともと余地ダムは計画流入量20m³/s、計画放流12m³/sであり、それぞれ計画量を大きく超過している。今後のダム操作規則などダム管理のあり方の検討が望まれる。

なお、この調査では小山助教（中央大学）の協力により抜井川流域の降雨・流出解析の検討を行っている。抜井川流域の2つのダム効果を考慮すれば、抜井川・余地川の合流後の洪水ピーク流量は約720m³/sであった。もし、2つのダムがなければ推定される洪水ピーク流量は約810m³/sである。ダム効果はピーク流量で約90m³/sをカットしたと考えられる。この解析では吉見・山田による集中型モデルを使用している。

④災害復旧工事における佐久圏域管内統一事項

長野県佐久建設事務所は令和元年11月に下記のような河川構造物の基礎構造物に対する指針を提示している。基礎工の土台の根入れに関して表5-6のように

表5-6 河川の基礎構造物・土台工の根入れについて（長野県）

	川幅	必要根入れ	土台規格（高さ）
大規模河川	30m 以上	1.5m	1.0m
	15m 以上 30m 未満	1.0m	0.7m
中規模河川	5m 以上 15m 未満	1.0m	0.3m
小規模河川	5m 未満	0.5m〜1.0m	0.3m
急流河川		1.0〜1.5m	0.3m

示している。

　基礎工の根入れに関しては、川幅は重要な指標である。しかし、実際の河道は川幅だけではなく洪水流の複雑な変動を常に受ける。さらに堰堤、水門、道路、橋梁などと隣接する河川構造物が多い。水害調査では、特に湾曲部、水衝部は損壊の著しい箇所が多く見られた。

　河床勾配（1/150 ～ 1/50）が大きい千曲川上流の場合、水衝部、彎曲などでは激しい浸食・洗掘を受ける。そのため深掘れを想定した根入れの深さは大変重要である。基礎工は被災前の計画河床高より最深河床を重視し、基礎天端高を設定することが大切である。その上で、洗掘対策のために根固め工、鋼矢板などを検討する必要がある。ここで提示している根入れ深さの数字は洪水による最深河床が検討されていないと考えられる。また、今回の洪水災害では河岸と隣接する道路などの兼用工作物の損壊箇所が多い。兼用工作物は道路管理者の交通量やトラックなどの重量車の積載荷重に対応した路床構造の技術的情報の共有を図り、河川管理者は河岸擁壁構造の整合した設計の検討が必要と考えられる。

参考文献

・国土交通省：災害・防災情報、https://www.mlit.go.jp/saigai/saigai_191012.htm、2019年11月20日
・消防庁：災害対策本部第57報 https://www.fdma.go.jp/disaster/info/items/taihuu-19gou57.pdf、2019年11月21日
・気象庁：台風第19号による大雨暴風等、令和元年10月10日～ 10月13日、pp.19、2019年 https://www.data.jma.go.jp/obd/stats/data/bosai/report/2019/20191012/20191012.html
・信濃毎日新聞：特集ニュース「台風19号長野県内豪雨災害」、2019年11月1日 http://www.shinmai.co.jp/feature/tyhoon19/
・沖野外輝夫：河川生態学、共立出版社、pp.7-12、2003年5月
・山本晃一：構造沖積河川学？その構造特性と動態、山海堂、p.12、2004年
・毎日新聞：2019年10月28日、全国版・朝刊
・国土交通省北陸地方整備局千曲川河川事務所、http://www.hrr.mlit.go.jp/chikuma/、2019年12月10日
・国土交通省：工作物設置許可基準、平成6年9月22日、建河治発第72号、最終改正平成14年7月12日、国河治第71号
・国土交通省：河川管理施設等構造令、平成25年7月5日改正

・国土交通省北陸地方整備局、www.hrr.mlit.go.jp/gijyutu/kaitei/sek./003_kasen.pdf、河川編、pp.18-19.
・信濃毎日新聞：2019年10月18日、総合・日刊
・毎日新聞：2019年10月18日、全国版・朝刊
・毎日新聞：2019年10月15日、全国版・夕刊
・国土交通省北陸地方整備局千曲川河川事務所http://www.hrr.mlit.go.jp/chikuma/chikuma_river/pdf/setsumei/01_0227_setsumei.pdf、2020年2月27日
・国土交通省北陸地方整備局千曲川事務所、http://www.hrr.mlit.go.jp/chikuma/chikuma_river/、河川維持管理計画、2019年12月10日
・内藤武美：千曲川洪水と土地割地（地割）慣行制度、長野県不動産鑑定士協会誌、鑑定しなのNO.11、pp.37-47、2004年
・財団法人リバーフロント整備センター：河川における樹木管理の手引き、山海堂、pp.183-193、1999年
・Prof. Dr.-Ing. Eckhard Ritterbach : Computer Alded Methods for River Restoration、RWTH Aachen University, pp.8-12. http://www.rwth-aachen.de/
・池田駿介・村山宣義・空閑 健：複断面開水路水平渦の安定性とその3次元構造、土木学会論文集No.509/II-30、pp.131-142、1995年
・山本晃一：沖積河道区間についての代表的なセグメント類型とその特徴、（財）河川環境管理財団、沖積河川―構造と形態―技報堂出版、2010年
・国土交通省千曲川河川事務所：河川重要水防箇所一覧、http://www.hrr.mlit.go.jp/chikuma/bousai/suibou/index.html、2020年1月8日
・国土交通省北陸地方整備局：信濃川水系河川整備計画、2019年12月10日
　　https://www.hrr.mlit.go.jp/shinage/shinano-plan/
・地盤工学会編：土質試験の基本と手引き、丸善出版、p.264、2010年
・土木学会：水理公式集、技報堂（平成11年版7刷）、pp.182-185、2010年
・財団法人国土技術研究センター編：護岸の力学設計法改訂版、山海堂、pp.96-98、2007年
・土屋十圀：2019年台風19号による千曲川の 河川堤防の被害と河川管理、自然災害科学J. JSNDS 40-2、pp.191-212、2021年
・高橋裕:新版河川工学、東京大学出版会、2008年9月
・信州とうみ観光協会：北国街道「海野宿」重要伝統的建造物群保存地区、2020年3月
・長野県：信濃川水系北佐久圏域河川整備計画（素案）、令和2年11月
・国土交通省：工作物設置許可基準、平成6年9月22日、建河治発第72号、最終改正平成14年7月12日、国河治第71号
・国土交通省：河川管理施設等構造令、平成25年7月5日改正
・国土交通省千曲川河川事務所：河川重要水防箇所一覧（工作物）、http/www.hrr.milt.go.jp/chikuma/bousai/suibou/indix.html.
・長野県:重要水防区域による堤防・護岸の警戒度評価とその対策.2020年6月
・土木学会水工学委員会：令和元年台風19号号災害調査団中部・北陸地区報告書、2020年6月
・長野県佐久市役所耕地林務課：香坂ダムパンレット、同ダム水位、降雨量データ、2019年11月
・長野県：信濃川水系 南佐久圏域河川整備計画、平成21年2月
・岐阜県危機管理部：令和元年台風第19号災害長野県佐久穂町職員派遣報告、令和2年1月

・佐久穂町建設課：橋梁長寿命化修繕計画（第2期）、平成31年3月、H.P
・長野県佐久建設事務所：河川構造物の基礎構造物に対する指針、2019年11月、H.P
・長野県佐久建設事務所：古谷ダム、余地ダムパンフレット、http/www.pref.nagano.lg.jp/
　　xdoboku/misaku/index.htm、同ダム降雨、水位データ
・長野県佐久建設事務所：所管内の降雨量、千曲川水位、抜井川、余地川水位データ、http/
　　www.pref.nagano.lg.jp/xdoboku/misaku/index.htm、
・土屋十圀：2019年台風19号による千曲川の河川堤防の被害と河川管理、自然災害科学、J.
　　JSNDS、No.40-2、pp.191-212、2021年

第6章

激甚化する豪雨災害に対応する
今後の流域治水に向けて

6-1　水害調査から見えてきた治水対策の課題

　第Ⅰ部「気候危機─激甚化する川」では、5河川の水害を取り上げ現地調査を行った。すなわち、①「2015年関東・東北豪雨・鬼怒川水害」、②「2016年東北豪雨水害：岩手県小本川・久慈川」、③「2017年柳瀬川の水難事故」、④「2018年西日本豪雨水害：高梁川水系小田川」、⑤「2019年東日本豪雨：千曲川水害」である。これら河川の現地の被害実態から各章で述べたように、今後の河川計画や河川管理の課題が見えてきたと言える。いずれにしても、近年の気候危機のもと豪雨災害は日本列島の各地で激甚化が常態化する中、防災・減災は急務の課題である。2021年4月の「流域治水」による治水対策が始まるこの機に、これまでの「総合治水対策」との相違点と残された課題、これを継承する今後の「流域治水」の課題に関して考察することとした。

　これまでの総合治水対策は高度経済成長が続く1970年代から2020年3月まで、北海道、関東、中部、近畿等の都市河川を対象に17河川が指定され、事業が行われてきた。途中、2005年の下水道法改正で内水対策が加わっている。いうまでもなく、都市の市街化は住宅・道路などの不浸透域が拡大することであり、豪雨による洪水流出は時間を短縮し、かつ増大することは横浜市の鶴見川などで実証されてきた。そのため総合治水対策は河道改修をはじめ調節池、分水路、地下河川および市街化調整区域の保全などのハード・ソフトの施策が展開されてきた。また、流域対策は雨水貯留施設、雨水浸透施設の開発がマニュアル化され、自治体や各機関で実施されてきた。しかし、これまでの事業

の進捗の過程を見ると都市化の波に追い付いておらず、外水氾濫、内水被害が続発していた。基本的に治水対策は、雨水が集中する河道を拡幅する河川区域の線的な事業である。しかし、河川流域という面的な空間に流出抑制のツールがなければ、激化する豪雨には対応できない。1970年代の洪水外力は主に台風および集中するゲリラ豪雨が対象であり、流域が小さければ計画規模の降雨に対して、流出モデル予測はかなり妥当性があることも確認されていた。しかし、この間、洪水外力のさらなる増加とともに計画降雨も見直された。現在、東京では河川広域調節池と下水道貯留管の連結する事業が新たに進んでいる。また、中心市街地の民間ビルなどに対しては特定地域都市浸水被害対策事業による貯留施設が下水施設として進んでいる。

　以下では1〜5章の水害調査の結果を踏まえて、1945年からこれまでの豪雨被害の実態を示し、被害の規模と形態の質的な変化に関して、資料を基に述べている。また、総合治水を継承する流域治水関連法の制定と流域治水の今後の課題について、「流域治水に関わるあらゆる関係者」が共有する社会的合意形成の理念について考察している。

6-2　近年の洪水外力の特徴

　気象庁は洪水外力となる短時間強雨（1時間降水量50mm以上または80mm以上）の年間発生回数を全国1,300のアメダス観測地点で1976〜2019年に観測された降水データに基づき報告している[1]。**図6-1**は1時間50mm以上の降水量は1976〜85年の10年間の平均226回／年から最近の2010〜2019年は327回／年となり1.44倍に増加している。トレンドは10年間に28.9回に相当する。また、1時間80mmの降水量は2.7回／10年である。**図6-2**は1901〜2019年間の日降水量200mm以上の年間発生回

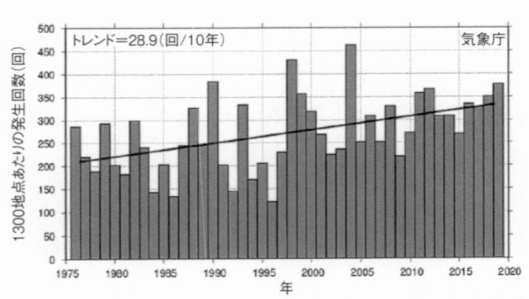

図6-1　1時間降水量50mm以上の年間発生回数の経年変化（1976〜2019年）全国1,300観測地点[1]（気象庁）

数で、統計初期の30年間
（1901〜1930年）と最近
の30年間（1990〜2019年）
では1.7倍に増加している
ことが分かる。200mm以
上のトレンドは0.05日
/100年である。しかし、
最近の45年間のトレンド
は27.6日/10年、同

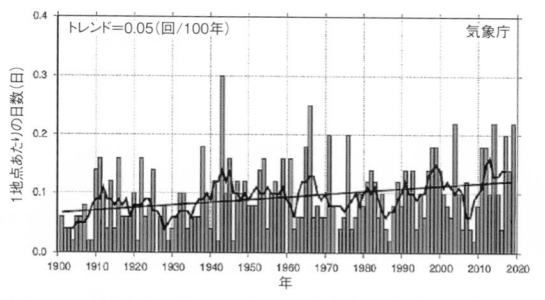

図6-2　日降水量200mm以上の年間発生回数の経年変化
（1901〜2019年）全国51観測地点[1]当たりの換算値（気象庁）

400mm以上は3.1日/10年と増加している。特に、異常降雨をもたらす気象
は台風、梅雨前線、局所豪雨による降雨に区分される。この10年、上記の気
象と線状降水帯の形成が関わる水害が頻発している。2017年7月九州北部豪
雨、2018年7月の西日本豪雨でも複数の線状降水帯による豪雨により被害が
増大した。近年、日本列島の各地ですべての気象現象で洪水外力は増大してい
る。これらはIPCCの第6次評価報告からも地球の温暖化が支配的な要因であ
ることが明らかである。

6-3　豪雨被害の経年変化の特徴と課題

（1）死者・行方不明者・被害額

　戦後の水災害のうち水害による死者・行方不明者は、多い順に伊勢湾台風
（1959年）5,098人、枕崎台風（1945年）3,756人、カスリーン台風（1947年）1,930
人、南紀豪雨（1953年）1,124人である。さらに強風による洞爺丸台風（1954年）
1,761人、地震津波の東日本大震災（2011年）22,303人、2011年3月1日現在
である[2]（**図6-3**）。ただし、**図6-3**の黒棒は水害および土砂災害であり、白抜
き棒は地震災害である。

　戦後は荒廃し疲弊した国土に追い打ちをかけるように台風が襲来していた。
しかし、1970年代からは台風よりも前線による局所豪雨が多発し、都市部の
内水氾濫による浸水被害が頻発している。しかし、死者数は低減している。こ
れは主に河川の改修事業や下水道整備の遅れによるものである。2000年代に

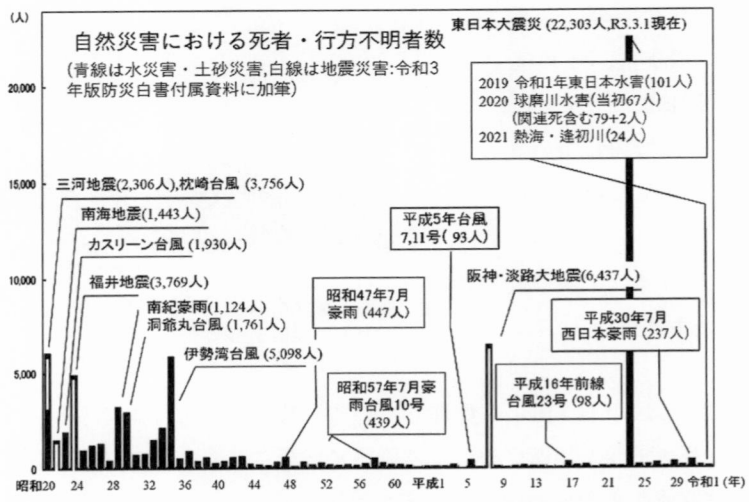

図6-3　戦後の自然災害における死者・行方不明者。黒棒は水害・土砂災害,白抜き棒は地震災害（令和3年版防災白書付属資料[2]に加筆）

入り、温暖化による海水温の上昇の影響を強く受けるようになり、近年は発達した積乱雲を伴う線状降水帯による長時間の豪雨に直面している。その結果、直近の死者数は、2018年西日本水害237人、2019年東日本水害101人、2020年球磨川水害67人（関連死者・行方不明計81人）と再び増加している。

　一方、最近の被害額は、2018年西日本豪雨水害で約1兆1,580億円、2019年台風19号の東日本豪雨水害1兆8,600億円、同年の房総半島の15号風台風と合わせて計2兆1,476億円となり、2019年は最近の10年間に最大の被害規模となった。なお、国土交通省水害統計の平成26（2014）年版によれば、平成17（2005）年換算による明治以降の最大被害額は昭和28（1953）年の西日本水害（台風13号）、同年の南紀水害と合わせて計3兆円である。また、昭和34（1959）年の伊勢湾台風は約2兆2,000億円である。平成16（2004）年は新潟（刈谷田川）、福島（只見川）、福井（足羽川）、兵庫（円山川）、北海道（流沙川）などに台風が10個上陸し、総被害額は2兆1,000億円となっている。また、2011年東日本大震災の主に津波による被害額は約16.9兆円（原発被害を除く）である。

（2）総降水量と水害死者数の関係

　戦後、1950 〜 1970年代まで
の降水量と水害死者数に関する
調査は水谷武治によって整理さ
れている[3]。この2つの関係は
明瞭な直線相関が認められ、大
規模な災害があった年は、より
急勾配な回帰直線で示されるこ
とを明らかにしている。**図6-4**
の左図は1965 〜 1974年の各年
の水害による死者数の全国合計
と総降水量（全国127の観測所
の年降水量の合計、ただし島お

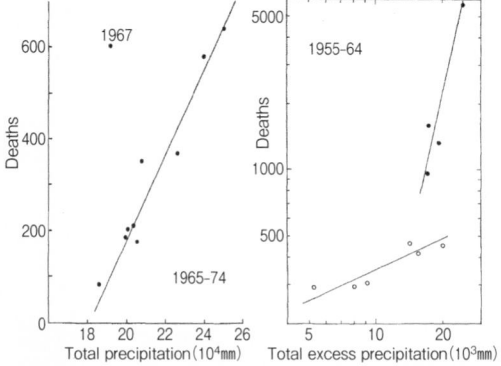

図6-4　左：1965 〜 74年の各年の水害死者数と総降水
量（全国127観測所の年降水量の合計）との関
係.右：1955 〜 64年の各年の水害死者数と平年値を越え
る総降水量（全国120の観測所における超過降水量の合
計）との関係。黒丸は大災害が発生した年（水谷武治[3]）

よび山岳の観測所を除く）との関係を示している。1967年の値を除き明瞭な
直線相関が認められる。

　また、右図は1955 〜 1964年の各年の水害死者数と平年値を越える総降水量
（全国120の観測所における超過降水量の合計）との関係を示している。黒丸
は大災害が発生した年である。大規模な水害があった年は非線形的に死者が増
大している。また、水谷は都市域の内水氾濫災害における浸水家屋数と降雨強
度との関係などでは、かなり明瞭な対応関係が存在することも明らかにしてい
る。

（3）一般資産水害密度などの増加

　一方、洪水外力となる降水量の増大に対しては1980年代以降、相対的に死
者数は低減傾向にある。しかし、一般資産[注1]水害密度は1980年代以降から増
加の一途をたどってきた。**図6-5**は1990 〜 2019年の水害区域面積1ha当たり
の一般資産水害被害額、すなわち一般資産水害密度（平成23年度換算）の推

注1)　一般資産とは建物、家庭用品、事務所資産、農作物などの総称。

移を示している[4]。これらの指標は年々増加し、2005～2006年のピーク以降、いったんは低減している。2005年は東京23区で100mm/h以上、総雨量263mmの局地豪雨が発生し、地下街浸水、床上下浸水5,827戸の被害があった。2006年は九州、中国、中部で梅雨前線豪雨があった。また、水害区域面積は平成2（1990）年の1.5万haから1998年には0.5万haに減少し、その後0.6～0.7万ha前

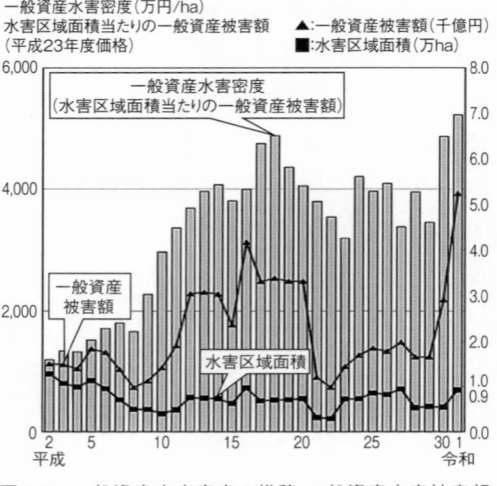

図6-5 一般資産水害密度の推移，一般資産水害被害額（千億円）／水害区域面積(ha)(1990～2019年)(平成23年度換算)(国土交通省水管理・国土保全局)[4]

後に推移していた。しかし、2019年の東日本豪雨水害では0.9万haの増加に転じている。また、一般資産水害密度は2018年の西日本水害4,800万円/ha、2019年の東日本水害5,300万円/haと急激に増加に転じている。前者は主に土砂災害・内水被害、後者では河川氾濫の外水被害が多い。これらのことから近年の水害被害の規模と形態が質的に変化していることが推察される。

6-4 総合治水から流域治水への課題

(1) 流域治水は増大する洪水外力を克服できるか

　2020年7月、国土交通省は社会資本整備審議会の答申「気候変動を踏まえた水災害対策のあり方について～あらゆる関係者が流域全体で行う持続可能な『流域治水』への転換～」を受けて、これまでの治水対策を「流域治水」へ転換することを表明した。答申は「河川、下水道等の管理者が主体となって行う従来の治水対策に加え、『集水域』と『河川区域』のみならず、『氾濫域』も含めて一つの流域として捉え、その河川の流域全体のあらゆる関係者がさらに協働して流域全体で水害を軽減させる治水対策」としている。

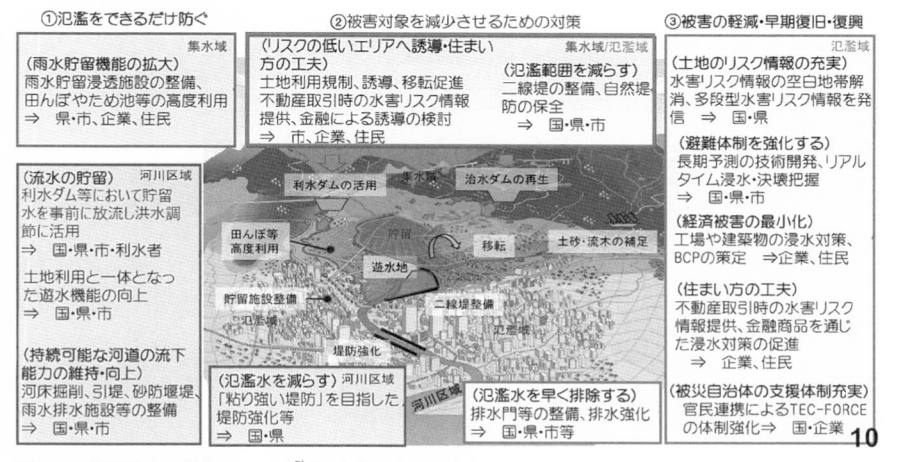

図6-6 流域治水の施策イメージ[5](国土交通省2020年)

今回の答申では従来の総合治水対策と異なる点は次の3つにあると考えられる。

①従来の都市河川流域の治水対策だけではなく、全国の大河川流域まで対象を広げた。

②河川流域を「集水域」と「河川区域」だけでなく、あえて「氾濫域」を強調し, 一つの流域と提起した。

③氾濫域では氾濫を考慮に入れたハード、ソフトの治水・水防対策を行うことが想定されている。

さらに②③では土地利用規制、誘導、移転促進などを提起している。図6-6は流域治水の考え方に基づく施策イメージである[5](国土交通省2020年)。

(2) 総合治水から流域治水への課題

1) 総合治水対策の経緯

総合治水対策の背景には1960年代の高度経済成長と日本列島改造の国土総合開発計画（1962年）のもと東京・横浜・名古屋・大阪など大都市への急激な人口集中と開発がある。同時に公害問題が深刻化し、河川・下水・公園などは未整備のまま、洪水や地震に脆弱な過密都市がつくられてきた。1958年の

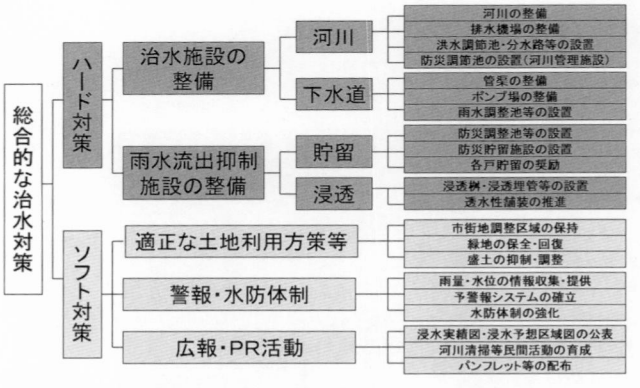

図6-7　総合治水対策体系図[8]（東京都1986年）

　狩野川台風、1959年伊勢湾台風、さらに都市河川では1958年から20年間に19回の浸水被害を出した神田川などでは住民が被害を受け裁判で10年間争われている[6]。狩野川台風は東京・横浜を中心に死者・行方不明者929人の甚大な被害を出した。東京の降雨量は時間最大76mm、日雨量393mmであり、江東の低地帯をはじめ、武蔵野台地を刻む中小河川の谷底平野を氾濫、浸水させ、崖崩れを伴い、これまでとは異なる形態の水害が発生した。水田や畑地、荒地、未利用地が急速に宅地化されたことが主な原因の一つとなった。鶴見川流域の市街化の進展とともに洪水流量の増加と到達時間のスピードが速くなっている。この年代は高度経済成長による人口の都市集中が招いたことから「山の手水害」「都市水害」とも呼ばれた[7]（高橋裕、1971年）。1977年には河川審議会より「総合治水対策の推進について」中間答申がなされた。1979年には「総合治水対策特定河川事業」を実施している。**図6-7**は東京都の総合治水対策の体系図であり、流域対策の雨水貯留浸透施設、ソフト対策の市街化調整区域の保全、現在のハザードマップに繋がる浸水予想区域図の公表など各種の対策が実施されてきた[8]。その後、総合治水対策は2020年3月までに北海道、関東、中部、近畿地方の都市域の河川を対象に、17河川が指定され実施されてきた。

　このように都市化が激しい都市河川において河川改修だけではなく、流域の保水、遊水機能の確保を図るため、流域の開発行為に対しては防災調整池の設

置を義務づけるなど河川の治水安全度を高めるためにハード対策、ソフト対策の手法を推進してきた。なお、河川は河道の管理区域の事業であり、総合治水対策は流域という面的事業である。そのため都市域においては下水道の治水の役割が期待されていた。汚水対策の下水道に内水対策が義務づけられたのは平成17（2005）年の下水道法改正であった。合流式下水道の都市域の排水区では河川改修整備が先行するため余水吐や処理水の河川への放流など、技術的調整に苦慮してきた。総合治水対策の代表的な河川として、鶴見川（神奈川・東京）、新河岸川（埼玉・東京）、中川・綾瀬川（東京・埼玉）、真間川（千葉県）、寝屋川（大阪）などで実施されてきたのであった。

2）流域治水の課題

　一方、総合治水を継承する流域治水の今後の課題は豪雨に対して流域の流出抑制機能を高め「リスク分散」をどのように進めるかが重要である。1977年の総合治水対策も流域の貯留・浸透および土地利用対策などの流出抑制効果を調査・研究により評価し、洪水外力の「分散化」が進められた。しかし、対象地域は既成の都市域や市街化が進展する下水排水区などであり効果は限定的であった。かつ、流域の治水対策の基本は外水・内水とも氾濫をさせない河道への「集中化」であった。2020年の答申は「河川の流域全体のあらゆる関係者との幅広い主体との協働」が強調されたが、どのように構築するのか今後の課題である。特に、河川行政の縦割り組織以外の関係者はどのように関係するのかいまだ不明である。この関係者は農業、林業、漁業などの一次生産者の舞台であり、国土の約70％が山地・丘陵地が含まれる。この地域にどのように「洪水リスクの分散化」を図るのか。関係者に具体的に示すべきであろう。

　また、「河川区域」の中下流域である「氾濫域」は国土面積の約1割、平地の1/3にあたる38,000km²に全人口の約1/2以上が都市に居住している。人口密度は高く水害リスクの最も大きい地域である。2019年19号台風では、多摩川下流右岸の川崎市のタワーマンションは内水による浸水が深刻な事態となった。内水排水は本川の外水や海の潮位に支配される。このため浸水対策では地下貯留や排水制御システム、避難対策を一体的に構築する必要がある。日本列島は水害、土砂災害、高潮、津波の異なる水災害リスクがあり、ステーク

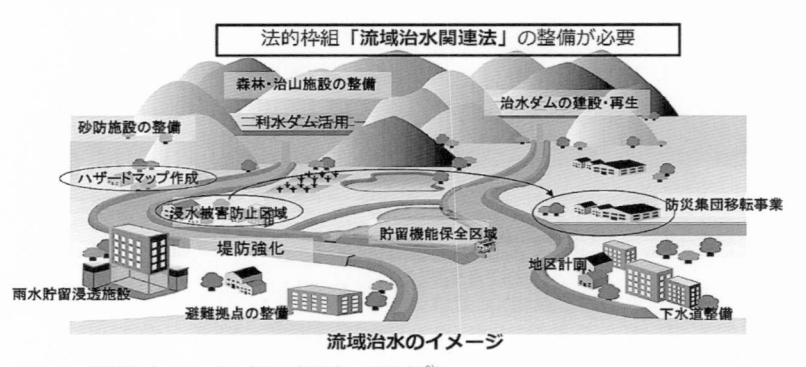

図6-8　流域治水イメージ（国土交通省，2021年[9]）

ホルダー（利害関係者）を含む住民に対して科学的・技術的に説明し、いかに
したら合意形成を図ることができるのかが重要な課題になる。

　「流域治水」は、2021年4月、流域治水関連法が制定された。特定都市河川
浸水被害対策法は、対象河川が東京、神奈川、名古屋、大阪など都市河川の8
水系だけであったが、今後は全国の一級河川、都道府県管理の二級河川、市町
村管理の準用河川にまで拡大したことは大きな前進である。今後、下記に述べ
るような9本の流域治水関連法と整合させ、関連性を明確にすることが課題と
して残されている。

3）流域治水関連法の改正後の展開

　この法律が公布された令和3（2011）年5月以降の具体的な展開は国土交通
省が次のように整理している。**図6-8**は流域治水のイメージ図である[9]。ま
ず、計画の背景と必要性が強調されている。「①近年、令和元年東日本台風や
令和2年7月豪雨等、全国各地で水災害が激甚化・頻発化した。②気候変動の
影響により、21世紀末には、全国平均で降雨量1.1倍、洪水発生頻度2倍にな
るとの試算がある」としている。その上で、降雨量の増大等に対応し、ハード
整備の加速化・充実や治水計画の見直しに加え、上流・下流や本川・支川の流
域全体を俯瞰し、国、流域自治体、企業・住民等、あらゆる関係者が協働して
取り組む「流域治水」の実効性を高める法的枠組み「流域治水関連法」を整備
する必要が強調され、下記の4つに整理されている[10]。

①流域治水の計画・体制の強化【特定都市河川法】

　イ流域水害対策計画を活用する河川の拡大－市街化の進展により河川整備で被害防止が困難な河川に加え、自然的条件により困難な河川を対象に追加（全国の河川に拡大）

　ロ流域水害対策に係る協議会の創設と計画の充実－国、都道府県、市町村等の関係者が一堂に会し、官民による雨水貯留浸透対策の強化、浸水エリアの土地利用等を協議－協議結果を流域水害対策計画に位置づけ、確実に実施する。

②氾濫をできるだけ防ぐための対策【河川法、下水道法、特定都市河川法、都市計画法、都市緑地法】

　イ河川・下水道における対策の強化－利水ダム等の事前放流に係る協議会（河川管理者,電力会社等の利水者等が参画）制度の創設－下水道で浸水被害を防ぐべき目標降雨を計画に位置づけ、整備を加速－下水道の樋門等の操作ルールの策定を義務づけ、河川等から市街地への逆流等を確実に防止する。

　ロ流域における雨水貯留対策の強化－貯留機能保全区域を創設し、沿川の保水・遊水機能を有する土地を確保－都市部の緑地を保全し、貯留浸透機能を有するグリーンインフラとして活用－認定制度、補助,税制特例により、自治体・民間の雨水貯留浸透施設の整備を支援する。

③被害対象を減少させるための対策【特定都市河川法、都市計画法、防災集団移転特別措置法、建築基準法】

　水防災に対応したまちづくりとの連携、住まい方の工夫－浸水被害防止区域を創設し、住宅や要配慮者施設等の安全性を事前確認（許可制－防災集団移転促進事業のエリア要件の拡充等により、危険エリアからの移転を促進－災害時の避難先となる拠点の整備や地区単位の浸水対策により、市街地の安全性を強化する。

④被害の軽減、早期復旧・復興のための対策【水防法、土砂災害防止法、河川法】

　－洪水等に対応したハザードマップの作成を中小河川等まで拡大し、リスク

情報、空白域を解消 - 要配慮者利用施設に係る避難計画・訓練に対する市町村の助言・勧告によって、避難の実効性確保 - 国土交通大臣による権限代行の対象を拡大し、災害で堆積した土砂の堆積・流木等の撤去、市町村管理の準用河川を追加する。

　最後に目標・効果を「気候変動による降雨量の増加に対応した流域治水の実現」「浸水想定区域を設定する河川数2,092河川（2020年度）から約17,000河川（2025年度）としている。

6-5　水害リスク低減のための社会的合意形成
―「流域治水」のあらゆる関係者が共有する理念のために―

　流域治水の答申では「気候変動による水災害リスクの増大に備えるためには、これまでの河川管理者等の取組だけでなく、流域に関わる関係者が主体的に治水に取り組む社会を構築する必要があります」と述べている。治水対策の手法を流域において実行する場合、国土の土地利用に関する治水の理念（哲学）が地域社会において広く理解され、合意されることが重要となる。流域治水対策を行う地方の川や土地は過去からの履歴を持っている。すなわち、水利用の慣行や土地利用の変遷を重視した取組みが大切である。その哲学の基本は、流域治水は公助であること。洪水の被害者は住民である。復旧支援や救済は時には共助もあるが自助ではないという視点が重要と考えられる。2022年3月、日本プロジェクト産業協議会（JAPIC）の「国土造りプロジェクト構想」では「地域全体で治水機能やその実効性を担保する計画の作成と財源措置」の必要性を共助・公助の視点で述べている。「水田貯留による被害補償などの基金」[11]の必要性を取り上げている。

　現在の風水害は単なる自然災害ではなく、気候危機下の地球温暖化がもたらした水災害であると言える。この上に立脚し、降雨の「河川区域」への集中的排水処理から土地「集水域」への分散的処理の手法を具体的に提示する必要がある。洪水外力の分散化である。流域治水ではこれまでの総合治水対策の施策を大流域に拡張し展開する必要がある。その際、ハード対策とソフト対策のうち、従来の総合治水のソフト対策における市街化調整区域などの土地利用に関

する政策は、この地域に水害のリスク分散の評価を与え、緑のスクラップ＆ビルドではないSDGsに相応しい「グリーンインフラ」として位置づけることが必要と考えられる。緑地のある「集水域」は洪水外力の降雨をオンサイトで貯留・浸透の効果を高めるからである。森林域の効果は樹種や地質条件にもよるが降雨流出を遅滞させる抑制効果が期待される。一方、水田地帯は貯留・遅滞の効果が期待できるが、灌漑期と降雨期および収穫期が重なる地域も多い。田んぼダムは流出抑制効果が期待されているが農家の営農を邪魔せず、公益性を大切にする仕組みが求められている[12]。湛水による稲作などへの影響と被害補償、農業用水の水利管理者との調整などが重要な課題となる。

　また、霞堤が再評価されているが、比較的急流な区間で中世の時代から各地で使われてきた。本来の目的は背後地の内水排水、上流部の破堤、溢水による氾濫流を河道に戻す排水処理の方法で経験的に理にかなっていた。霞堤の役割は、河道に接続し洪水の一部を一時的に貯留することにある。背後地は水田が多いが、新たに治水機能の一つとして位置づけるなら被災による農業保障が必要になる。江戸時代、米作を奨励した徳川吉宗は被災や凶作のとき年貢を軽減できる幕府の永世の仕法を考え出している[13]。また、今日でいう二線堤（副堤・控堤）間の水田は農民に無償で耕作をさせている[14]。滋賀県などで始めた流域治水の田んぼ治水（田んぼダム）や各地の二線堤など地域の歴史から学ぶことも必要である。歴史的にも治水は公助を基本として地域社会の合意があったと考えられる。「あらゆる関係者」との合意形成を図る治水の理念が問われることになる。

参考文献

1)　文部科学省・気象庁：日本の気候変動2020
　　https://www.data.jma.go.jp/cpdinfo/ccj/2020/pdf/cc2020_honpen.pdf
2)　内閣府ホームページ：https://www.bousai.go.jp/、令和3年版 防災白書｜附属資料7
3)　水谷武司：自然災害における外力と被害との関係およびその関係を変化させる要因について、総合都市研究、第11号、pp.9～18、1980年
4)　国土交通省：https://www.mlit.go.jp/river/bousai/main/saigai/kisotishiki/pdf
5)　国土交通省：水管理・国土保全局
　　https://www.mlit.go.jp/report/press/mizukokudo03_hh_001030.html

6)　土屋 十圀：激化する水災害から学ぶ、鹿島出版会、pp.66-75、2014年
7)　高橋 裕：国土の変貌と水害、岩波新書、1971年
8)　東京都都市計画局総合治水対策調査委員会：「今後の治水施設の整備のあり方」及び「流域における対策のあり方」について提言、本報告、1986年
9)　国土交通省水管理・国土保全局：
https://www.mlit.go.jp/report/press/mizukokudo03_hh_001030.html
10)　国土交通省 水管理・国土保全局：
https://www.mlit.go.jp/river/kasen/ryuiki_hoan/index.htm
11)　日本プロジェクト産業協議会：国土造りプロジェクト構想,気候変動による豪雨災害へ備える、2022年3月
12)　第5回水文学フォーラム・オンライン講演「流域治水における農業農村施設のポテンシャルと活用に向けた推進方法」、吉川夏樹（新潟大学）、2023年4月18日
13)　河内 満：ビジネス教育論の展開、大学教育出版、2017年
14)　勝 海舟：氷川清話、治水と堤防、政治経済談、土曜社、2018年

〜コラム　温暖化の170年〜

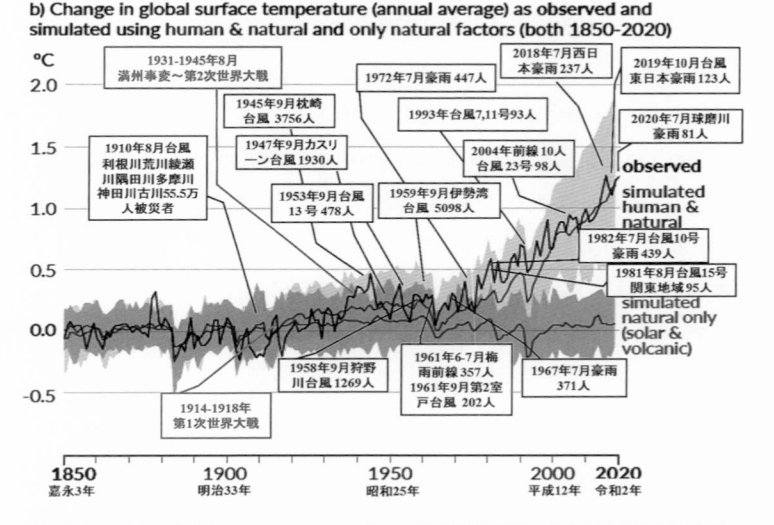

気候変動に関する政府間パネル（IPCC）第6次評価報告書第1作業部会報告書に加筆

　地球の平均気温が自然だけの変動と人間活動を加えた変動との乖離は1900年代初期から始まっている。更に、1960年代から一層、加速している。産業革命から約300年かけて地球の温室効果ガス（CO_2etc）によって、平均気温＋1.1〜1.2℃、平均海水温＋0.55℃をそれぞれ上昇させてきた。IPCCの第6次評価報告は「人間活動がもたらしたことは疑う余地がない」とした。即ち、もはや自然災害ではないともいえる。また、温暖化は戦争と無縁ではない。過去の二つの大戦はこれと同じか、それ以上のことを繰り返し、気温を上昇させ温暖化を加速させていたのである。CO_2排出削減の緩和策が2050年までに排出と吸収がネットゼロになっても大洪水は頻発するだろう。なぜなら、地球の表層水は熱容量が大きい物質であり、温めにくく、冷めにくい物質である。

第Ⅱ部

劣化する川の再生をめざして

第1章

利根川上流の河川生態系の変貌

1-1 アユ放流量の増加と漁獲量の減少

　群馬県と利根川上流域の漁協は2006年、2007年の各1月、「アユを取り戻す全国の集いinぐんま」を連続して開催した。アユは利根川水系をはじめとする県内の河川において群馬県民に親しまれており、平成元（1989）年5月24日に"群馬県の魚"として指定されている。利根川では1966年から琵琶湖産のアユ（県外種苗）を放流し続けてきた。途中、1975年から群馬県産の淡水・海水による人工飼育の稚アユの放流も行われている。

　図1-1は群馬県が利根川に放流してきたアユの放流量と漁獲量の推移である。1966年の放流量は150万尾、漁獲高334万尾である。その後も、1980年に放流量508万尾、漁獲量1,115万尾のピークに達し、漁獲量が放流量を上回っていた。しかし、漁獲量は放流量の増加にもかかわらず、1980年をピークに

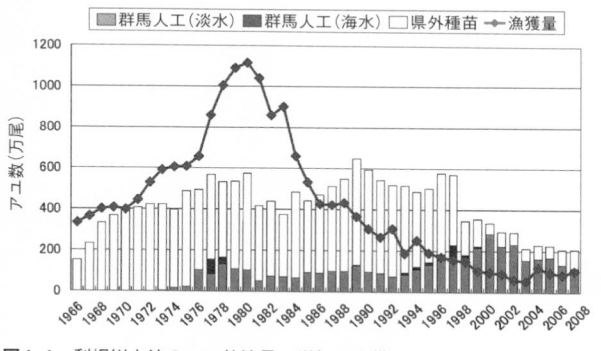

図1-1　利根川上流のアユ放流量の増加と漁獲量の減少

その後、低減してきた。一方、放流量は1990年の619万尾がピークであったが、この年の漁獲量305万尾である。15年後の2004年は放流量229万尾に対して、漁獲量118万尾と減少していた。さらに放流量も減少し、漁獲量は以降も2021年まで2007年、2010年を除いて、近年は50万尾前後に低減している。

　群馬県の漁協や県の関係者の努力でアユ放流量が増大していたにもかかわらず放流量ピークの約10年も前から漁獲量は減少の一途をたどっていた。漁獲量は1990年には305万尾に、2000年代には50万尾程度まで激減した。群馬県と漁協はこのようなアユの漁獲量の実態に直面したため危機感を抱き、原因を明らかにし対策をとらなければならない事態になった。そのため連続2回にわたる参加者400名の全国規模の集い（シンポジウム）を開催し、問題を明らかにして今後の展望を探ることになった。

　最初の2006年1月のシンポジウムでは、当時の小寺弘之知事（故人）が主催者として冒頭に挨拶をされ、「アユがいなくなったということには何らかの原因がある。しかし、その原因が分からない。冷水病なのか。稚魚に元気がないのか。あるいは河川の生態系が変わってきているのか」という疑問を県民をはじめ全国の漁協関係者に率直に語りかけた。このときのシンポジウムでは筆者を含む6人のパネラーがそれぞれの立場から講演した。研究者からは福山大学助教授（当時）の河原栄二郎さんが「冷水病ワクチン開発について」、群馬県水産試験場の信澤邦宏さんが「群馬県における冷水病対策と種苗生産について」、筆者に与えられた課題は河川生態系の保全であったため「さかなにとって棲みやすい川づくり」と題して報告した。漁協や釣り師の立場からは、岐阜県郡上漁協から白滝治郎さん、山形県小国漁協から沼沢勝善さん、そして「がまかつ・東レ・スワンズフィールドテスター」の野嶋玉造さんが迫力ある報告をされた。

　発表者の側に、なぜか河川管理者である建設省（当時）や群馬県の姿がなかった。著者に与えられた課題の一つは平成9（1997）年の河川法改正に伴う河川の機能、特に「環境機能」に関わる解説も行い、当時の東京都土木技術研究所で行った多摩川水系平井川の多自然型河川改修工事と底生動物の調査結果も紹介した。また、当時研究室の学生たちと行っていた利根川上流の河川生態系の

研究のうち「川の瀬・淵構造と藻類生産、底生動物、光環境の研究」の成果の一部を報告した。このときの講演内容に、その後の研究の知見や社会の河川環境に関する情報および川づくりの海外での体験を加えて、次項以降にまとめた。

1-1-1　河川法の改正と多自然型川づくり

　平成2（1990）年、旧建設省（現国土交通省）が「多自然型川づくり」（のちに「多自然川づくり」と変更）の通達を全国の河川を管理する行政機関に送付した。しかし当初、この通達の内容は地方では十分理解が得られず、その後の現場サイドの実施には試行錯誤の期間が続いた。河川工事の現場は従来からの「コンクリート三面張り」と批判されていたハードな河川技術や工法の理念が浸透していたが、この通達はそれを大きく転換したからである。河道の設計では「定規断面からフリーハンドで描く河川断面」へと変更されたように、川の生き物の生息環境に配慮した川づくりを全国に提起することになったのである。

　多自然型川づくりが前進したきっかけは、四国の五十崎町を流れる愛媛県が管理する小田川の河川改修事業をきっかけに、無機質なコンクリートブロックの護岸から石積みの護岸に変えることを市民が提起し、行政を動かし、実現した活動であった。市民はこの「よもだ塾」の活動を通して川づくりを学んだ。当時、信州大教授の桜井善雄氏（故人）、コンサルタントの福留脩文氏（故人）らの専門家の紹介で、スイスの近自然河川工法を視察し、クリスチャン・ゲルディー氏（当時チューリッヒ州河川保護建設課長）から限りなく自然に近い川づくりを学んできたのであった。わが国では治水・利水が中心の河川管理から川の生き物が棲息できる川づくりが本格的になったのは平成9（1997）年の河川法改正からである。河川法改正をきっかけに、専門家の意見や住民参加の手法が加わり、川づくりは官庁主導から川を愉しみ、河川に関心のある市民や内水面漁業者等の声が反映される方向に転換していった。

　1999年、筆者は桜井善雄先生ら日本水環境学会のグループの調査活動で、ライン川の上流スイスのトゥール川の自然復元に取り組むゲルディー氏を訪問した。このとき近自然河川工法を学ぶ機会を得たことは、その後の研究に大きな教訓となっている。また、前年の1998年、アメリカでダム論争が続いた頃、

合衆国政府の内務省、農務省、環境省、全米野生生物保護協会、南フロリダ水
管理局とエバーグレースの視察、市民団体のアメリカンリバーズなどを訪問
し、交流できたことは、世界の環境保全と再生の取り組みや治水問題を考える
上で大いに触発された。

1-1-2　さかなにとって棲みやすい条件

　当時、愛媛大学の教授であった水野信彦氏は河川生態学の立場から魚類の生
息条件として次の4つを上げている。すなわち、

1. 食餌となる水生生物が存在すること
2. 産卵し、仔魚、稚魚が成長できる河床形態を有すること
3. 十分な溶存酸素があること
4. 河況が変化に富んでいること

河川環境の意識が高まる中、筆者はさらに川を河道のスケール規模からマク
ロスケールで流域の視点で見ると「川の連続性が確保されること」「栄養塩・エ
ネルギーが供給されること」「人為的な汚濁が極力ないこと」を上げた。また、
ミドルスケールで見ると、「川づくりの護岸構造は直線化を避け、できるだけ
自然の蛇行形態を確保すること」「水辺の護岸は多孔質な構造にすること」、そ
して「その材料は石礫・木材・植生など自然素材を生かした構造にすること」
「洪水などの自然のダイナミズムな変化に委ね、かつ安全な河川管理を行うこ
と」が重要であることを、事例を含めて報告した。これらは今日でみれば多く
の川に関心を持つ人々や関係者の共通認識となっている。

　河川の自然復元は河川生態系に関する重要な視点として洪水などの「攪乱」
が避けられない。このことについて筆者は、E.P.オダム（Basic Ecology : Fun-
damentals of Ecology（1954）の著者）をはじめ生態学者のいう川の生き物に
とって河川は厳しい環境であり、河川生態系は常に変動の繰り返しであり、「動
的安定性」という概念があることを生態学からの知見として紹介した。

　川の生き物に対する洪水などのインパクトは「攪乱」と呼ばれているが、そ
れを大きく区分すると「自然的攪乱」と「人為的攪乱」がある。前者は洪水や
渇水、火山噴火・泥流、土砂流出、温泉水や酸性水などであり、後者は人間に

　よる生活排水などの汚濁や工場排水などによる汚染、外来種の侵入、ダム・堰などの建設とダムの人工放流、大規模の河川改修工事などである。

　これらはその種類と規模によっては大きなダメージを与えることもある。いったん乱された河川生態系が復元・再生するまでは長時間を要するか、再生できない場合もある。しかし、人為的撹乱は水利用の政策や知恵と技術による緩和策によって影響を低減することはできる。川の生き物はこれらのインパクトが重複した「撹乱」を絶えず受けながら存在しているという現実がある。河川改修や洪水と生き物への影響に関しては次のような事例を紹介したい。

　東京都の多摩川の支川で、河川改修整備工事（1989 ～ 1997年）が長年連続して行われた平井川と河川工事がほとんど行われてなかった隣接する秋川の2つの河川の底生動物の種類数、個体数を比較した調査を行った。**図1-2**は底生動物の種類数の19年間（1983 ～ 2001年）の5年移動平均の変化である。その結果、冬季などの渇水期に集中する河川改修整備工事により、特に1989 ～ 1993年には底生動物の種類数は激減していることが分かる。工事前の種類数の回復までに数年を要していることが分かる。

　また、河川改修工事に伴う平坦河床は平瀬化し、オイカワなどに占拠され、魚種も単一化する。中でもギバチ

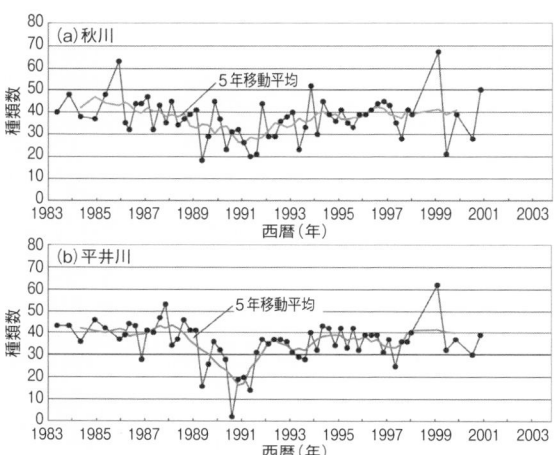

図1-2　底生動物の種類数の経年変化、19年間（1983 ～ 2001年）の5年移動平均

図1-3　平井川・秋川の河床礫の経年変化（1985 ～ 2000年：沈み石・浮石）

など川床の底息性の魚類は激減し、回復までにさらに長時間を要する。また、この調査で洪水のインパクトに対しては水生昆虫などの底生動物は減少するが回復は比較的速いことが分かった。しかし、同じ河川の同箇所を対象とした16年間の河床変動調査（1985 ～ 2000年）から上記の底生生物の棲息場である浮石と沈み石の河床環境は大きく変化し、平井川では1994年以降に浮石が消滅し、沈み石が多くなったことが顕著に示されている（**図1-3**）。すなわち、河川の生き物のうち一次消費者である底生動物は人為的な河川改修工事により大きな影響を受け、それを捕食する二次消費者（主に魚類）の生息状況を変化させることが分かる。一方、洪水などの自然のダイナミズムの変動に委ねた場合は流域からの栄養塩類などの供給があり攪乱の規模に伴う増減を繰り返しながら、川の生き物は「動的安定」にゆだねられ回復することになる。なお、これについては第3章「多摩川水系における河川生態系の攪乱と再生」の3-1、3-2節で参考文献を含め、詳述している。

1-1-3　川の流れと瀬・淵構造

　このテーマは現在、河川に関わる多くの人に認識されているが、国の多自然型川づくりの通達が出された1990年頃は、現場では何が問題なのか、どのような手法なのか、この通達の内容の理解が十分得られなかった。それは、下記の理由からであったように考えられる。瀬・淵の分布様式と「流相」の考えや川の流れの「瀬と淵」「早瀬や平瀬」の名称は本来、河川工学の用語ではなく可児藤吉、川那部浩哉、水野信彦らの河川生態学（者）の言葉であったことである。

　一方、河川事業を行う基本的なベースとしての学問は土木工学であり、水理学、流体力学、河川工学である。すなわち、川の流れの現象の解明に関しては「水理現象」「河床変動」などの物理学的な流れの挙動の解明、土砂流出の調査・研究に実務的な興味が向けられていた。これは、川を管理するために河床が安定するための工学としての現象の把握と治水技術の向上が重要であったからである。河川という同じ研究フィールドを持ちながらデュアルユースの観点は乏しく、「河川工学」と「河川生態学」は研究や現場での相互理解が乏しく、む

しろ対峙していた関係にあったように思う。当時、河川工学＝治水の研究という認識であり、川の生き物の研究＝河川生態学は、土木系では「研究」の対象外であった。「環境」と「開発や治水」が対峙していた時代であった。このテーマは第2章「釣り師が好む川の流れと瀬・淵構造」で詳述している。

1-2　利根川の川づくりと水利用のジレンマ

　利根川は首都圏の水がめであり、東京都をはじめ1都5県3千200万人の人々が水供給を受けている。今日、群馬県内に8つのダムがあり最上流の八木沢ダムから最も新しい八ッ場ダムまで利水と治水機能のダムとして位置づけられている。特に、東京都は**図1-4**に示すように、利根川の流水は利根大堰から武蔵水路を経て荒川に導水され、秋ヶ瀬堰から取水し利用されている。下流では野田導水路がある。これらのダムや堰の機能のコントロール下で起こる人為的な

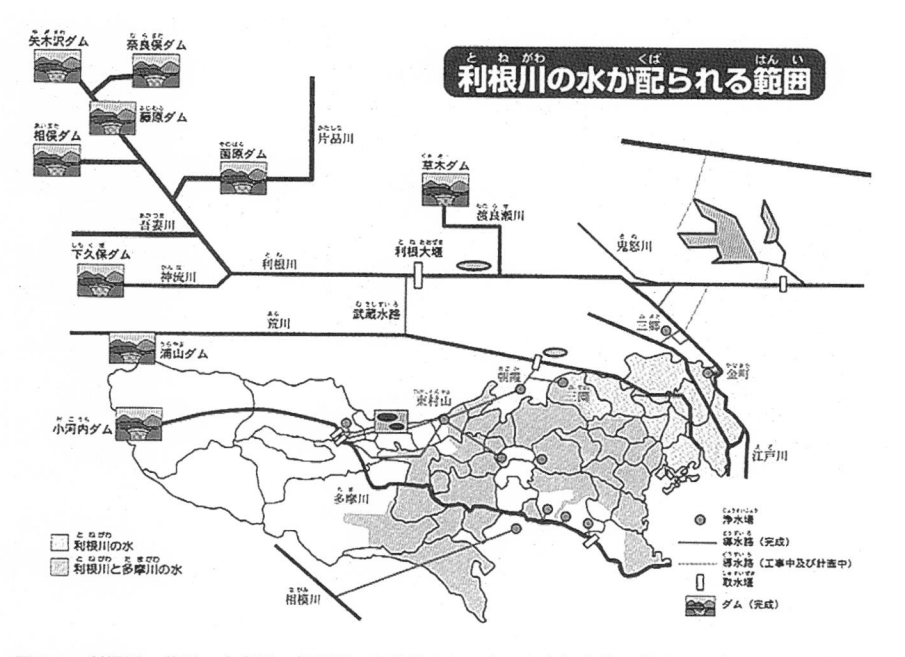

図1-4　利根川・荒川・多摩川・相模川から供給される水。東京都全体で使用する水の80％が利根川に依存している（利根川水系上下流実行委員会2005）

影響はアユやサケのように遡上する回遊魚をはじめ、川の棲息生物にとっては過酷な環境である。ここでは自然再生などの川づくりと人間社会の水利用の矛盾をジレンマとして呼ぶことにする。

　アユ放流量の増加と漁獲高の減少という現実に対して考えられる直接的な要因は主に2つある。①物理的な要因ではアユなどの魚類に対する遡上阻害施設となる河川横断構造物の取水堰の存在、②化学的・生物学的な要因は水質の悪化、富栄養化などが考えられている。ここでは冷水病などには触れず、物理的、化学的、生物学的な要因について述べることにする。

1-2-1　物理的な要因

　最初に物理的な要因を考えてみる。利根川上流には利根大堰の存在がある。この大堰建設の経緯を振り返ってみる。1964年の東京オリンピックを前にして、東京は未曾有の大渇水（東京砂漠とも言われた）が起こり、危機的状況にあった。東京都の緊急要請により、当時の建設省（現国土交通省）は朝霞水路を通して都市用水の緊急取水を実施し、一時的にこの危機への対応を図った。1965年には荒川に秋ヶ瀬取水堰が建設され、朝霞浄水場へ導水するための整備を行った。利根川と荒川を繋ぐこの利根大堰は水質汚濁が激しい公害時代、荒川水系下流の東京都の隅田川の浄化対策にも寄与している。このような状況から利根川は水資源開発促進法に基づく指定河川となり水資源開発公団（現独立行政法人水資源機構）が「利根川・荒川水資源開発基本計画」に従い、利根川から水道用水を取水するために江戸時代の見沼代用水元圦があった地点に利根大堰を建設し、首都圏の水需要に応えようとした。利根大堰は1968年4月に完成している。この大堰は農業用水、都市用水、浄化用水の取水を行っている可動堰であり、付帯施設として取水口、沈砂池、分水工などからなっている。魚道は3か所存在し、全面越流型階段式魚道で幅3.4m、総高低差は2.20mである。また、1997年には堰の改良工事が行われており、魚道もアイスハーバー型階段式魚道に改良されている。独立行政法人水資源機構利根導水総合管理所では、1983年（昭和58年）から利根大堰の魚道でサケの遡上数も調査している（**写真1-1、図1-5**）。

　一方、アユに関しては、群馬県内の漁協が1966年から琵琶湖産のアユを放流するようになったのは利根大堰によってすでに天然アユなどの遡上は望めないということが背景であろう。現在、利根大堰に設置された1号魚道における遡上調査のモニタリング結果は公開されている。稚アユの累計遡上数は最も遡上する期間（4月21日から5月31日）のデータで見ると、2020年54,683尾、2019（令和元）年15,756尾、2018年70,847尾、2017年35,744尾、2016年14,874尾、2015年10,845尾である。6年間の遡上数は

写真1-1　利根大堰の魚道を遡上するサケ
（2006年11月1日　撮影：土屋）

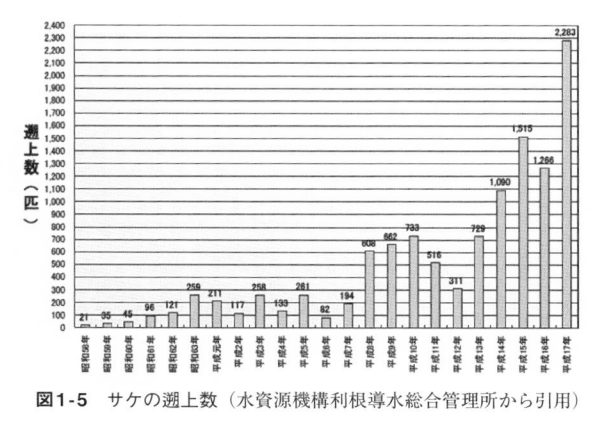

図1-5　サケの遡上数（水資源機構利根導水総合管理所から引用）

5倍に増加している。この遡上数は年により2〜3倍の変動はあるが、これは融雪期の流量や水温などの季節変動による影響であり免れない。なお、利根川漁協などではモニタリング期間の1月1日〜5月31日までは稚アユの禁漁期間中である。遡上調査のデータから考えてもこのまま魚道の効果が発揮されれば、大堰は遡上阻害施設とは単純に言えないことになる。

　また、群馬県内に「利根川にさけを呼び戻す会」の運動があり、同地点の直下は秋から初冬にかけて、大堰下流でサケの密漁監視を行っている。サケの遡上は当初、100尾前後が魚道を遡上していたが、サケのふ化放流の増加と1997年の堰の改良工事とともに遡上数も増加し、平成8（1996）年が608尾、平成17（2005）年は、これまで最高の2,283尾の遡上を記録している。この10年間

に3.7倍に増加している。しかし、最近の遡上数は平成24（2012）年15,889尾、2013年18,696尾をピークに、その後2023年までの10年で100尾台に減少している。また、今日では魚類などの遡上や回遊のために阻害施設となる取水堰には魚道が設置されているが、クロベンケイガニ、ヨシノボリなどの底息性の魚類などすべての魚種に関してはその効果は不明である。モニタリングデータではアユの遡上は確認されており効果を上げていると言える。

　次に、②化学的・生物学的な要因に関しては水質の悪化、富栄養化に関する現場調査を行ってきた研究事例を紹介し、利根川上流の水質の現状を説明したい。

写真1-2　（上）利根大堰（2006年11月1日右岸下より撮影:土屋）、下図は利根導水路（水資源機構パンフレットより引用）

1-2-2　化学的・生物学的な要因

　群馬県内の利根川とその支川の水質を県の資料で見る。1989 〜 1999年当時の総窒素（T-N）については吾妻川が合流した渋川市の坂東大橋（大堰）では2mmg/L、前橋市内から下流にかけて流入する支川の水質は極めて高く、粕川、荒砥川、広瀬川下流が4 〜 7mg/L、石田川、早川、休泊川などは10 〜 18mg/Lで、井野川・烏川で5mg/Lであった（**図1-6**）。

　総窒素のうち亜硝酸性窒素（NO_2-N）は鰓呼吸する魚類にとっては毒性があることが知られている。これはヘモグロビン血症を起こし、斃死を起こすとされている。アユにとっても極めて有害である。これは魚類等が高濃度の亜硝酸態窒素を含む水に暴露されると、ヘモグロビンが酸化されてメトヘモグロビンの量が増加する。その結果、ヘモグロビンの酸素運搬機能が低下し、さらに進

行すると窒息状態になるためである。

　都市河川の東京の神田川では落合下水処理場が従来の活性汚泥法の処理から窒素対策の高度処理を行った1992年9月頃からわずかにアユの遡上が始まり、1997年にはアンモニア性窒素（NH_4-N）が0.2mg/L以下になり、アユの遡上数がさらに増加し定着している。群馬県内は畜産業が盛んで赤城山麓や大間々の扇状地の地下水、中小河川は窒素濃度も極めて高く、処理排水は高度処理が行われていなかったことからも、アユなどへの棲息に大きな影響を与えていたと考えられる。この水質に関しては本章1-6節「赤城山麓大間々扇状地の地下水汚染」で調査研究を紹介している。

1-3　水中の光環境と濁度が付着藻類の増殖速度に与える影響

　アユの生息にとって最も重要な指標はエサ環境である。川床の砂礫に付着して生産される珪藻類が健全な状態で生産されているか調査を行った。窒素やリンは富栄養化の指標でもある。しかし、藻類の生産には窒素、リンなど適度な栄養塩類が必要であり、かつ河川水に濁りがなく水中に十分太陽の光が届いていなければならない。それは河川水の懸濁態および溶存態物質の影響は濁度に現れ、河床砂礫の付着藻類の生産量に影響するためである。

　筆者らの研究室では2003年4月から8月、11月にかけて利根川水系上流の薄根川の早瀬、平瀬、淵に関する付着藻類、底生動物の定量調査を行った。同時

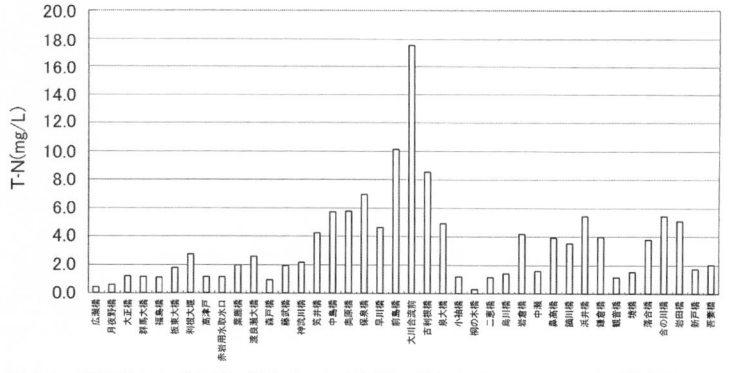

図1-6　利根川および本川に流入する中小河川の総窒素（1989 ～ 1999年:群馬県）

にLI-COR社製の光量子計を使用して瀬・淵構造の光環境と生物量の違いを明らかにし、早瀬の「光フラッシュ効果」について論文発表をしていた。詳細は第2章2-2節「早瀬のフラッシュ効果と藻類生産量」をご覧ください。

この経験から2006〜2007年、利根川本川において河床砂礫の付着藻類の生産量に着目し調査を開始した。調査範囲は利根川本川および吾妻川合流点の本川を含む約72kmの区間である。調査地点は、上流からSt.1久呂保橋下流（昭和村）、St.2吾妻橋上流（渋川市）、St.3坂東橋下流（渋川市）、St.4大渡橋上流（前橋市）、

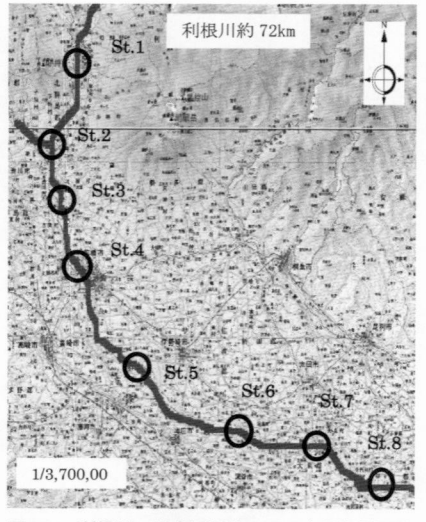

図1-7　利根川の調査観測点、St.1久呂保橋下流（昭和村）、St.2吾妻橋上流（渋川市）、St.3坂東橋下流（渋川市）、St.4大渡橋上流（前橋市）、St.5福島橋下流（玉村町）、St.6上武大橋下流（伊勢崎市と深谷市の県境）、St.7刀水橋下流（太田市）、St.8利根大堰下流（千代田町）

St.5福島橋下流（玉村町）、St.6上武大橋下流（伊勢崎市と深谷市の県境）、St.7刀水橋下流（太田市）およびSt.8利根大堰下流（千代田町）の全8箇所である（**図1-7**）。

1-3-1　基準値より高い水質は総窒素と冬季の濁度

この調査では環境基準のうち河川に関する水質項目以外の水質についても測定を実施した。そのうち水質とアユの漁獲高との関係で負の相関性が見られたのはアンモニア性窒素だけでその他の水質による明確な影響は把握できなかった。また、溶存酸素は水産用水基準（社団法人日本水資源保護協会2005年版）では、すべての箇所、全季節で7mg/L以上であり、また、環境基準ではA類型以上であり基準を十分クリアしている。しかし、総窒素は0.2mg/L以下である水産用水基準に対して全季節において、すべての地点で高い値を示し、秋季・冬季は下流に行くほどほど高いことが分かる（**図1-8**）。

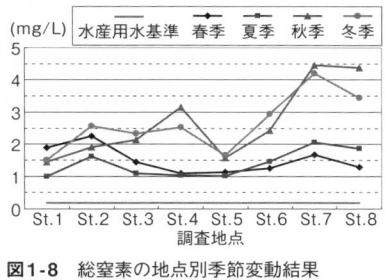

図1-8　総窒素の地点別季節変動結果

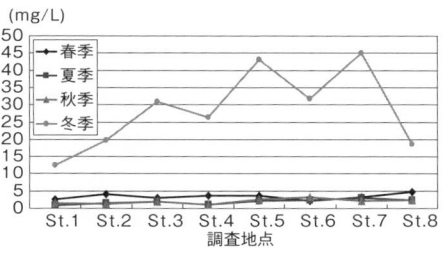

図1-9　濁度の地点別季節変動結果

　一方、濁度は冬季に上流から下流の全地点において高い値を示している（**図1-9**）。特に、St.3坂東橋下流から、St.7刀水橋下流までの区間が25 〜 45mg/L以上であり、総窒素とともに冬季に本川へ流入する支川などにその原因があるものと考えられる。また、河床砂礫の付着藻類の生産量を示し、有機物量の目安となる強熱減量（%）も測定している。濁度が5mg/L以下にある春、夏、秋には強熱減量が総じて高い値を示しているのに対して、St.3坂東橋からSt.7刀水橋の区間では、冬季の強熱減量は相対的に低下した値となっている（**図1-10**）。強熱減量（%）の季節平均値は春:26.70（%）、夏:35.06（%）、秋:26.03（%）、冬:19.65（%）である。このことは濁度の高い冬季は藻類生産が少ないことを示唆している。本来、流量環境が安定している冬季には付着藻類を餌とする水生生物の摂取量も少ない。また、付着藻類の成長は冬季の低温に適応し、冬季には付着藻類が多くなることが知られている。しかし、利根川では付着藻類の生産量を示す強熱減量が相対的に少ない。これは濁度による水中の光環境の悪化が、冬季における付着藻類の生産を阻害しているものと推察される。利根川本川においても、光環境と濁度について検討することにした。また、冬季において濁度の値が非常に大きいことから、水中の光環境が阻害されている他の要因もあるのではないかと推察することができる。なお、強熱減量の

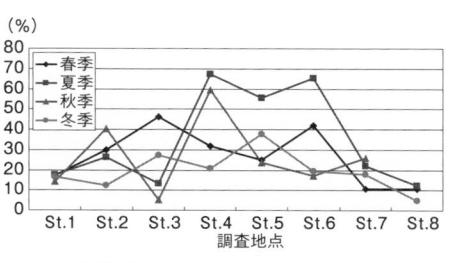

図1-10　強熱減量の地点別季節変動結果

測定および算定方法は下記のように河川水質試験法（案）により行っている。

　各調査地点の河床の中礫を採取し、現地で礫の表面に付着している5cm×5cmのコドラードでナイロンブラシと洗浄水を用いて2回採取する方法をとった。この付着藻類を研究室の乾燥炉で24時間炉乾燥させた後の蒸発残留物を600℃±25℃の電気炉で30分加熱した。この残留物量が強熱残留物である。すなわち、蒸発残留物（%）と強熱残留物（%）の差を強熱減量として算定している。また、藻類現存量の目安となるクロロフィルaの測定も実施した。これにより全箇所において富栄養化レベルは中栄養、貧栄養にあることが分かった。

1-3-2　光量子量の計測による増殖速度と濁度の関係

　一次生産者である付着藻類の増殖に関しては、従来から水温や窒素などの栄養塩類が研究対象とされたが、河川水中の物理的な光の透過に関する研究論文はなく検討されていなかった。しかし、言うまでもなく藻類にとって高濁度は水中の光環境である光合成作用を阻害するからである。アユ漁獲高が減少傾向にある群馬県内の利根川本川において、河川生態系の一次生産者としての付着藻類の生産量と濁度との関連を定量的に求めることは重要な課題である。この研究では付着藻類の生育する諸条件のうち光環境と濁度の影響を明らかにするため増殖速度に着目した調査を2007〜2008年に行った。調査箇所は**図1-7**の上流から52km区間のSt.1昭和村（久呂保橋）、St.4前橋市（大渡橋）、St.5玉村町（福島橋）およびSt.6伊勢崎市（上武大橋）の4地点において光量子量と濁度の鉛直分布調査を行い、光の水中透過率を算出した。調査では、観測期間中に台風による洪水攪乱があり、その前後の増殖速度の違いも観測している。測定方法は**図1-11**に示した濁度計、光量子計を用いた計測装置によって深さ5cmピッチで測定している。付着藻類は基盤となる中礫とレンガの2個をセットにした籠を河床に固定し、それぞれの付着量を測定した。レンガは自然石との付着量の違いを見るために加えたもので、それぞれの基盤の表面に付着した藻類（5×5cmコドラート）を採取することで付着量を測定している（**写真1-3**）。

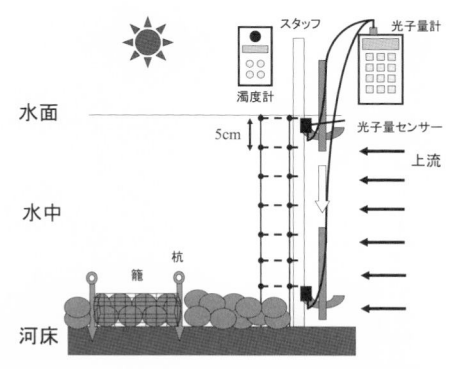

図1-11　水中の光量子量、濁度の計測装置と付着藻類を測定するための礫籠

写真1-3　礫・レンガの付着藻類（49日後）（5×5cmコドラート）

　計測期間は夏季から秋季は2007年8月2日〜9月27日の9週間および冬季から春季は2008年1月21日〜3月3日の7週間にわたり、1週間に1回の採取を行っている。

　付着藻類の増殖速度は、藻類の強熱減量の1週7日間の増減より算出し、測定箇所はほぼ同一の流速、掃流力の環境下にあることを確認し、藻類の剥離量や水生昆虫などによる捕食圧を含めて考慮している。以下に、増殖速度（g/m²·day）の算出式（1）を示した。ここで、*IL*（Ignition Loss）は強熱減量（g/m²）、tは採取日時、nは採取間隔である。

$$増殖速度 = \frac{IL_{t+n} - IL_t}{n} \tag{1}$$

　台風前後の藻類の増殖速度を別々に算出している。この結果、上流のSt.1久呂保橋では台風通過前の34日間に、増殖速度は礫0.033 g/m²·day、レンガ0.190 g/m²·dayである。台風通過後20日間に、礫0.252 g/m²·day、レンガ0.420 g/m²·dayであり、増殖速度に違いが生じている。台風9号通過時、大規模な攪乱後には、St.5福島橋の礫を除いて付着藻類の増殖速度は増加している。台風通過後は通過前と比べて、久呂保橋の礫は7.6倍、レンガでは2.2倍に増殖速度が上昇している。また、福島橋のレンガは1.6倍に上昇している。さらに藻類の増殖速度は、礫よりもレンガの方が高いことが分かった。夏季に

表1-1　付着藻類の増殖速度（単位：g/m²·day）

採取状況	久呂保橋	大渡橋	福島橋	上武大橋
礫（台風前）	0.033	0.164	0.255	0.167
礫（台風後）	0.252	ND*	0.224	ND*
レンガ（台風前）	0.190	0.156	0.283	0.133
レンガ（台風後）	0.420	ND*	0.464	ND*

表1-2　世界の河川における付着藻類の増殖速度との比較

河川名(国名·地域名)	調査者（発表年）	日総生産力(g/m²·day)	調査時期
千曲川（日本·長野）	辻本 (2000)	3.25～4.15	
Hudson River（イギリス）	Swaney (1999)	1.50～3.44	
Mary River（オーストラリア）	Bunns (1996)	2.04	
MERS（アメリカ）	Sheldonら (1984)	0.05～11	
Havelse River（デンマーク）	Siminsennら (1977)	4.5～9.71	
Itchen Rive r（イギリス）	Butcher (1964)	2.06～5.25	
Flint River（アメリカ）	Courchin (1960)	0.84～4.84	
駅館川（日本·大分）		3.6	1985年7月24-25日
番匠川（日本·大分）	西川ら (1991)	1.7～8.4	1985年6月10-11日、8月5-6日
津江川（日本·大分）		1.1～4.6	1986-1987年(5回の平均)
利根川·久呂保橋（日本·群馬）		0.3～0.42	2007年8-9月
利根川·大渡橋（日本·群馬）	三崎·土屋 (2007)	0.16	2007年8-9月
利根川·福島橋（日本·群馬）		0.22～0.46	2007年8-9月
利根川·上武大橋（日本·群馬）		0.13～0.17	2007年8-9月

おける採取地点の付着藻類の増殖速度は**表1-1**のとおりである。

　この利根川の付着藻類の増殖速度の結果を国内外のデータと合わせて**表1-2**に示している。辻本の千曲川における研究（2000年）では日生産力3.25～4.15g/m²·day、西川らの研究（1991年）では大分県の3河川では最小値1.1～4.6g/m²·day、最大値1.7～8.4 g/m²·dayである。これに対して利根川のいずれの箇所も1桁小さい生産力である。諸外国のそれらと比較においても1桁小さい生産力であることが分かった。付着藻類の増殖には、河床に到達する光量が重要な指標となるが、台風による攪乱前の平常時には濁度による増殖の阻害がすでに生じており、攪乱後に増殖速度は増加することが確認された（2008年、三崎·土屋）。

1-3-3　光量子量の到達率の低い中流箇所

　次に、付着藻類の増殖速度と濁度の関連を調べるため夏季と冬季に測定した。St.1久呂保橋（昭和村）、St.4大渡橋（前橋市·中央大橋上）、St.5福島橋（玉村町）およびSt.6上武大橋（伊勢崎市）の4地点の夏季の結果を**図1-12**に示す。

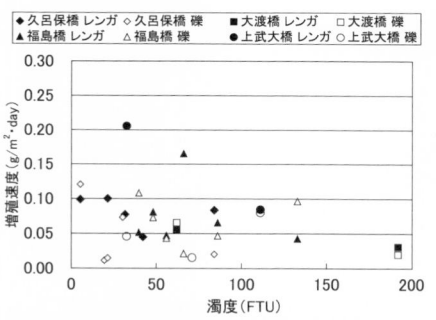

図1-12　付着藻類の増殖速度と濁度の関係

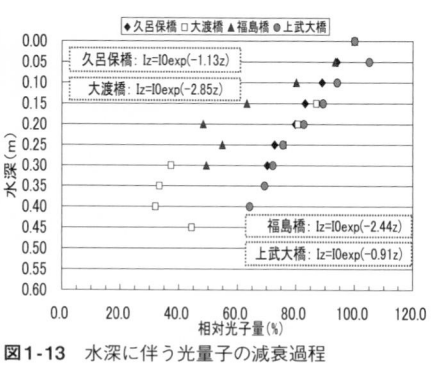

図1-13　水深に伴う光量子の減衰過程

　増殖速度と濁度（FTU）の関係は負の関係を示し、濁度が高ければ付着藻類の増殖速度は減少することが明らかである。濁度（FTU）50以上はSt.4大渡橋で、濁度100 ～ 150度以上はSt.5福島橋、St.6上武大橋において見られる。冬季も同様に負の相関が認められるが、増殖速度は夏季のそれより高い。なお、ここでは濁度（FTU）の表示はホルマジン標準液による。一般的なカオリン表示の濁度への換算値はこの値に0.7倍する値となる。

　図1-13は上記4箇所で実測した水深と相対光量子量の減衰過程を示している。水面から河床まで鉛値に光量子量が減衰していく過程が顕著に現れている。水中での光の減衰は一般的に次のLambert-Beerの法則式（2）に従う。

$$I_z = I_0 e^{-\alpha z} \qquad (2)$$

ここで、I_0は水面の光量子量（単位$E/m^2/s$（E：Einstein）$= \mu mol/m^2/s$）、I_zは水深z（m）における光量子量、aは吸光係数（m^{-1}）である。

　また、吸光係数は水中の懸濁態など浮遊物質濃度により影響される。各地点において実測した光量子量より吸光係数（実測）を算出すると、St.1久呂保橋1.13、St.4大渡橋2.85、St.5福島橋2.44およびSt.6上武大橋0.91となる。これらの値を用い、晴天時の8月上旬の河床の光量子量の到達率を求めると、St.1久呂保橋60.9%、St.4大渡橋25.7%、St.5福島橋41.8%およびSt.6上武大橋73.4%である。St.4大渡橋（前橋市）、St.5福島橋（玉村町）ではそれぞれ水深0.45m、水深0.30mにおいて入射光量は最小で25.7%、次に41.8%となっ

ている。したがって、この区間において濁度は、利根川における付着藻類の増殖にとって阻害要因となっているものと推察される。この濁度の原因が次節1-4の水力発電・導水路からの浮遊性土砂、SS濃度によるものであることが明らかになった。

1-4　もう一つの利根川—トンネルの河（水力発電と導水路）

　1-3節「水中の光環境と濁度が付着藻類の増殖速度に与える影響」で述べたように濁度は利根川の河床砂礫の付着藻類の生産を抑え、増殖速度を低下させる阻害要因になっていることが明らかである。この濁度の高い河川区間は前橋市内で利根川に合流する水力発電所の放水路が流入する箇所から下流で発生している。ここから放流される濁りは長年の目視観察からも確認されていた。もう一つの利根川ともいえる山体を縦断するトンネルの水力発電の導水管に関してその濁りの原因を探ることにした。放水路が合流した後の利根川で発生する濁度の主成分である細粒土砂由来の浮遊性粒子が河川生物の生息場に及ぼす影響に着目して検討を行うことにした。図1-14は吾妻川水系の水力発電所と管路である。なお、この調査時は八ッ場ダムは建設中であり、2019（令和元）年

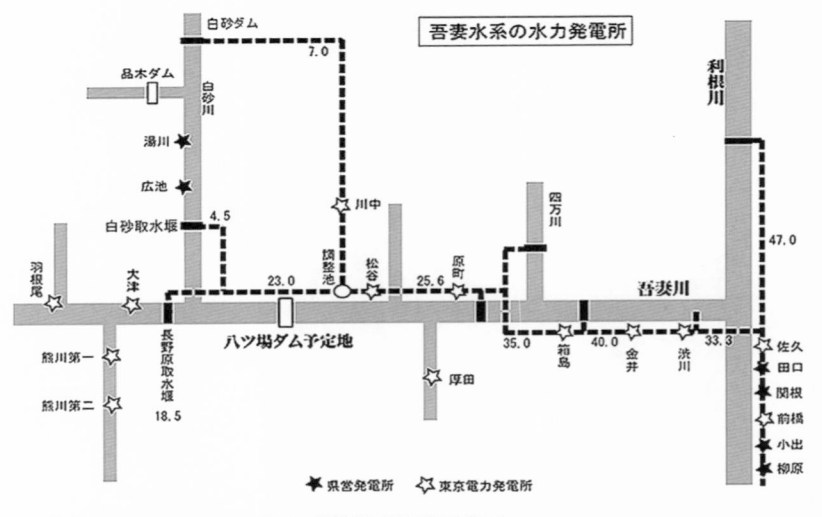

図1-14　吾妻川水系の水力発電所と管路網（群馬県企業局）

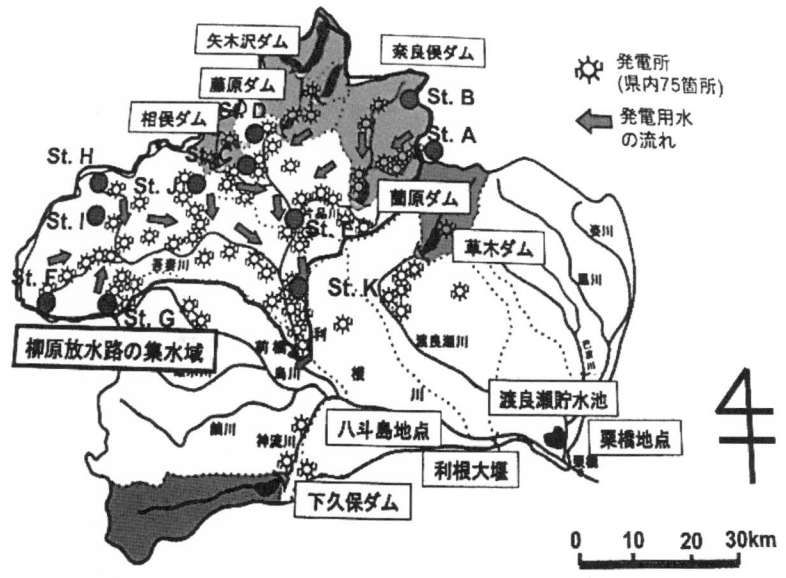

St. A（白根川）St. B（片品川最上流）St. C（赤谷川）St. D（利根川源流域）St. E（利根川・片品川合流）St. F（吾妻川最上流）St. G（熊川）St. H（長笹沢川）St. I（湯川）St. J（四万川）St. K（柳原水力発電所沈砂地）、八ッ場ダム：本調査時は建設中であり令和2年3月31日完成

図1-15　利根川上流域の導水路取水口調査地点

10月1日より試験湛水を開始し、2020（令和2）年3月9日をもって試験湛水を終了後、2020（令和2）年3月31日にダム本体は完成している。

　図1-15は利根川本川および吾妻川水系の沿川に配置されている水力発電所とそれを繋ぐ導水管路である。この管路は東京電力、群馬県企業局、東京発電の各発電所が山間部の地下の管路によって繋がり、各ダムの直下で発電に利用した水は直後に河道に放流される。しかし、河道の流れはすぐに次の堰で取水され、再び山間部の地下の管路に取り込まれて流れる。したがって、この区間の本川の流量は減水する。これが繰り返され管路は山体の地中を横断し、山裾を縦断し、遠距離を進むもう一つの鋼管の水路であり「利水の川」である。水力発電の歴史は、戦前から治水、利水を目的とした河水統制事業により電力開発が進められていたことに始まる。戦後も「一河川一社主義」が継承され、利

根川上流は上記の企業によって引き継がれている。

　発電所には地下にもサージタンクが付けられている箇所もある。これは発電所の維持管理で発電機を停止する場合に、管路が発電所の直前で急勾配になるため鉄管内の急激な流れによる水圧や空気を開放するための直立した円筒管の装置である。発電所は落差を利用して発電させるためサージタンクを設置しなければならない。奥利根方面からの管路と吾妻川方面の管路が合流し、利根川左岸の東京電力佐久発電所に集中する（**図1-14**）。その後、前橋市内の低落差発電所を経て、最後に市内の柳原発電所から前橋公園に沿って放水路は群馬県庁に隣接する左岸から利根川に放流されている。

　群馬県企業局による発電事業は1967年以降から続けられ、この集水域は吾妻川水系での支流は上流から白根川、田沢湖、万座川、熊川、白砂川、温川、四万川の水を集め吾妻川の渋川発電所へ続く。ここからの放流管路は利根川の地下をサイホンが横断し、佐久発電所へ進む。一方、利根川源流の水系は片品川、笠科川、丸沼、小川、薗原湖、薄根川があり、上流の奥利根からは赤谷川、湯桧曽川、ならまた湖、洞元湖、藤原湖からの流れも本川を経て、同様にダム直下の取水と放流が繰り返されて佐久発電所に合流する。総延長は約200kmにわたっている。この発電用導水路管路網は前橋市を含む下流の利根大堰より上流では群馬県内水力発電所の84％を占める63か所（全県内は75か所）があり、発電所間は導水路管路で繋がっている（2009年、群馬県企業局）。**図1-15**に示す太線は前橋市内の柳原発電所の放流口のある流末から川上の集水域を示し、発電所と発電用水の流れを示している。

1-4-1　浮遊性土粒子による河川生物の生息場への影響

　2009年8月、11月に浮遊性粒子の発生経路を明らかにするため、利根川水系の水力発電の導水管路網の主要10か所（St.A 〜 St. J）の取水口と柳原発電所の沈砂池1か所（St.K）において砂礫を採取し、溶出試験および流量調査を行った（**図1-15, 1-16**）。

　また、8月には上流から放水路合流前の⊥大渡橋（中央大橋直上）、管路流末の⊕柳原発電所放水路および⊤利根橋の3か所で利根川本川の流量と放流量

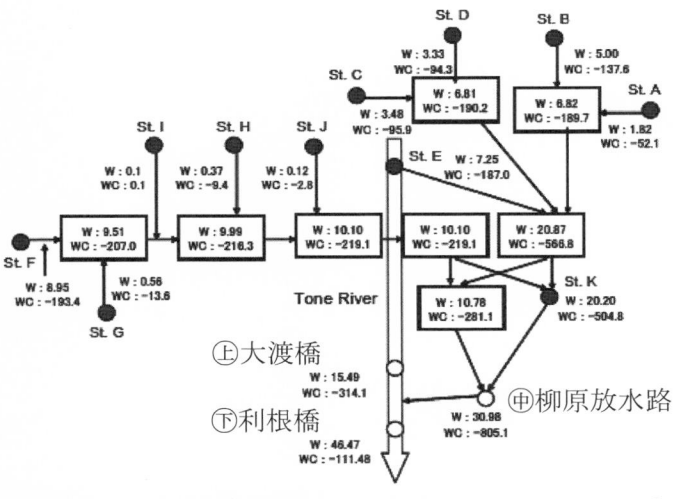

図1-16 導水路の水量と有機態炭素同位体比の物質収支（ここで、wは水量（m³/s）、wcは水量と有機体同位体比（‰・m³/s）の積、調査箇所は図1-15と同一箇所、㊤大渡橋、㊥柳原放水路、㊦利根橋

の調査を実施した（**図1-17**）。3か所の調査結果は、それぞれ㊤大渡橋15.49 m³/s、㊥柳原発電所放水路30.98 m³/s、㊦利根橋48.26 m³/sであり、柳原放水路からの流量は大渡橋の本川流量の2倍である（**図1-16**の○印、**表1-3**）。この調査時は柳原放水量では平均流量より少ない水量が流れていた。なお、柳原放水路の最大水量は灌漑期（6月1日〜9月25日）には58.89 m³/s、非灌漑期（9月26日〜5月31日）は90.10 m³/sと大きく設定されている。これは柳原発電所の最大発電使用水量に相当する。したがって、このような場合は利根川本川の水量と放水量の比はさら

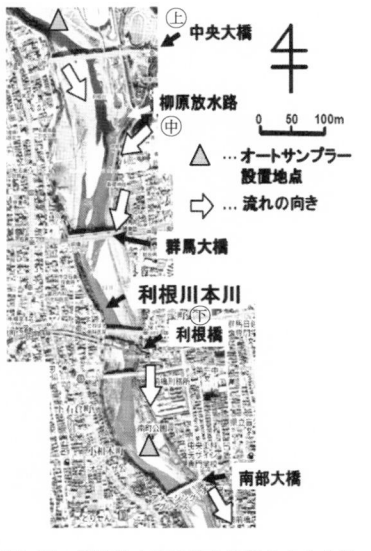

図1-17 柳原放水路の流入前後の中央大橋上流・南部大橋上流のオートサンプラーによる水質調査箇所

表1-3　導水路取水口地点の調査結果

調査地点	調査日 (年/月/日)	水量 ($m^3 \cdot s^{-1}$)	SS ($mg \cdot L^{-1}$)		2mm以下の 土砂密度 ($g \cdot cm^{-3}$)	$\delta^{13}C_{PDB}$ 有機 態炭素同位体 比 (‰)	水量 × $\delta^{13}C_{PDB}$ 有機 態同位体比 (‰·$m^3 \cdot s^{-1}$)	利根橋地 点の比率 (%)
			平水時の 表層水	溶出試験後の 上澄み水 (土砂 100g・純粋 L^{-1})				
St. A	2009/11/23	1.82	1	1126	1.7	-28.7	-52.1	4%
St. B	2009/11/23	5.00	0	182	2.3	-27.5	-137.6	12%
St. C	2009/11/23	3.48	2	600	2.3	-27.6	-95.9	8%
St. D	2009/11/23	3.33	0	350	2.6	-28.4	-94.3	8%
St. E	2009/11/23	7.25	1	343	2.3	-25.8	-187.0	16%
St. F	2009/11/27	8.95	1	631	2.3	-21.6	-193.4	17%
St. G	2009/11/27	0.56	1	107	2.6	-24.1	-13.6	1%
St. H	2009/11/27	0.37	0	604	2.2	-25.1	-9.4	1%
St. I	2009/11/27	0.10	97	1299	2.2	0.6	0.1	0%
St. J	2009/11/27	0.12	1	879	2.5	-24.1	-2.8	0%
St. K	2010/2/5	20.20	-	461	2.1	-25.0	-504.8	44%
柳原放水路	2009/8/24	30.98	18	-	-	-26.0	-805.1	70%
大渡橋	2009/8/24	15.49	2	-	-	-20.3	-314.1	27%
利根橋	2009/8/26	48.26	9	-	-	-24.0	-1157.8	100%

　に大きくなると考えられる。この調査では8月2回、11月2回の計4回の国土交通省前橋観測所データ調査で得られた利根橋の平均流量46.47 m^3/sを用いて管路内の水量収支、有機炭素の物質収支の検討を行った。その計算結果は**図1-16**、**表1-3**に示したとおりである。

　なお、浮遊性粒子の溶出試験ではSSは表層水と上澄み水とに区分して分析している。ここで粒径2mm以下に分級したものを細粒土砂として密度を求めている。発電所からの放水路と利根川の流量の推定にはトレーサーとして、この浮遊性粒子（SS）に含まれる有機態炭素の同位体比 $\delta^{13}C_{PDB}$（‰）とその負荷量（‰・m^3/s）を測定している。それぞれの水量は水収支式と有機態炭素同位体比の物質収支式より算出している。

　次に、物質収支に関しては、柳原放水路より上流部の導水管路12地点と大渡橋（中央大橋上）、利根橋の2地点の計14か所のうちSt.I（炭素同位体比プラス0.6）を除いて13地点の有機体炭素同位体比 $\delta^{13}C_{PDB}$（‰）はマイナス21.6からマイナス28.7の範囲にあり、ほぼ水源域が同一であることが分かる。また、マイナス値が大きい値はA、B、Cの地点などで奥利根系、マイナス値が小さい値はF、Gの地点で吾妻川系となっている。なお、St.I地点の炭素同

位体比プラスの値がSS濃度97mg/Lの高濃度は、国土交通省品木ダム水質管理所による石灰（炭酸カルシウム:CaCO₃）による中和処理が行われていることが原因と考えられる。この地点はpH2の強酸性の河川である。SSに含まれる有機態炭素同位体比 $\delta^{13}C_{PDB}$（‰）の負荷量（‰・m³/s）に関しては、利根橋地点の比率では柳原発電所沈砂池（St.K）44％、柳原放水路が70％を占めていることが分かった。なお、放水路合流前の利根川大渡橋は27％と少ない値である。利根橋地点において放水路と本川の水量比は2:1であるが、放水路からのSSの割合は極めて高いことが分かる。柳原放水路から上流の導水管路網からは利根川本川より高い濃度のSSが発生し、常時排出していることが合流後の利根川本川の濁度を高くしている原因であることが明らかである。

　また、砂礫の粒度分布から分かったことは、導水路管路網の上流St.AからSt.Jまでにおいては2mm以下の粒径は土砂の重量に対して9％から39％となっている。しかしながら、導水路管路網の流末に当たる柳原水力発電所沈砂地（St.K）では、2mm以下の粒径が98％を占めていることが分かった。本調査の平水時の表層水と溶出試験後の浮遊性粒子（SS）および土粒子の密度は**表1-3**に示すとおりである。管路網のSt.AからSt.J（St.Iを除く）まで表層水のSSはほとんど観測されていない。しかし、溶出試験後の各地点の上澄み水のSS濃度は100 〜 1300mg/Lと高濃度である。また、沈砂地St.Kを通過した柳原放水路ではSS濃度18mg/Lが観測されている。SS濃度とSSを構成する土粒子の密度は相関性が高く、密度の小さい浮遊性の土砂はSSの発生原因となりやすい。水力発電所の沈砂池を通過することによって密度流が発生して巻き上がっている現象と考えられる。したがって、放水路からの濁度の高い主因は浮遊性のSSに起因しているものと推察できる。

　次に、濁度の主要因であるSS濃度が発電所から放流された下流の水質にどの程度の影響を与えているのか追跡調査を続けた。放水路の流入前後の2か所（中央大橋上流、南部大橋上流）でオートサンプラー（△印）による24時間のSS分析と流量調査を実施した（**図1-17**）。

1-4-2　柳原放水路流入後の利根川下流への影響

　図1-18、1-19は柳原放水路の流入前後の2か所、上流の中央大橋と下流の南部大橋の24時間のSS、流量の調査結果である。放水路が流入する前の中央大橋上流では、SS濃度は5.0mg/L以下であるが放水路流入後の下流の南部大橋でSS濃度は常に5.0mg/Lから35mg/Lを推移し、不規則に20mg/Lから35mg/L以上の高濃度に達している。SS濃度は4.0から36.1mg/L（日平均11.7mg/L）に上昇している。

　また、SSに占める無機物含有率は、流入前後で平均16.7％から60.7％に上昇しており、柳原放水路から土砂由来の無機物を多く含んだSSが利根川に流れ込んでいることがここでも明らかになった。さらに放水路流入後の下流の濁水の影響を把握するために前橋市内から下流約40kmの武蔵水路のある利根大堰直前まで10地点、すなわちSt.1中央大橋上流からSt.2柳原放水路、St.3利根橋、St.4昭和大橋、St.5福島橋、St.6五料橋、St.7烏川、St.8坂東大橋、St.9上武大橋、St.10刀水橋のSS、流量の観測を行った（図1-20）。

　観測結果は表1-4に示すように、St.2柳原放水路から排出されるSSの無機態は57％、St.3利根橋で43％、約20km下流のSt.6五料橋のSS無機態は36％であり、下流の河川水に影響を及ぼしている。さらに烏川（St.7）のSS無機態は0％であるが、下流で合流するSt.9上武大橋のSS無機態は21％が残留している。St.10刀水橋では無機態は0％になるが、柳原放水路の水量比割合は12％まで残留して

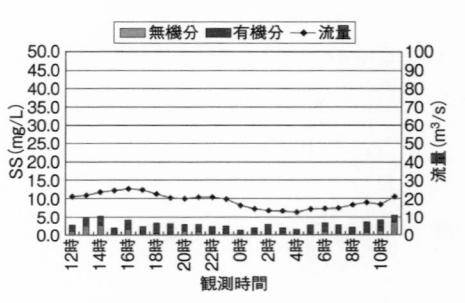

図1-18　中央大橋の調査結果（9月25日〜26日）

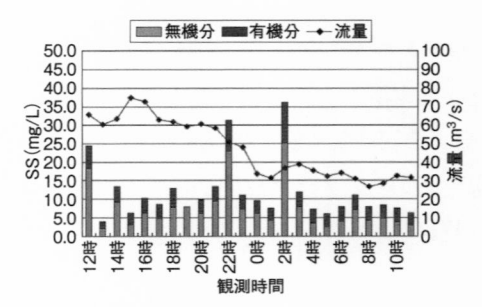

図1-19　南部大橋の調査結果（9月26日〜27日）

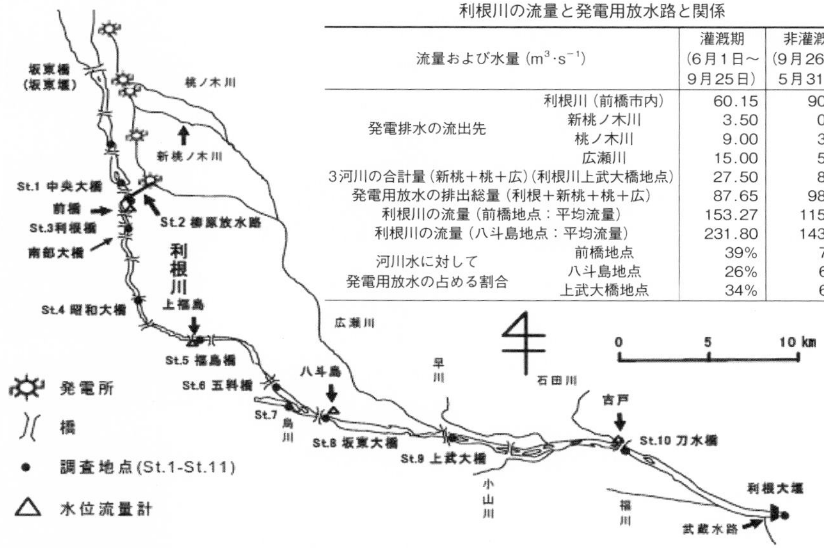

図1-20　柳原放水路より利根大堰調査地点

利根川の流量と発電用放水路と関係

流量および水量（m³·s⁻¹）		灌漑期 （6月1日～ 9月25日）	非灌漑期 （9月26日～ 5月31日）
発電排水の流出先	利根川（前橋市内）	60.15	90.20
	新桃ノ木川	3.50	0.05
	桃ノ木川	9.00	3.07
	広瀬川	15.00	5.40
3河川の合計量（新桃＋桃＋広）（利根川上武大橋地点）		27.50	8.52
発電用放水の排出総量（利根＋新桃＋桃＋広）		87.65	98.72
利根川の流量（前橋地点：平均流量）		153.27	115.35
利根川の流量（八斗島地点：平均流量）		231.80	143.32
河川水に対して 発電用放水の占める割合	前橋地点	39%	78%
	八斗島地点	26%	63%
	上武大橋地点	34%	65%

表1-4　柳原放水路より利根川下流調査地点の観測結果

	St. 1	St. 2	St. 3	St. 4	St. 5	St. 6	St. 7	St. 8	St. 9	St. 10
SS（mg·L⁻¹）	1.2	6.1	3.4	3.8	3.7	3.7	1.4	1.9	1.8	0.8
無機態（%）	6	57	43	42	35	36	0	0	21	0
有機態（%）	94	43	57	58	65	64	100	100	79	100
水量（m³·s⁻¹）	23.17	20.27	43.44	43.44	43.44	43.44	61.36	104.79	106.01	185.69
河川流量に占める発電放水路の水量比率（%）	0	100	47	47	47	47	0	19	20	12
ss-index			0.0	0.1	0.1	0.1		0.2		0.3

いる。烏川の流入により希釈されていることが推測される。また、図1-20中
の表に示すように、河川流量に占める柳原放水量の割合は季節により異なり、
6月から9月までの灌漑期には前橋地点で39％となる。しかし、10月から翌年
5月までの非灌漑期には78％と増加し、烏川合流後の上武大橋ではそれぞれ
34％と65％と増加する。SSの無機態物質は前橋市内から下流約40kmまで影
響を与えている。

1-4-3　調査のまとめ

　筆者らの調査により、利根川のアユの餌となる付着藻類の増殖を阻害している高い濁度は、濁りの主成分である浮遊性の細粒土砂が前橋市内で利根川に合流する水力発電所の放水路から発生していることが主因であることが分かった。アユの放流量の増加に対して漁獲高が減少するという現実に対する評価を化学的・生物学的な調査から整理すると以下のように考えることができる。

　柳原放水路から利根川への流入する放流水により、下流の利根大堰までの区間において、いずれの箇所も河床砂礫の付着藻類の生産力は低く、全国のそれに比べて1桁小さい。また、諸外国のそれらと比較においても低い生産力である。この付着藻類の低い生産力の主要な要因は、利根川のもう一つのトンネルの河、すなわち水力発電の導水路からの浮遊性粒子による高濃度の濁度、無機態のSSによるものであると言える。

　さらにもう一つの水質の要因は、利根川の水質のうち総窒素の水産用水基準の0.2mg/L以下に対して、全季節においてすべての地点で高い値を示し、秋季・冬季は下流に行くほど高い値であることが分かった。漁獲高が20万尾程度まで激減した1989 ～ 1999年当時の総窒素の水質は当該区間の40kmにおいて極めて高い総窒素の値であった。総窒素のうち亜硝酸性窒素（NO_2-N）は鰓呼吸する魚類にとっては毒性があることが知られている。これはヘモグロビン血症を起こし、斃死を起こすとされている。アユにとっても極めて有害である。利根川の河川水の水質が化学的・生物学的に複合するこれらの要因がアユの生息環境を悪化させてきたものと考えられる。

1-5　ノンポイントソース汚染とスキー場

1-5-1　はじめに

　利根川中流域の富栄養化の要因物質である窒素、リンなどの流域からの流出に関する研究は、1998年から川場村の協力を得て上中流域の土地利用にも着目し調査をスタートさせた。調査、観測は1998年10月 ～ 2002年12月の4年間行っている。富栄養化は水環境保全における総量規制を図る観点において重要な課題である。特に、これらの水質の汚濁発生負荷量の算定は、土地利用形態

や地域により異なるため、モデル地域での実態調査の結果を活用することが、より正確に推定できると考えられる。しかし、ノンポイントソース、すなわち非特定汚染源からの水質の負荷量の定量化は水量・水質の現地観測を必要とするため困難度が高い。このため、これら汚濁物質の森林、山地での観測事例は特定の流域に限られて全国的にも少ない状況であった。また、これまで環境省では森林域はスキー場を含めて一括して原単位としていたため、これらを区分している事例はない。この研究では、利根川上流域のスキー場を含む山地小流域（桜川流域）と小集水域（田代川流域・幼齢林帯）において水質（COD＝化学的酸素要求量、T-N＝総窒素、T-P＝総燐など）、水量の現地調査と観測を行った。山地小流域においては、土地利用の違いにおける汚濁負荷流出の検討と原単位が設定されてないスキー場および森林域における年間の汚濁負荷流出原単位の推定を行うこととした。また、幼齢林帯の集水域においては、年間の水質（COD、T-N、T-Pなど）、流量観測から流出負荷量の算定を行い、集水域（幼齢林帯）における汚濁負荷流出量の原単位の推定を行った。また、算定した原単位と既往文献値との比較検討を行い、その妥当性を検討している。

1-5-2　調査対象流域

(1) 桜川流域

　桜川は群馬県川場村西部に位置し、利根川水系薄根川支川の一つである。水源を武尊山に発し、主に山間部、森林域および農地からなる流域を流下し、薄根川へと流入している全長約11kmの一級河川である。流域面積は7.283km²、流域の約85%が森林であり、スキー場は9%である。河川上流部は冬季に2m近くの積雪となり河川流量が極端に少なくなる。しかし、春季には融雪出水により流量が多くなるという特徴をもっている。流域の最高地点は標高1,900mであり、河川の平均勾配は1/7である。この流域の土地利用状況を表1-5に示

表1-5　桜川流域土地利用状況（単位：km²、（　）内は%）

流域	スキー場	森林	畑地	水田	合計
st. 1	1.567 (70)	0.675 (30)	——	——	2.242 (100)
st. 1 ～ st. 2	——	11.251 (100)	0.033 (0)	——	11.284 (100)
st. 2 ～ st. 3	——	2.605 (69)	0.38 (10)	0.772 (21)	3.757 (100)
流域全体	1.567 (9)	14.531 (84)	0.413 (2)	0.772 (5)	17.283 (100)

す。また、桜川と田代川の流域図と各観測点を**図1-21**に示す。

（2）田代川流域

田代川は、群馬県川場村東南部に位置し、利根川水系薄根川支川の一つである（**図1-21**）。水源を田代山に発し、中野地区を経て薄根川へと流入している全長約4kmの一級河川である。流域面積は6.154km^{2}であり、流域のほとんどが森林で、幼齢林帯とりんごやブルベリー果樹園をみることができる。流域の最高地点の標高は1,350mで

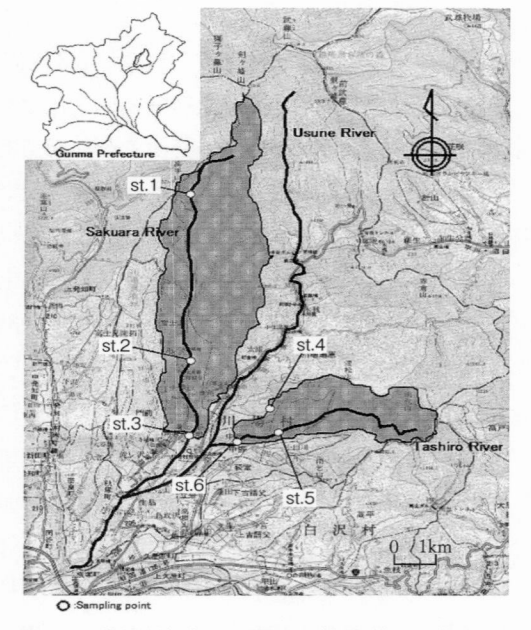

図1-21 桜川流域（スキー場および森林域）と田代川流域（幼齢林帯）st.1～st.6は調査観測地点

あり、河川の平均勾配は約1/6である。この流域の土地利用状況を**表1-6**に示す。ここで、st.4齢林帯集水域は、st.6流域に含まれている。

表1-6 田代川流域土地利用状況（単位：km^2、（　）内は%）

流域	幼齢林帯	森林	果樹園	合計
st.4集水域*	0.093 (100)	——	——	0.093 (100)
st.5	——	5.192 (100)	——	5.192 (100)
st.5～st.6	0.093 (10)	0.638 (66)	0.231 (24)	0.962 (100)
流域全体	0.093 (1)	5.83 (95)	0.231 (4)	6.154 (100)

＊st.4集水域はst5~st6流域に含まれている

1-5-3 水質調査・水量観測

（1）水質調査

水質調査は晴天時の定期的な採水と洪水時に行った。定期採水は桜川では毎月1回中旬に、st.1スキー場下、st.2富士山ビレッジ、st.3谷地橋の3つの採水地点で行っている。田代川流域ではst.4幼齢林帯集水域、st.5中野ビレッジ、

表1-7　洪水時観測場所と観測期間

観測地点	観測期間	総雨量
st.3 谷地橋	2000/7/8 10:00 ～ 2000/7/8 18:00	46.0mm
st.6 大船橋	2001/8/21 18:00 ～ 2001/8/22 10:30	98.5mm
st.4 幼齢林帯集水域	2001/9/10 15:30 ～ 2001/9/11 15:30	105.5mm
st.6 大船橋	2002/7/10 12:00 ～ 2002/7/12 12:00	217.0mm
st.3 谷地橋	2002/10/1 22:30 ～ 2002/10/2 13:30	——
st.4 幼齢林帯集水域	2002/10/1 18:30 ～ 2002/10/2 17:30	——

st.6大船橋の3つの採水地点で観測している。採水ポイントは**図1-21**に示した通りである。

　台風による洪水時の採水観測場所と観測期間は**表1-7**に示した通りである。なお、観測期間中に襲来した台風はst.3谷地橋地点では2000年7月8日（台風3号）、2002年10月1日（台風21号）であり、st.6大船橋では2001年8月21～22日（台風11号）、2002年7月10～11日（台風6号）である。また、st.4幼齢林帯水域では2001年9月10～11日（台風15号）、2002年10月1～2日（台風21号）において行った。洪水時採水方法はオートサンプラーおよび採水器によった。水質調査項目は定期と洪水時いずれも、COD、T-N、T-P、陽イオン、陰イオン、pH、水温である。

　分析方法はCOD:JIS,K 0102-1993、T-N:熱分解法（Yanaco TN-301P）、T-P:（硫酸カリウム分解吸光光度法:HITACHI U-2000）、陽イオンおよび陰イオン:イオンクロマトグラフ法（DIONEX DX-100,HITACHI L-7300）によって行った。

(2) 桜川の水質変動

　桜川で実施した定期採水の分析結果のうちT-N、T-Pについて**図1-22**、**図1-23**に示した。T-N濃度については年間のうち1月～4月に高い傾向を示し、st.1スキー場では下流のst.2、st.3と同値かそれ

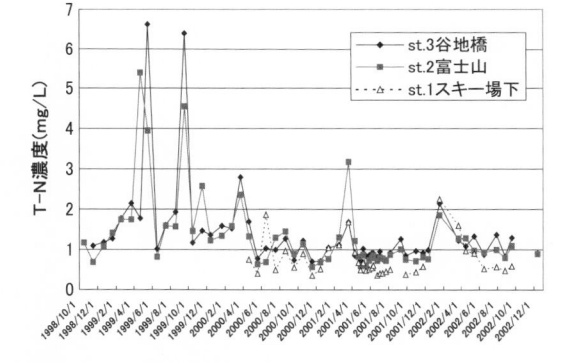

図1-22　T-N濃度変動（桜川観測3地点）

以上の高い濃度となって
いる。冬季はスキーシー
ズンであり、スキー場施
設からの排水による影響
と考えられる。T-P濃度
はst.1スキー場では3月～
4月に高い値を示し、下流
地点st.3では5月～6月に
高い値を示した。これは3

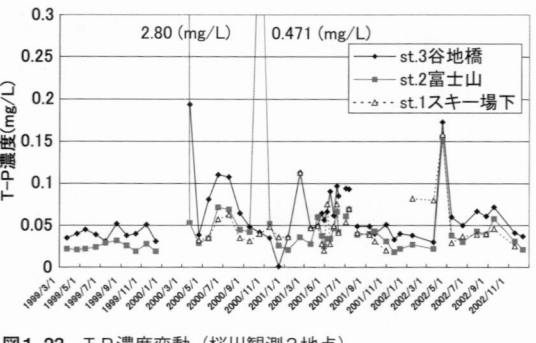

図1-23　T-P濃度変動（桜川観測3地点）

月～4月は融雪出水の影響によるものであり、5月～6月はCODと同様に水田
灌漑（st.2～st.3）によるものと考えられる。

(3) 水量観測

　桜川のst.3谷地橋地点では流量観測のために水位計を設置している。流量の
算定には、河川水位と流量の関係式を作成する必要がある。そのため水位デー
タと現地の高水観測によって得られた流量データを使用し、最小二乗法によっ
てH-Q曲線（水位・流量曲線）を作成し流量算定を行った。その結果は下記の
式（1）であり、相関係数R:0.9298である（**図1-24**）。

$$Q = 15.261(H - 0.1648)^2 \qquad (1)$$

$$R:0.9298$$

　図1-25に桜川st.3谷地橋地点におけるH-Q曲線式より得られた2000年、

2001年の日変動流量を示し
た。年間の流出現象の特徴は
冬季3月から春季にかけて融
雪出水があり、夏から秋季は
台風に伴う流出が明らかに示
されている。また、st.4幼齢
林帯集水域における2001年
の日変動流量も同様に算定し
た。st.4の田代川流域は、出

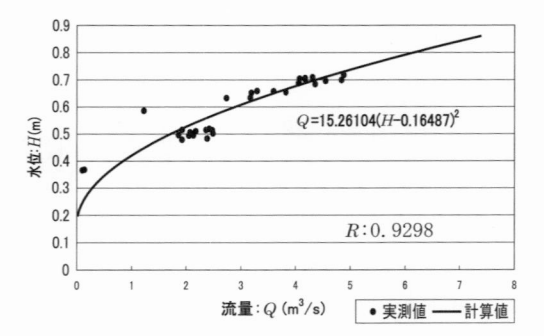

図1-24　桜川st.3谷地橋地点のH-Q曲線

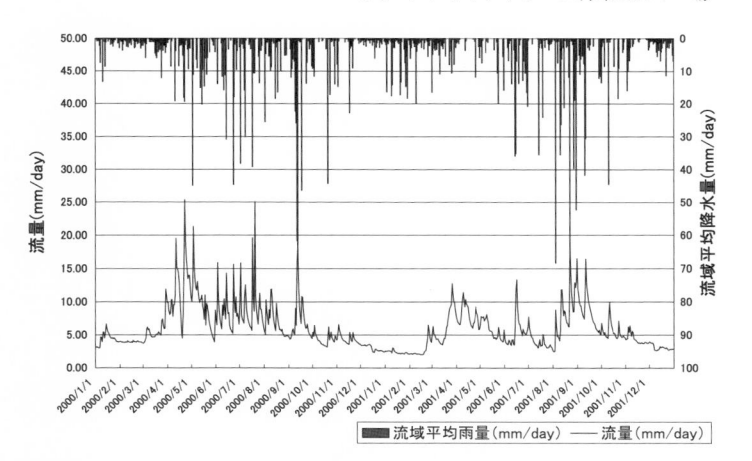

図1-25 2000 ～ 2001 年の流量・雨量変動（桜川 st.3 谷地橋）

水期と渇水期が明確に現れるゼロ次谷にあたり、年間を通した流出はないが源頭水源の一つである。なお、st.4 幼齢林帯集水域においては、集水域の末端に量水堰（三角堰）を設置し、水位を10分間隔で自動測定し流量を測定した。

1-5-4　流出負荷量の算定

（1）流量-負荷量関係式の作成

　この研究では流出負荷量算定のために2000年、2001年の定期および洪水時採水、流量観測データから st.3 谷地橋地点、st.4 幼齢林帯集水域における流出負荷量（L）–流量（Q）との関係式の作成を行った。国松の研究によると、流量（Q）と流出負荷量（L）の関係は、次の式（2）で示されるとされている。

$$L/A = a \times (Q/A)^b \qquad (2)$$

ここで、L：日流出負荷量（kg/day）、Q：日流量（m^3/day）、A：流域面積（km^2）、a，b：定数とする。

　ここで流量については、1-5-3項（3）の水量観測において算出したデータを用いている。流出負荷量については、24時間の洪水時を含む水質と流量観測結果のデータを用いた。

　データのサンプル数は桜川の谷地橋 st.3 は $n=32$、田代川の幼齢林集水域

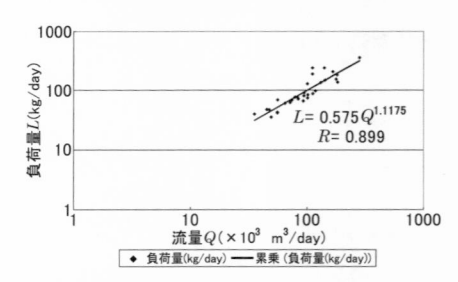

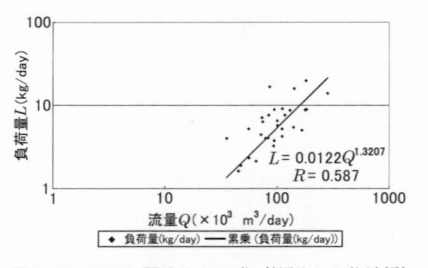

図1-26　T-Nに関する*L-Q*式（桜川st.3谷地橋）　　**図1-27**　T-Pに関する*L-Q*式（桜川st.3谷地橋）

st.4は$n=16$である。算定結果の事例としてT-N、T-Pに関する*L-Q*式を**図1-26**、**図1-27**に示した。また、COD、T-NおよびT-Pに関する*L-Q*式と定数、相関係数は下記のとおりである。谷地橋st.3ではT-Pの相関がやや低いもののCOD、T-Nに関してよい相関を示している。

　ここで、L：流出負荷量（kg/day）、Q：流量（m³/day）、R：相関係数である。

$$\text{COD}: L = 0.9102 Q^{1.211} \quad (R = 0.757) \qquad (3)$$

$$\text{T-N}: L = 0.575 Q^{1.117} \quad (R = 0.899) \qquad (4)$$

$$\text{T-P}: L = 0.0122 Q^{1.321} \quad (R = 0.587) \qquad (5)$$

（2）流出負荷量の算定

　桜川のst.3谷地橋における2000年、2001年の流出負荷量は上記の*L-Q*式と日流量よりCOD、T-NおよびT-Pに関する流出負荷量を算定すると**表1-8**のような結果となった。また、2000年、2001年流出負荷量変動のT-N負荷量の事例を**図1-28**に示した。さらに田代川のst.4幼齢林帯集水域における2001年のT-Nの流出負荷量変動を**図1-29**に示した。

　各地点の流出負荷量の算定は、桜川が上流からst.1スキー場下、st.2富士山ビレッジ、st.3谷地橋および田代川のst.4幼齢林帯集水域各地点で行い、COD、T-NおよびT-Pに関する2000 ～ 2001年の年間流出負荷量を算定した。また、桜川のst.1、st.2地点における年間流出負荷量は月1回の定期流量観測、定期水質調査を行ったデータを基に年間総流量と年平均水質濃度から算定して

表1-8　桜川流出汚濁負荷量算定結果（流量単位：$10^3 m^3/y$）

	年間流量 （×$10^6 m^3$）	流域平均雨 量（mm/y）	流出汚濁負荷量（t/y）		
			COD	T-N	T-P
2000年	42.011	1428	107.582	42.909	2.481
2001年	34.132	1447	83.486	33.989	1.879

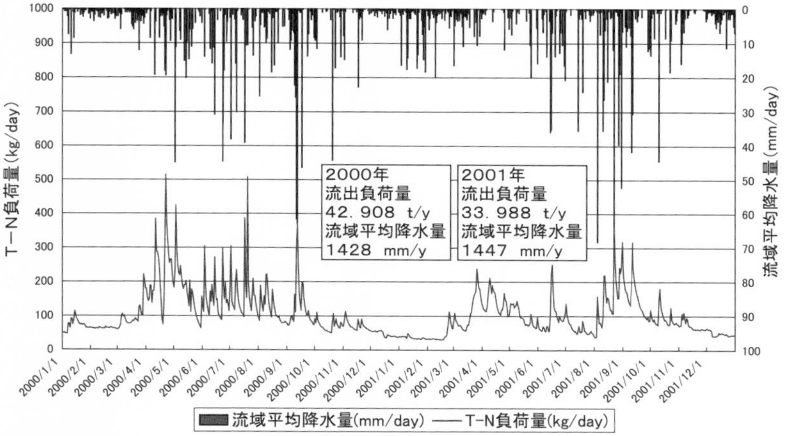

2000年
流出負荷量
42.908 t/y
流域平均降水量
1428 mm/y

2001年
流出負荷量
33.988 t/y
流域平均降水量
1447 mm/y

■■■流域平均降水量(mm/day)　——— T-N負荷量(kg/day)

図1-28　T-Nの流出負荷量の変動　（2000〜2001年：桜川st.3谷地橋）

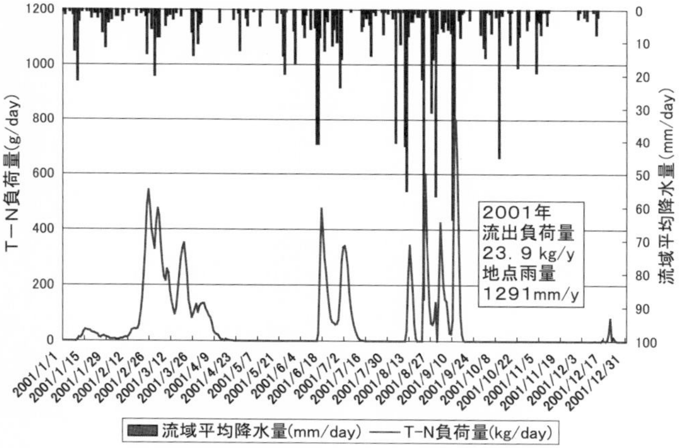

2001年
流出負荷量
23.9 kg/y
地点雨量
1291mm/y

■■■流域平均降水量(mm/day)　——— T-N負荷量(kg/day)

図1-29　T-Nの流出負荷量の変動（2001年：st.4田代川幼齢林帯集水域）

表1-9　流出負荷量算定結果（2000年）（流量単位：$10^3 \, m^3/y$）

観測点	流量	平均水質(mg/L)			年間汚濁負荷量(kg/y)			単位面積汚濁負荷量(kg/ha/y)		
		COD	T-N	T-P	COD	T-N	T-P	COD	T-N	T-P
st.1	4973.112	2.51	0.648	0.048	12490.801	3223.886	238.826	55.713	14.38	1.065
st.2	9123.63	2.28	0.938	0.04	20789.104	8561.007	361.968	15.37	6.329	0.268
st.3	34132.549	2.87	0.954	0.064	96677.453	30690.336	1652.28	55.938	17.758	0.956
st.4	13.085	1.51	1.833	0.05	20.409	23.947	0.06	2.194	2.575	0.006

いる。なお、流出負荷量算定に用いた流量は同じ桜川の連続観測地点である
st.3地点と上流のst.1およびst.2地点における相関式を作成し算出している。
また、年平均水質濃度については、定期採水データ（サンプル数$n=21$）を用
いている。2000年の流出負荷量算定結果は**表1-9**に示すとおりである。桜川
流域の3地点の平均水質は流下に伴って増加傾向にある。しかし、単位面積当
たりの流出負荷量は各地点より上流域にあたるスキー場が大部分を占めるst.1
で最下流のst.3とほぼ同値の高いCOD、T-Pの負荷量を示した。スキー場から
の負荷量が流域に大きな影響を与えていることが推測される。また、幼齢林帯
からなるst.4流域では単位面積当たりの流出負荷量がかなり低いという結果が
得られた。

1-5-5　原単位の推定

(1) 点源排出負荷量の算定

　1-5-4項（2）の流出負荷量の算定では土地利用とは無関係に面積当たりの
負荷量を算定した。土地利用別の原単位の算定を行うには各観測地点より上流
域に含まれる点源の排出負荷量を定量的に把握し、流出負荷量から除外する必
要がある。本研究では平成13年度群馬県が行った行政資料をもとに桜川流域
における発生源別の特定汚濁源のフレームとその基数を求めるため、現地調査
を川場村の協力を得て以下のように行った。

　桜川流域のst.2（富士山ビレッジ）より上流域には、スキー場、キャンプ場
の施設があり、この両施設の合併処理浄化槽からの点源排出負荷量の算定を
行った。スキー場施設には、合併処理浄化槽が2,700人槽、707人槽、125人槽、
70人槽がそれぞれ1基ずつ、45人槽が3基設置されている。キャンプ場施設に
は1,700人槽の合併処理浄化槽1基が設置されている。合併処理浄化槽からの

排出負荷量算定は、501人以上浄化槽と501人未満浄化槽と分けて算定した。501人以上浄化槽については、家庭汚水原単位、合併浄化槽人口、除去率、利用率をそれぞれ乗じて算定している。501人未満浄化槽については、

表1-10 使用原単位と除去率

区分	単位	COD	T-N	T-P
家庭汚水 負荷源単位	g/人·日	29.3	12.0	1.17
事業所汚水 負荷量源単位	mg/L	60	10.48	3.3
合併浄化槽 除去率		0.8	0.5	0.5

事業所汚水負荷量原単位、水量原単位、合併浄化槽人口、除去率、利用率をそれぞれ乗じて算定した。ここで、家庭汚水負荷原単位、事業所汚水負荷原単位、除去率は**表1-10**に示すとおりである。

水量原単位は、240（L／人／日）を使用した。利用率については、スキー場施設が1年12か月内の12月〜3月までの4か月間営業しているため期間を4月12日までとした。キャンプ場施設は1年12か月内の7、8月の2か月間のみ利用可能であることから9月12日までの期間を使用した。桜川流域の観測地点ごとの点源排出負荷量の算定結果は**表1-11**に示すとおりである。点源排出負荷量はst.1より上流域（スキー場施設）からはCOD：2,501（kg/y）、T-N：2,518（kg/y）およびT-P：252.24（kg/y）が排出されていたことになる。st.1〜st.2流域（キャンプ場施設）からは、COD：606（kg/y）、T-N：621（kg/y）およびT-P：60.5（kg/y）の点源排出負荷量が排出されていた。

表1-11 点源排出負荷量

区分	排出源（kg/day）	COD		T－N		T－P	
		st.1	st.2	st.1	st.2	st.1	st.2
事業所排水	501人以上浄化槽	6.655	1.660	6.814	1.700	0.664	0.166
	その他	0.197	——	0.086	——	0.027	——
	小計	6.852	1.66	6.900	1.700	0.691	0.166
	合計	8.512		8.600		0.857	
年間総排出負荷量（kg/year）		2501	606	2518	621	252.24	60.50
合　計（kg/year）		3106.807		3138.977		312.736	

（2）面源負荷量の算定

スキー場と森林域からの汚濁負荷流出原単位を推定するために、桜川流域のst.2地点より上流域において解析を行った。従来の原単位の研究ではスキー場は森林域に属するため森林域として一律に扱っている。この研究ではスキー場

は人工的な施設であり、このうち建物施設は事業所の点源排出源として取り扱うことができること、一方、ゲレンデはシーズンオフに施肥による雑草育成管理を行っていることを重視し、面源として森林と区分して算定することが妥当であると判断した。st.2地点より上流域の土地利用は森林とスキー場のみである。このため原単位の算定を簡易に行うことができる。また、st.4幼齢林集水域においては、土地利用がすべて幼齢林帯であるためそのまま汚濁負荷流出源単位の推定を行った。

　面源負荷量は年間流出負荷量から年間点源排出負荷量負荷量を差し引くことで求められるため、式 (6) より算定した。

$$L_{NPS} = L - L_{PS} \tag{6}$$

ここで、L_{NPS}：面源負荷量（kg/y）、L：流出負荷量、L_{PS}（kg/y）：点源排出負荷量（kg/y）。

　st.1より上流域、st.1 〜 st.2までの流域における面源負荷量を算定した。st.1より上流域においては、st.1地点における年間流出負荷量からスキー場施設より排出される年間の点源排出負荷量を差し引いて面源負荷量を算定した。st.1 〜 st.2までの流域においては、全流域の年間流出負荷量からキャンプ場施設より排出される年間の点源排出負荷量を差し引いて面源負荷量を算定した。幼齢林集水域（試験地）においては、全域が成長過程にある幼齢林帯のみからなっているため、年間流出負荷量をそのまま面源負荷量として扱った。算定結果は、**表1-12**に示すとおりである。

表1-12　面源負荷量算定結果

流域	COD (kg/y)	T-N (kg/y)	T-P (kg/y)
st.1流域	9989.894	705.386	—
st.1 〜 st.2流域	7692.404	4716.624	62.643
幼齢林帯集水域	20.409	23.947	0.060

1-5-6　汚濁負荷流出原単位の推定

(1) 森林原単位

　森林域からの年間汚濁負荷流出原単位は、st.1 〜 st.2までの森林からなる流域の面源負荷量を面積当たりに換算することにより推定した。推定式は、下の式 (7) に示すようにst.1 〜 st.2流域からの面源負荷量を流域面積で除して求

めた。

$$F_F = L_{NP-2}/A_2 \qquad (7)$$

ここで、F_F：森林原単位（kg/ha/y）、L_{NP-2}：st.1 ～ st.2流域からの面源負荷量（kg/y）、A_2：st.1 ～ st.2流域の森林面積1,125（ha）である。

式（7）を用い、st.1 ～ st.2流域における森林域からの汚濁負荷原単位を推定するとCOD：6.817（kg/ha/y）、T-N：4.180（kg/ha/y）、T-P：0.056（kg/ha/y）である。

（2）スキー場原単位

スキー場からの年間汚濁負荷流出原単位は、st.1 ～ st.2流域から推定された森林原単位を用い、st.1流域における森林域からの負荷量を算定し、差し引いた残りをスキー場からの面源負荷量とした。そして、スキー場からの面源負荷量を面積当たりに換算して推定した。推定式は、式（8）に示すようにst.1流域におけるスキー場からの面源負荷量をスキー場面積で除して算定した。

$$F_s = (L_{NP-1} - A_{1.f} \cdot F_F)/A_{1.s} \qquad (8)$$

ここで、F_s：スキー場原単位（kg/ha/y）、L_{NP-1}：st.1流域からの面源負荷量（kg/y）、$A_{1.f}$：st. 1流域の森林面積67.5（ha）、$A_{1.s}$：st.1流域のスキー場面積156.7（ha）、F_F：式（7）で求めた森林原単位（kg/ha/y）である。

式（8）を用い、st.1流域においてスキー場からの汚濁負荷原単位を推定するとCOD：60.815（kg/ha/y）、T-N：2.701（kg/ha/y）であった。T-Pについては点源からの排出負荷量が流出負荷量を超過していた。燐物質は流出過程の地中で吸着されやすいことがこの要因と考えられる。今後、精査し検討する課題である。

（3）幼齢林帯原単位

幼齢林帯からの年間汚濁負荷流出原単位は、集水域の面源負荷量を流域面積で除することにより推定した。

$$F_Y = L_{NP-4}/A_4 \qquad (9)$$

ここで、F_Y：幼齢林帯原単位（kg/ha/y）、L_{NP-4}：st.4幼齢林集水域からの面

源負荷量（kg/y）、A_4：st.4幼齢林
集水域面積9.27（ha）である。式（9）
を用いて、st.4幼齢林集水域の幼齢
林帯からの汚濁負荷原単位を推定す

表1-13　面源の原単位推定結果

	COD	T-N	T-P
森林域	6.817	4.180	0.056
スキー場	60.815	2.701	—
幼齢林帯	2.194	2.575	0.006

（単位：kg/ha·y）

るとCOD：2.194（kg/ha/y）、T-N：2.575（kg/ha/y）、T-P：0.006（kg/ha/
y）であった。

　森林域、スキー場および幼齢林帯のそれぞれの推定結果を**表1-13**に示した。

1-5-7　推定原単位の既往文献値との比較

（1）　森林域

　既往の文献値による森林域からの原単位は、「流域別下水道整備総合計画調
査指針と解説」（日本下水道協会1999。以下、"流総"と呼ぶ）によるとCOD：
3.9〜154（kg/ha/y）、T-N：0.3〜12.5（kg/ha/y）、T-P：0.01〜1.3（1kg/
ha/y）である。また、国松らの研究（国松1989）によるとCOD：10.7〜13.9
（kg/ha/y）、T-N：1.83〜12.7（kg/ha/y）およびT-P：0.06〜0.55（kg/
ha/y）である。これら文献値と本研究における推定値を比較すると、"流総"
との比較で、いずれの水質項目においても文献値の範囲内の結果であった。国
松らの研究との比較では、本研究はCOD、T-Pにおいて文献値を下回り、T-N
においては文献値の範囲内に収まる結果であった。以上の調査結果から、文献
値を若干下回る水質項目もあったが、大きな違いは見られず妥当性のある推定
結果であったと言える。

（2）　スキー場

　スキー場からの原単位は、国内の過去の文献レヴューでは見受けることがで
きないため、スキー場と同じように植生管理を行うレジャー施設としてゴルフ
場からの原単位と比較検討を行った。文献値によるとゴルフ場からの原単位
は、COD：125（kg/ha/y）、T-N：13.4（kg/ha/y）、T-P：1.87（kg/ha/y）
である。すなわち、スキー場からの推定原単位は、ゴルフ場からの原単位に対
し、COD約1/2倍、T-N約1/5倍という低い結果であった。このことからス

キー場からの面源負荷量は、ゴルフ場ほどには発生していないことが分かった。また、本研究で推定された森林域からの原単位と比較した場合には、T-Nは森林の2/3倍であったが、CODは森林域の約10倍という高い結果であった。これはオフシーズンに植生管理のため硫安（硫酸アンモニウム）約60袋、1,200kg相当（施設管理者のヒアリングによる）を施肥していることが影響しているものと考えられる。

（3）幼齢林帯

　幼齢林帯からの原単位は、観測事例が少ないため幼齢林帯を森林域とみなして原単位の比較検討を行った。森林域からの比較検討は、前出の"流総"、国松らの研究における文献値で行った。COD、T-Pについては、いずれも文献値の範囲内を少し下回る結果であった。T-Nについては、"流総"との比較では文献値の範囲内で良好な結果であるのに対して、「河川汚濁のモデル解析」（国松1989）との比較では文献値の範囲内をやや下回る結果であった。

　次に、幼齢林帯からの原単位の比較は事例は少ないが、T-Nについて行うことができた。渡良瀬川流域における幼齢林帯からの原単位は、日林協報告（相場1985）によればT-N：14（kg/ha/y）である。この数値は、研究室で推定した幼齢林帯からの原単位と比較すると6倍という高い結果であった。これは幼齢林は植樹から10年未満のため土壌層の形成が十分なされてなく、土地利用の歴史性、植生などの違いのためと考えられる。しかし、スギ・ヒノキとナラ・クヌギといった植生の違いはあるにせよ、群馬県内における渡良瀬川上流における観測結果であることを考えると過小評価をしている可能性がある。

表1-14　本研究の推定原単位と文献値との比較

分類 文献等	森林域			スキー場 （ゴルフ場）			幼齢林帯 （森林）		
	COD	T-N	T-P	COD	T-N	T-P	COD	T-N	T-P
本研究推定値	6.871	4.18	0.056	60.815	2.701		2.194	2.575	0.006
河川汚濁のモデル解析	10.7~13.9	1.83~12.7	0.06~0.55						
流総	3.9~154	0.3~12.5	0.01~1.31						
日林協								14	
その他				125	13.4	1.87			

（単位：kg/ha·y）

したがって、今後、幼齢林帯においてデータの蓄積を行い、精度を高めていく必要があると考えられる。本研究の推定原単位と文献値との比較を**表1-14**に示した。

1-5-8　結　論

　利根川上流の森林小流域である桜川、田代川で行った2年間の水質、流量の現地観測に基づく原単位の推定結果を要約すると以下のとおりである。

① 森林原単位は、COD：6.817（kg/ha/y）、T-N：4.180（kg/ha/y）、T-P：0.056（kg/ha/y）であった。この算定値は"流総"などの文献値と比較して妥当性のある推定結果であった。

② スキー場からの面源負荷量は、維持管理が人為的であり森林域と異なるため原単位を独自に算定した。その結果、COD：60.815（kg/ha/y）、T-N：2.701（kg/ha/y）であった。スキー場からの推定原単位は、ゴルフ場の原単位に対し、CODは約1/2倍、T-Nは約1/5倍という低い結果であった。しかし、推定した原単位はゴルフ場ほど大きくないが、スキー場のゲレンデ管理のために施肥散布（硫酸アンモニウム）をしている実態から森林域とは区分して原単位を設定する必要がある。全国的には軽視はできない課題である。

③ 幼齢林帯の原単位は観測事例が少ないため幼齢林帯を森林域とみなして原単位の比較検討を行った。その結果、COD：2.194（kg/ha/y）、T-N：2.575（kg/ha/y）、T-P：0.006（kg/ha/y）を得た。森林域の文献値と比較してT-Nは大幅に下回る結果であった。

　本研究では故市川新教授（元東京大学・元京都大学・元福岡大学大学院）に調査を進める上で示唆をいただきました。また、国松孝男教授（当時滋賀県立大学）にはスキー場の取り扱いで貴重なご意見をいただきました。

1-6　赤城山麓大間々扇状地の地下水汚染

1-6-1　本研究の意義と石田川流域の概要

　この研究の意義は、1-2節で説明しているように利根川本川の前橋市内から

下流にかけて流入する支川の水質の総窒素が極めて高いことの解明である。特に、粕川、荒砥川、広瀬川下流が4〜7mg/L、石田川、早川、休泊川は10〜18mg/Lであった（1989〜1999年：群馬県）。また、これらの小流域は赤城山麓大間々扇状地を水源として流れているが、土地利用状況は農地が多く牧畜・養豚産業が全国的にも高い地域である。そのため、河川および地下水の総窒素およびその他の汚染に関し調査を行うことが重要な課題となっていた。

　中でも支川の石田川流域は群馬県東部、赤城山麓の南東面に位置し、太田市、尾島町、薮塚本町、新田町、笠懸町にまたがった地域である。石田川流域の北東端には八王子丘陵、金山丘陵と呼ばれる丘陵地帯があり、大間々扇状地が流域の大部分を占めている。大間々扇状地は渡良瀬川が洪積世後期に形成した扇状地であり、大間々町を扇頂として発達した南北16km、扇端幅12km、流域面積125.6km^{2}の広さを有する。標高は約20〜130mであり、標高55m付近で地下水が湧水として噴出している。流域内には約30あまりの湧水箇所が見られ、石田川をはじめとする河川の源頭水源となっている。この調査で観測を行った矢太神湧水池、重殿湧水池もこの55m付近に存在し、矢太神湧水池は年間を通して湧水流量も多く、安定している。重殿湧水池においては渇水する期間があることが分かっている。また、矢太神湧水池、重殿湧水池ともに国指定の史跡となっている。幹川である石田川は矢太神湧水池を源頭水源とし、同じく重殿湧水池を源頭水源とする大川と合流して利根川に注ぐ、河川延長13.6kmの一級河川である。

　一方、太田市や尾島町では都市化、宅地化が進んでいるが、流域全体では農地が多く、2004年度の土地利用状況は、農地が45％、宅地25％、山林10％、その他が20％程度である。農地のうち牧畜・養豚産業が多いことが知られている。また、下水道処理人口普及率は、太田市34％、笠懸町12％、尾島町、新田町、薮塚本町は0％であり、汚水処理設備はほとんどが浄化槽に依存している状況である。**図1-30**に流域図とともに、調査箇所の湧水池、観測井戸を示した。

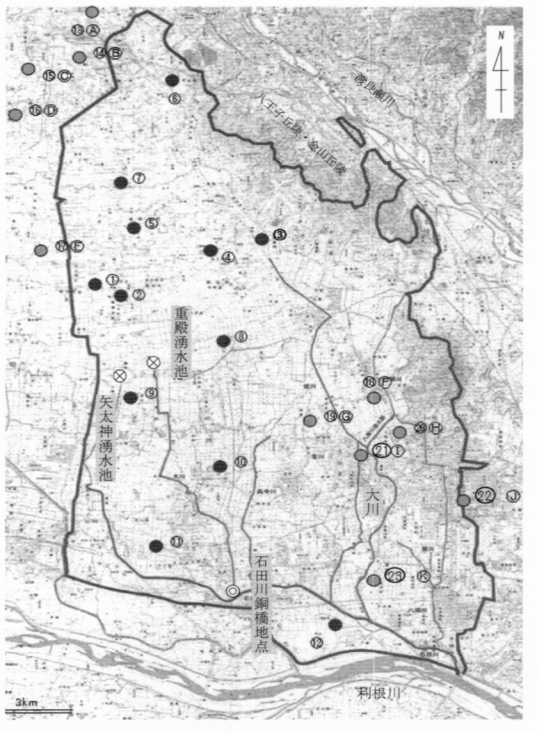

図1-30　大間々扇状地石田川流域および涵養域の地下水（井戸・湧水）湧出地点23か所（●印①〜⑫・◉印⑬Ⓐ〜㉓Ⓚ）。○数字は観測地点番号、湧水池（⊗印2か所）、石田川観測地点（◎印1か所）

1-6-2　石田川流域の地質特性

　石田川流域の地質的特徴は、表層に1〜2mあまりの関東ローム層、その下に扇状地砂礫層が10〜15m堆積し、さらにその下層には凝灰角礫層（梨木泥流堆積層）が20〜25mと続き、扇状地特有の高い透水性を形成する要因となっている。また、流域内で南に位置する部分には、表層から礫層が分布している所もある。なお、透水係数はそれぞれ関東ローム層（1×10^{-5}cm/sec）、砂礫層は（1×10^{-2}cm/sec）、南側の地層の礫層（1×10^{-1}cm/sec）である。

　このような地質特性のため、流域に降った降雨は地下深くに浸透し、扇央より南側台地の地下水位が浅くなる標高50〜60m付近では湧水として湧出して

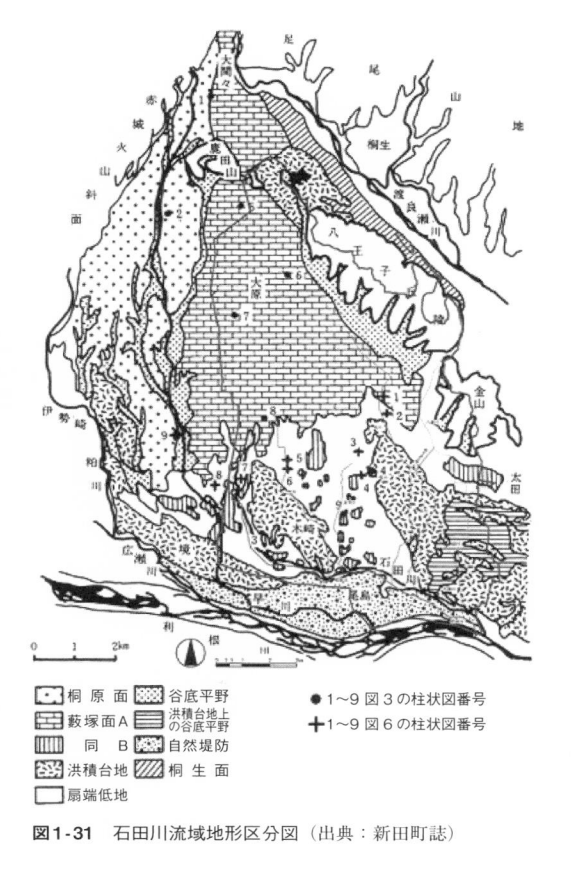

図1-31　石田川流域地形区分図（出典：新田町誌）

いる。一方、太田市や尾島町は沖積低地（扇状低地）が広がっている。厚さ約
1m程度の沖積層の下に扇状地砂礫層が堆積している（**図1-31**）。

1-6-3　水質調査

（1）観測期間・採水方法

　石田川流域では、地下水の長期的な水質変動特性を解明するために、石田川
の源頭水源である矢太神湧水池（**写真1-4上**）および大川の源頭水源である重
殿湧水池（**写真1-4下**）において、2002年3月から2か月に1回の定期採水を
行った。また、地下水による河川への負荷を明らかにするために、2003年3月

から石田川銅橋地点（石田川と大川の合流前
地点）において2か月に1回の定期採水を行っ
た。井戸の水質調査は2005年12月6日、7日
からは、それまで2002～2003年に採水を行っ
ていた井戸12か所に、新たに11か所の井戸
を加えた計23か所で、2か月に1回の定期採
水を継続した。また、採水方法は湧水池2か
所、石田川の銅橋1か所の採水場所において
採水ボトルにより直接採水した。民間の井戸
は直接ポンプアップし、蛇口からの採水は16
か所、採水器投下による直接採水は6か所、
手動ポンプによる採水1か所である。

写真1-4　矢太神湧水池（上）石田川源
頭水源、重殿湧水池、（下）大川源頭水源

(2) 分析項目・分析方法

a.　分析項目：分析項目は、T-N（総窒素）、
T-P（総リン）、有機物質量の指標としてのCOD、カチオン：Ca^{2+}、Mg^{2+}、Na^+、
K^+、アニオン：CL^-、SO_4^{2-}、NO_3^-の10項目とした。
b.　分析方法：1-5節「ノンポイントソース汚染とスキー場」における分析方法
と同様である。水質分析方法、分析機器名を**表1-15**に示す。

表1-15　分析方法、分析機器

分析項目	分析方法	分析機器
COD	手分析	JIS、K0102 − 1993
T-N	熱分解法	Yanaco TN - 301P
T-P	ペルオキソ二硫酸カリウム分解吸光光度法	HITACHI U - 2000
カチオン	イオンクロマトグラフ法	DIONEX DX - 100
アニオン	イオンクロマトグラフ法	DIONEX IC25A

(3) 分析結果

　表1-16は、2005年12月6日、7日に採水した検体の分析結果である。T-N（総
窒素）、NO_3-N（硝酸性窒素）は17観測地点（湧水・河川を含む）で環境基準
値である10mg/Lを超える値となっている。基準値を超過する箇所は23か所
中、河川の1か所を除いて77.3％に当たる。T-N、NO_3-Nの最も高い数値の箇
所は、それぞれ下流のNo.11が44.8mg/L、42.3mg/L、次に上流のNo.16（No.

表1-16　石田川涵養域地下水水質分析結果（2005年12月6日～7日）

井戸番号	水温(℃)	pH	COD(mg/L)	TOC(mg/L)	T-N(mg/L)	NO₃-N(mg/L)	NO₂-N(mg/L)	NH₄-N(mg/L)	Cl⁻(mg/L)	SO₄²⁻(mg/L)	Na⁺(mg/L)	K⁺(mg/L)	Mg²⁺(mg/L)	Ca²⁺(mg/L)
1	10.8	6.71	0.522	0.189	23.9	18.3	0.01未満	0.17	107.7	68.5	72.7	3.2	18.0	56.6
2	18.4	6.98	0.321	0.158	22.2	17.0	0.01未満	0.05	19.6	59.8	15.3	2.2	13.8	49.5
3	15.8	6.72	0.181	0	7.2	7.0	0.01未満	0.04	17.9	43.4	16.6	3.3	7.1	26.6
4	16.5	6.82	0.321	0.125	26.2	21.2	0.01未満	0.05	20.0	49.3	18.7	2.1	12.7	47.2
5	16.3	6.97	0.502	0.18	19.9	15.3	0.01未満	0.07	23.0	50.0	23.8	5.6	11.0	37.7
6	16.7	7.09	0.542	0.009	16.4	13.2	0.01未満	0.03	17.9	52.5	14.3	2.2	10.3	39.8
7	16.3	6.8	1.244	0.333	21.9	18.3	0.01未満	0.10	22.9	55.4	24.1	3.3	11.3	40.6
8	10.7	6.9	0.461	0.133	29.0	27.2	0.01未満	0.03	32.6	73.6	17.6	2.6	17.7	67.6
9	13	6.67	0.582	0.162	23.7	21.1	0.01未満	0.07	34.4	78.1	22.8	3.6	15.3	53.5
10	17.9	7.36	1.184	0.291	4.1	4.0	0.01未満	0.02	5.5	22.8	9.7	6.2	4.1	16.2
11	11.3	6.75	0.401	0.124	44.8	42.3	0.01未満	0.02	21.1	85.7	14.2	1.5	17.0	67.6
12	16.3	6.67	0.762	0.356	12.0	11.2	0.01未満	0.10	21.0	74.2	19.6	6.2	16.5	44.2
13	14.1	6.72	0.401	0.116	20.0	18.9	0.01未満	0.08	17.8	55.9	14.8	2.6	12.4	46.0
14	18.3	6.52	0.602	0.105	9.2	8.8	0.01未満	0.02	10.6	57.0	8.0	0.7	6.9	34.9
15	12.4	6.57	0.401	0.016	7.4	6.4	0.01未満	0.05	10.6	28.4	13.7	2.6	9.0	24.3
16	13.5	6.68	0.341	0.075	36.9	37.8	0.01未満	0.03	29.0	74.6	20.6	1.8	21.0	60.1
17	18.4	6.64	0.481	0.102	22.3	20.6	0.01未満	0.06	23.1	56.7	15.2	1.8	15.6	46.6
18	17.8	7.46	1.163	0.418	6.3	5.9	0.01未満	0.12	25.0	48.6	33.6	6.8	8.2	35.7
19	16.3	6.23	0.261	0.009	20.1	18.1	0.01未満	0.05	18.6	49.0	7.0	12.2	6.4	32.9
20	14.3	6.69	0.502	0.132	8.2	7.3	0.01未満	0.05	9.9	45.8	16.0	7.0	14.2	31.3
21	17.8	6.59	0.522	0.214	5.9	5.7	0.01未満	0.04	20.4	49.3	26.6	4.4	7.7	22.7
22	15.5	8.04	1.625	0.682	8.4	8.0	0.01未満	0.06	6.1	53.3	16.5	8.2	10.3	67.1
23	15.2	6.81	0.802	0.421	6.9	6.5	0.01未満	0.01	16.2	45.5	18.6	3.0	10.9	36.6
重殿湧水	17.3	6.71	0.582	0.203	20.4	19.0	0.01未満	0.03	29.6	67.5	26.9	3.2	13.1	46.8
矢太神湧水	17.2	6.8	0.522	0.246	24.5	23.3	0.01未満	0.05	35.5	77.9	21.2	2.7	16.6	56.0
石田川銅橋	14.4	7.82	3.41	1.634	13.9	12.2	0.0481	0.81	78.7	80.6	53.9	4.1	12.5	42.3

D）は36.9mg/L、37.8mg/L
であった。地下水の窒素汚濁
による汚染が広範囲に進行し
ていることを示している。図
1-30の観測地点のT-N濃度の
空間分布を**図1-32**に示した。

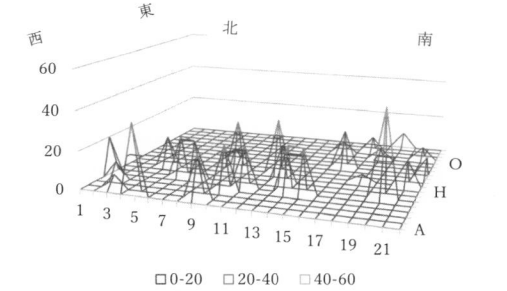

図1-32　大間々扇状地石田川流域・涵養域地下水（井戸）のT-N濃度（mg/L）の空間分布（南北18km・東西13.5km）（井戸の場所は図1-30を参照）

　また、石田川の銅橋地点（河
川水）においては、湧水・地
下水に比べ、COD濃度が極端に高いという結果が示された。この区間に農業
関係の排水が流入していることが推察される。以上の結果は、2002～2003年
からの長期的な水質観測の結果でも同様な傾向である。

1-6-4　地下水（井戸・湧水）の水質変動

　2003年台風10号により大間々扇状地に総降雨量76.9mmの降雨が発生した。矢太神湧水地点において、8月9日3時〜8月10日2時まで1時間ごとの採水を行った。**図1-33（a）**は矢大神湧水池の流量とT-N濃度の変化である。湧水流量は7時間の間隔で2つのピークがあり、T-N濃度は2波の湧水ピークの6時間後にピークが現れている。T-N濃度は初期に湧水量に応答しているものの、湧水量が漸減するのに対してT-N濃度は21mg/L前後とほぼ一定で推移している。

　これに対して、T-P濃度の変動は湧水量のピークに大きく応答して3〜4時間後にピークが見られる（**図1-33（b）**）。その後、24時間後まで増加傾向を示している。

　次に、各井戸の地下水水質経年変化（T-N：2003年4月〜2003年12月）を**図1-34**に示した。No.11地点のT-Nは最も高濃度で55mg/Lから1年後に

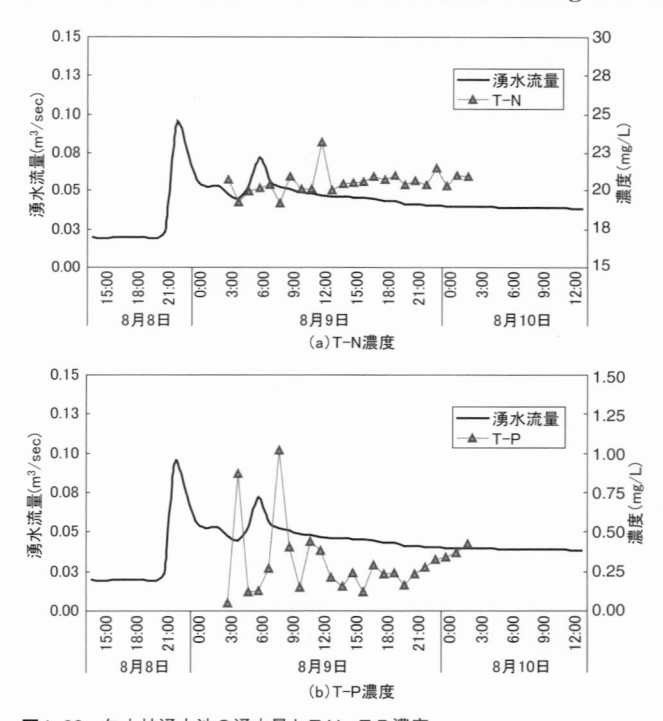

図1-33　矢大神湧水池の湧水量とT-N、T-P濃度

25mg/Lに減少しているが、再び上昇に転じて約40mg/Lに近い数値である。No.3、No.10地点は水質基準値10mg/L以下でほぼ推移しているが、その他の井戸、湧水池は年間20 ～ 30mg/Lの高濃度で周期性のある変動をしていることが示されている。

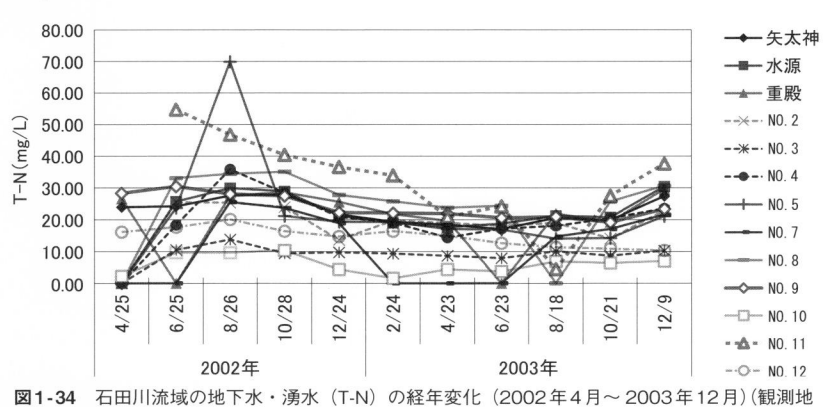

図1-34　石田川流域の地下水・湧水（T-N）の経年変化（2002年4月～ 2003年12月）（観測地点は図1-30を参照）

1-6-5　水質分布の推定

2003 ～ 2004年の水質調査で得られた高濃度で地下水に溶存している硝酸性窒素（NO₃-N）濃度データに着目し、流域全体の濃度分布を推定した。水質コンターラインは三次元シミュレーションモデルであるアクア3D（WACOS）を使用し、流域のモデルに水質データを要素として与えて作成している。

まず、**図1-30**に示した石田川流域図をもとに、湧水、井戸、河川などを示した基本図を300m程度にメッシュ分割し、接点数を686として作成した（**図1-35**）。観測井戸、湧水池周辺においては間隔を細かくし多くの接点を設けた。作成したモデルに湧水箇所を含む観測地点12か所の硝酸性窒素（NO₃-N）濃度を各地点に与えてコンターラインを描いた。ただし、**図1-30**の①⑥は欠測。このため**図1-36**に示した再設定した観測地点である井戸No.1 ～ 10、矢大神湧水池、重殿遊水池で得られた硝酸性窒素（NO₃-N）濃度データを使用している。この**表1-17**に示したコンターライン作成に用いたデータは定期採水のサンプル中で最もバラツキが大きかった2002年12月24日採水時の硝酸性窒素濃

度である。石田川流域図から作成した分割図を**図1-35**に、また、硝酸性窒素濃度のコンターラインを**図1-36**に示している。

　2002年12月の水質データの**表1-17**および硝酸性窒素濃度分布の**図1-36**から明らかなように、観測を行った井戸⑥⑨の濃度は32mg/L、45.7mg/Lで非常に高い値であり、流域の全体で高濃度の硝酸性窒素が認めらる。また、2005年12月の水質分析結果（**表1-16、図1-32**）および今回の石田川流域の観測結果からも硝酸性窒素が広範な地域に高濃度に拡散し、地下水が汚染されていることが推察される。

　この調査により、流域の大部分で「水道水質基準に関する省令、（健康に関する項目）」に示されている基準値10mg/Lを上回っていることが分かった。また、この研究で調査・観測を行った井戸10か所、湧水池2か所の計12か所では、基準値を上回る値を示す地点が11か所あることが分かった。この調査で石田川流域の約2/3の面積に相当する地域の窒素系の水質汚染の実態が把握できたと考えている。なお、調査時点で観測に協力していただいた井戸の所有者は生活の雑用水として利用していたことを付け加える。

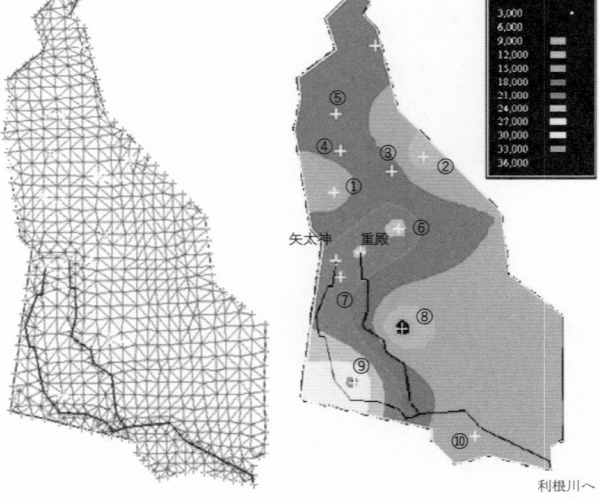

図1-35　石田川流域の300m
メッシュ分割図

図1-36　石田川流域硝酸性窒素
（NO₃-N）濃度分布

表1-17　NO₃-N濃度
（2002年12月24日採水）

井戸番号	NO₃-N (mg/L)
1	22.9
2	9.6
3	23.9
4	21.4
5	21.4
6	32.0
7	23.9
8	4.1
9	45.7
10	16.1
重殿湧水	28.93
矢太神湧水	24.13

以上の研究から石田川流域および周辺の涵養域から利根川に流出する汚濁物質の流出負荷量の算定を行うこととした。なお、これら総窒素（T-N）の流域における汚濁源に関しては1-6-7項「汚濁発生・排出負荷量」で述べている。

1-6-6　流出負荷量の算定

（1）流出負荷量の算定方法

一般に、水質測定時の流量と負荷量には比較的高い相関があることが知られており、その関係式は下記の（1）式として表すことができる。1-5節「ノンポイントソース汚染とスキー場」と同様な手法で検討しているため水質の説明および算定方法の一部は省略している。

$$L=a \cdot Q^b \qquad (1)$$

ただし、L：流出負荷量（mg/s）、Q：流量（m^3/s）　a、b：定数とする。

ここでは、矢太神湧水池、重殿湧水池および石田川の銅橋地点において、L-Q回帰式による算定を行った。なお、矢太神湧水池の水は直接、石田川に流入し、重殿湧水池の水は下流の銅橋地点で石田川に合流している。

各地点の流量は雨天の高水時に研究室で観測し、水位・流量関係式により算定している。3か所のH-Q回帰式は下記の通りである。

矢太神湧水池　　$Q=0.52 \times (H+0.08)^2$　相関係数　$R=0.82$　（2）

重殿湧水池　　　$Q=1.89 \times (H+0.027)^2$　相関係数　$R=0.86$　（3）

石田川銅橋地点　$Q=9.39 \times (H+0.11)^2$　　相関係数　$R=0.99$　（4）

ただし、Q：流量（m^3/s）、H：水位（m）である。

それぞれの水質の流出負荷量と流量の関係は最小二乗法によりL-Q回帰式、相関係数を算定した（**表1-18**）。なお、重殿湧水池を除いて水質項目はT-N、T-P、CODである。

表1-18　L-Q式と相関係数

	測定地点	T-N	T-P	COD
矢太神湧水池	L-Q式	$L=13.7E+3Q^{0.8665}$	$L=3E+7Q^{4.8184}$	$L=2E+9Q^{5.0257}$
	相関係数	0.9942	0.8957	0.9284
石田川銅橋	L-Q式	$L=8.250Q^{1.269}$	$L=0.213Q^{1.2213}$	$L=4.71Q^{1.0729}$
	相関係数	0.9261	0.8845	0.9233

(2) L-Q回帰式の算定

　上記の*L-Q*式、*H-Q*式から観測箇所の水質別の算定式を求めている。*L-Q*回帰式のT-Nの事例として矢太神湧水池は**図1-37（a）**、石田川銅橋地点は**図1-37（b）**に示した。*L-Q*回帰式の相関は、矢太神湧水池、石田川銅橋地点のすべての箇所で比較的高い相関係数が得られた。

　表1-19に示すように2003年、2004年の台風および雨天時の観測により降雨強度の小さいケースから大きいケースに対応した水質データを採水できたことにより流出負荷量と流量に密接な関係を求めることができた。また、例示は省略したがT-PとCODの回帰式も妥当なものと判断し、年間流出負荷量の算出に用いることとした。

　なお、水質データの採水期間は**表1-19**のとおりである。採水機器は、ASIGMA社製リキッドサンプラー（シグマ900）を使用し、矢太神湧水池と石田川銅橋地点に設置し、サンプリングを行った。湧水池、河川とも降雨に対する応答は明確であった。

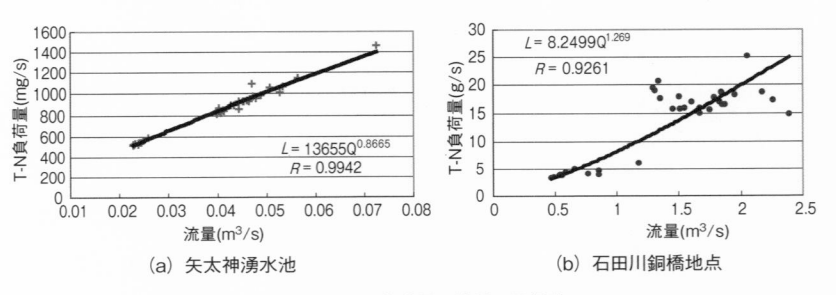

（a）矢太神湧水池　　　　　　　（b）石田川銅橋地点

図1-37　T-N負荷量と流量の回帰式

表1-19　降雨イベントと採水期間

採水箇所	年度	降雨イベント	採水期間
矢太神湧水池	2003年	台風10号（総降雨量76.9mm）	8月9日3時〜8月10日2時 1時間ごとの採水
	2004年	台風6号（総降雨量10.8mm）	6月21日17時〜6月22日15時 2時間ごとの採水
石田川銅橋地点	2003年	総降雨量48.9mm	11月29日12時〜12月1日10時 2時間ごとの採水
	2004年	台風6号（総降雨量10.8mm）	6月21日17時〜6月22日15時 2時間ごとの採水

これは、表層に関東ローム層が堆積し、その下に砂礫層が堆積する大間々扇状地の地質特性によるためであると考えられる。すなわち、透水性の良い地盤であるため、降水が比較的容易に浸透し、流出するものと推察される。

また、降雨に伴う汚濁物質の流出は、湧水池ではT-Nは流量の変動に追随しているが、T-P、CODではほぼ一定の割合で流出していることが分かる。これは、地中に浸透し流れる過程で、燐物質は正の変異荷

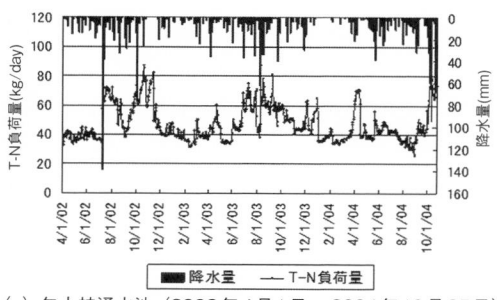

（a）矢太神湧水池（2002年4月1日～2004年10月25日）

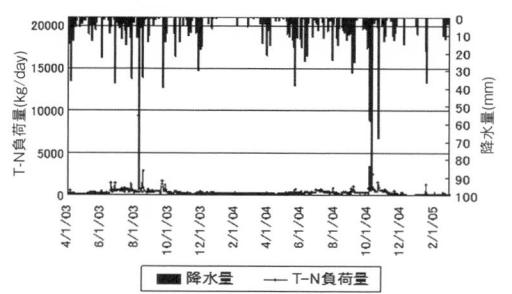

（b）石田川銅橋（2003年4月1日～2005年1月31日）

図1-38　矢太神湧水池と石田川銅橋のT-N流出負荷量変動

電を発現する物質に吸着され、土中に滞留しているためと考えられる。これに対し、T-N負荷量の変動は**図1-38（a）**、**（b）**に示すように、降雨イベントに応答し、矢太神湧水池、石田川の流量変動に伴い負荷量の変動も生じていることが明らかである。

（3）年間流出負荷量算定

*L-Q*回帰式で得られた**表1-18**の式より、矢太神湧水池および石田川銅橋地点における年間負荷量を算定した。矢太神湧水池は2002年3月1日から、銅橋地点は2003年3月20日より水位観測を行っているため日単位の負荷量の算定から年間の負荷量に換算している。矢太神湧水池は2002年度と2003年度、銅橋地点では2003年度、2004年度1月31日までの負荷量をそれぞれ算定している。

年間負荷量L_{year}（t/y）は式（5）により求めている。

$$L_{\text{year}}= a\Sigma\,L_{\text{day}} \qquad\qquad (5)$$

ただし、L_{day}：日負荷量（mg/day または g/day）、a：単位換算係数とする。また、日負荷量L_{day}（mg/day または g/day）は式（6）により求めた。

$$L_{\text{day}}=a\cdot Q^{b}\times a \qquad\qquad (6)$$

ただし、Q：日平均流量（m^3/s）、a, b：係数はすでに得られた回帰式係数（**表1-18**参照）a：単位換算係数である。

ここで、矢太神湧水池における日平均流量は群馬県より提供された流量データを用いた。

【算定期間】

・2002年度…2002年4月1日～2003年3月31日

・2003年度…2003年4月1日～2004年3月31日

・2004年度…矢太神湧水池では2004年4月1日～2004年10月25日（208日間）
　　　　　　　石田川銅橋地点では2004年4月1日～2005年1月31日（306日間）

　矢太神湧水池、石田川銅橋地点における年間流出負荷量の算定結果を**表1-20**に示す。矢太神湧水池のT-Nの負荷量は2002年度、2003年度とも17.5t/y程度であり、大きな違いはなかった。流域内年間降水量は2002年度991mm、2003年度969mmであったことを考慮すると、窒素の流出には降水はそれほど大きく寄与せず、一定の濃度を保って流出していると考えられる。一方、T-P、CODについては、L-Q回帰式の相関係数が大きな値となっている（**表1-18**）。したがって、流量のわずかな変動が汚濁物質負荷量に大きく影響を及ぼすと考えられる。すなわち、降水量の多寡による湧水流量の変動が年間負荷量を変化させていることが推察できる。また、T-Pは土中に吸着されやすいため、降水量の多寡がその流出に寄与することも考えられる。

表1-20　年間流出負荷量結果

観測年／観測場所	T-N負荷量 (t/y)	T-P負荷量 (t/y)	COD負荷量 (t/y)
2002年度／矢太神湧水池	17.52	0.07	2.54
2003年度／矢太神湧水池	17.54	0.04	1.18
2004年度／矢太神湧水池	9.56	0.03	0.88
2003年度／石田川銅橋	154.56	3.98	88.33
2004年度／石田川銅橋	120.96	3.13	71.11

　石田川銅橋地点におけるT-Nの負荷量は、2003年度154.56 t/y、2004年度120.96 t/yである。ただし、2004年度は約2か月観測が不能だったため306日のデータであった。このためT-Nの負荷量は2003年比21%減であり、T-Pも同様に21%減、CODも19.5%減であったため、2004年度のデータは参考値とした。よって、年間を通じて観測した2003年度のT-N、T-P、CODの流出負荷量が石田川から利根川に流出されているものと考えられる。

　本章1-2節「利根川の川づくりと水利用のジレンマ」の図1-6「利根川および本川に流入する中小河川の総窒素T-P（1989〜1999年:群馬県）」で示したように、石田川流域からの総窒素の流出量が年間においても最も大きいことが分かる。また、1-5節「ノンポイントソース汚染とスキー場」の桜川における流出負荷量との比較を試みた。表1-9に示したように桜川下流のSt.3の流出負荷量はT-N：30.690 t/y、T-P：1.652 t/y、COD：96.677 t/yであるのに対し、2003年度の石田川流域（銅橋）からの流出負荷量は、T-N：5倍、T-P：2.4倍、COD：0.91倍である。CODを除いて、石田川流域は桜川流域のスキー場を含む森林域よりも極めて高濃度のT-N、T-Pの汚濁負荷量の流出が認められた。なお、桜川流域のCODはスキー場のゲレンデの植生管理のためにオフシーズンに施肥（硫酸アンモニウム）散布しているため石田川流域より高い数値である。

1-6-7　汚濁発生・排出負荷量

　石田川流域の水収支は地形上の流域界を越えて涵養域を持つことは、これまで研究室の萩原らが地下水シミュレーションモデル・AQUA 3Dを使用した研究で明らかにしている。また、赤城山麓の石田川流域は関東ローム層の下の扇状地砂礫層が10〜15m堆積し、さらにその下層には凝灰角礫層が20〜25mと続き、扇状地特有の高い透水性を形成している。図1-31「石田川流域地形区分図」参照。

　以下の発生・排出負荷量の算定に関しては、上記の研究および地形的・地質的な特性を考慮し、地形界流域と流域界を越えた涵養域の2つで算定している。その地理的位置は、図1-30「大間々扇状地石田川流域および涵養域の地下水

（井戸・湧水）地点23か所」を参考にされたい。

　この研究では当該流域で発生する汚濁収支に関して実証的データに基づいて推定している。石田川流域内の矢太神湧水池および石田川銅橋地点における年間の汚濁発生・排出負荷量と流出負荷量から、各水質の負荷量の流出率を算定した。なお、発生・排出負荷量の算定にあたっては、発生源である当該流域の生活系、畜産系、土地系、事業所系別に詳細な算定を行っている。膨大な自治体資料の収集と算定の詳述は割愛して、算定の手順、使用した資料等および算定結果を以下に示す。

（1）発生・排出負荷量の算定

　発生・排出負荷量は、し尿浄化槽および雑排水など生活排水から生じる生活系、牛や豚などの家畜から生じる畜産系、水田・畑地、果樹園地の土地系、工場事業所などの施設から生じる事業所系の4つに分類することができる。本研究では、矢太神湧水池、石田川銅橋地点の流域および涵養域内における発生・排出負荷量について原単位法を用いて算定している。なお、発生負荷量とは汚染源で発生する負荷量であり、このうち発生源から実際に外部に排出される負荷量、すなわち発生負荷量に排出率を乗じたものを排出負荷量という。

　以下に、生活系、畜産系、土地系、事業所系別に発生・排出負荷量の算定手順について示した。

a. 生活系排水・集計フロー

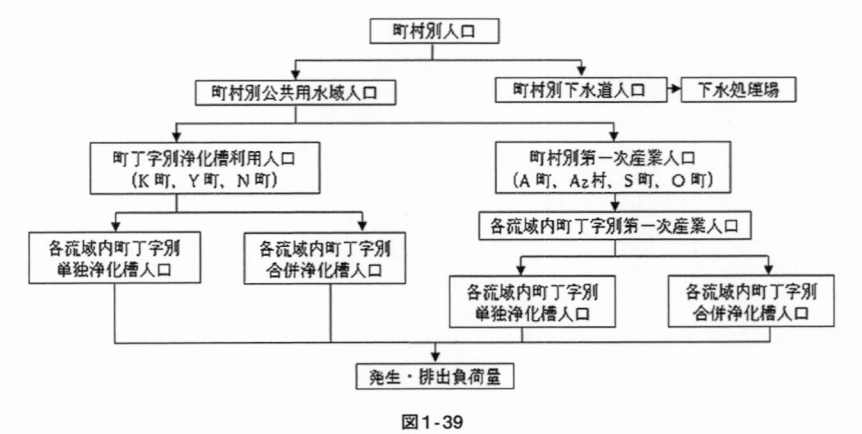

図1-39

b. 畜産系排水・集計フロー

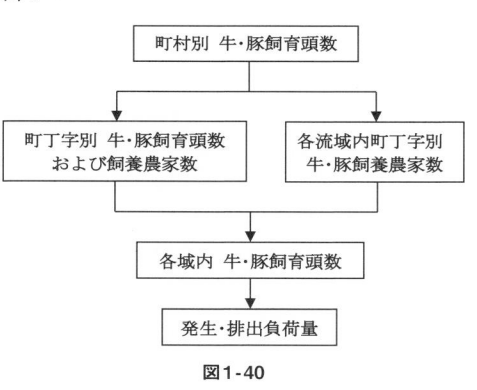

図1-40

c. 土地系排水・集計フロー

d. 事業所系排水・集計フロー

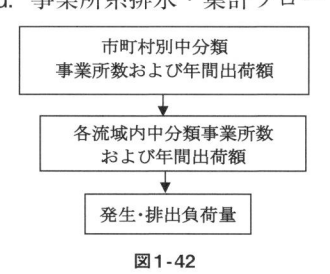

図1-41

図1-42

（2）排水原単位

　この研究で使用した原単位を**表1-21**に示した。原単位はそれぞれ以下の文献より引用した。生活系については、河川の汚濁負荷量の評価手法に関する検討調査報告書（平成2年度環境庁委託業務結果報告書）、畜産系、

表1-21　原単位

	項目	単位	COD	T-N	T-P
生活系	全体	g/人・日	29.3	12	1.17
	し尿	g/人・日	10.1	9	0.77
	雑排水	g/人・日	19.2	3	0.4
畜産系	牛	g/頭・日	530	290	50
	豚	g/頭・日	130	40	25
土地系	水田	kg/km^2・day	6.27	2.81	0.21
	畑	kg/km^2・day	2.59	2.04	0.09
	樹園地	kg/km^2・day	3.74	1	0.06
	雨水	kg/km^2・day	7.24	2.9	0.08
事業所系	食料品	kg・日$^{-1}$/億円・年$^{-1}$	2	0.77	0.13
	繊維	kg・日$^{-1}$/億円・年$^{-1}$	2.5	0.35	0.01
	化学	kg・日$^{-1}$/億円・年$^{-1}$	3	1.6	0.12
	鉄鋼業	kg・日$^{-1}$/億円・年$^{-1}$	0.1	0.025	0.002
	機械	kg・日$^{-1}$/億円・年$^{-1}$	0.1	0.035	0.026
	その他	kg・日$^{-1}$/億円・年$^{-1}$	0.3	0.03	0.003

土地系については、流域別下水道整備総合計画調査（平成12年3月建設省関東地方整備局），事業所系については河川の汚濁負荷流達率に関する研究（1985年5月土木学会論文集）である。

(3) 負荷量集計結果

a. 生活系発生・排出負荷量

年間発生負荷量は【年間負荷量（t/y）＝合計（g/day）×365（日）/1000/1000】より算出した。処理排出率（%）は、合併浄化槽COD：16、T-N：49、T-P：64、単独浄化槽COD：32、T-N：72、T-P：88とした。算定結果を**表1-22**に示した。石田川銅橋地点においてCOD、T-Nの年間発生負荷量は全涵養域では地形界流域の2倍近い負荷量である。

表1-22　生活系発生・排出負荷量

流域	区分	地形界流域			全涵養域		
		COD	T-N	T-P	COD	T-N	T-P
矢太神流域	合併浄化槽（g/day）	63493.1	26004	2535.4	65866.4	26976	2630.16
	単独浄化槽（g/day）	43228	38520	1731	46490.3	41427	3544.31
	合計（g/day）	106721.1	64524	4266.4	112356.7	68403	6174.47
	年間発生負荷量（t/y）	38.95	23.55	1.56	41.01	24.97	2.25
	年間排出負荷量（t/y）	8.78	14.77	1.15	9.23	15.71	1.75
銅橋流域	合併浄化槽（g/day）	288048.3	117972	11502	544394	222960	21738.6
	単独浄化槽（g/day）	141258.6	125874	10769	244702.8	218052	18655.6
	合計（g/day）	429306.9	243846	22271	789096.8	441012	40394.2
	年間発生負荷量（t/y）	156.7	89.00	8.13	288.02	160.97	14.74
	年間排出負荷量（t/y）	33.32	54.18	6.15	60.37	97.18	11.07

b. 家畜系発生・排出負荷量

年間発生負荷量は【年間負荷量（t/y）＝合計（g/day）×365（日）/1000/1000】より算出した。算定結果を**表1-23**に示した。家畜系のT-N、T-Pの年間発生

表1-23　家畜系発生・排出負荷量

流域	区分	地形界流域			全涵養域		
		COD	T-N	T-P	COD	T-N	T-P
矢太神流域	牛（g/day）	5268.2	288260	49700	6354.7	347710	59950
	豚（g/day）	2786.85	154825	49544	2714.4	150800	48256
	合計（g/day）	8055.05	443085	99244	9069.1	508080	108206
	年間発生負荷量（t/y）	2.94	161.73	36.22	3.31	185.45	39.50
銅橋流域	牛（g/day）	6397.1	350030	60350	26123.7	1429410	246450
	豚（g/day）	3555	197500	63200	13135.5	729750	233520
	合計（g/day）	9952.1	547530	123550	39259.2	2159160	479970
	年間発生負荷量（t/y）	3.63	199.85	45.10	14.33	788.09	175.19

負荷量では全涵養域からは地形界流域の約4倍近い負荷量である。

c.　土地系発生・排出負荷量

　年間発生負荷量は【年間負荷量（t/y）＝合計（kg/day）×365（日）/1000】より算出した。算定結果を**表1-24**に示した。土地系のCOD、T-N、T-Pの年間発生負荷量は全涵養域からの発生量が大きく、地形界流域のそれぞれCOD 2倍、T-N 4倍、T-P 4倍の発生負荷量となっている。

表1-24　土地系発生・排出負

流域	区分	地形界流域			全涵養域		
		COD	T-N	T-P	COD	T-N	T-P
矢太神流域	田 (kg/day)	2.84	1.274	0.0952	3.19891	1.4336	0.1071
	畑 (kg/day)	5.62	4.424	0.1952	14.5435	4.7319	0.2088
	樹園地 (kg/day)	0.33	0.088	0.0053	0.34757	0.0929	0.0056
	雨水 (kg/day)	56	22.42	0.6184	60.092	24.07	0.664
	合計 (kg/day)	64.8	28.2	0.9141	78.182	30.328	0.9855
	年間発生負荷量 (t/y)	23.6	10.29	0.33	28.54	11.07	0.36
銅橋流域	田 (kg/day)	14.4	6.456	0.4825	33.353	14.948	1.1171
	畑 (kg/day)	15.8	12.43	0.5486	34.3126	27.026	1.1923
	樹園地 (kg/day)	0.79	0.211	0.0127	1.60223	0.4284	0.0257
	雨水 (kg/day)	177	70.7	1.9504	379.376	151.96	4.192
	合計 (kg/day)	207	89.8	2.9942	448.644	194.36	6.5271
	年間発生負荷量 (t/y)	75.7	32.78	1.09	163.76	70.94	2.38

d.　事業所系発生・排出負荷量

　年間発生負荷量は【年間負荷量（t/y）＝合計（kg/day）×365（日）/1000】より算出した。排出率（%）は、COD：19、T-N：69、T-P：27とした。事業所系の発生・排出負荷量を**表1-25**に示した。事業所系のCOD、T-N、T-Pの年間排出負荷量は全涵養域からは地形界流域の負荷量のそれぞれ1.5倍程度である。

表1-25　事業所系発生・排出負荷量

流域		区分	地形界流域			全涵養域		
			COD	T-N	T-P	COD	T-N	T-P
矢太神流域	N町	プラスチック (kg/日)	36.807	19.630	1.472	36.807	19.630	1.472
	Y町	食料品 (kg/日)	11.280	4.343	0.733	11.280	4.343	0.733
		鉄鋼 (kg/日)	1.763	0.440	0.035	1.763	0.440	0.035
		金属製品 (kg/日)	0.277	0.097	0.072	0.277	0.097	0.072
		機械 (kg/日)	0.432	0.151	0.112	0.432	0.151	0.112
	K村	繊維 (kg/日)	2.037	0.285	0.008	2.037	0.285	0.008
		金属製品 (kg/日)	0.306	0.107	0.079	0.306	0.107	0.079
		合計 (kg/日)	52.90	25.06	2.51	52.90	25.06	2.51
		年間発生負荷量 (t/y)	19.31	9.15	0.92	19.31	9.15	0.92
		年間排出負荷量 (t/y)	3.67	6.31	0.25	3.67	6.31	0.25
銅橋流域	A町	金属製品 (kg/日)	0	0	0	0.329	0.115	0.085
	A村	食料品 (kg/日)	0	0	0	3.921	1.509	0.254
		機械 (kg/日)	0	0	0	0.540	0.189	0.140
		その他 (kg/日)	0	0	0	0.746	0.074	0.007
	S町	食料品 (kg/日)	0	0	0	2.935	1.130	0.190
		繊維 (kg/日)	0	0	0	4.381	0.613	0.017
		プラスチック (kg/日)	0	0	0	70.718	37.716	2.828
		鉄鋼 (kg/日)	0	0	0	1.688	0.422	0.033
		電気機器 (kg/日)	0	0	0	0.829	0.290	0.215
		その他 (kg/日)	0	0	0	1.382	0.138	0.013
	O町	食料品 (kg/日)	0.898	0.346	0.058	0.898	0.346	0.058
		化学 (kg/日)	89.554	47.762	3.582	89.554	47.762	3.582
		金属製品 (kg/日)	0.085	0.030	0.022	0.085	0.030	0.022
	N町	プラスチック (kg/日)	36.807	19.630	1.472	36.807	19.630	1.472
		金属製品 (kg/日)	3.209	1.123	0.834	4.278	1.497	1.112
		機械 (kg/日)	0	0	0	0.501	0.175	0.130
		電気機器 (kg/日)	2.556	0.894	0.664	5.113	1.789	1.329
	Y町	食料品 (kg/日)	11.280	4.343	0.733	11.280	4.343	0.733
		鉄鋼 (kg/日)	1.763	0.440	0.035	1.763	0.440	0.035
		金属製品 (kg/日)	0.277	0.097	0.072	0.277	0.097	0.072
		機械 (kg/日)	0.432	0.151	0.112	0.432	0.151	0.112
	K村	繊維 (kg/日)	2.037	0.627	0.105	2.037	0.627	0.105
		金属製品 (kg/日)	0.459	0.160	0.119	0.459	0.160	0.119
		合計 (kg/日)	149.36	75.61	7.81	240.97	119.25	12.68
		年間発生負荷量 (t/y)	54.52	27.60	2.85	87.95	43.53	4.63
		年間排出負荷量 (t/y)	10.36	19.04	0.77	16.71	30.03	1.25

1-6-8　汚濁負荷量流出率

　一般に、汚濁流出負荷量はその流域に発生する排出負荷量よりも小さい。これは汚濁物質が、各発生源から排出されて流下する過程で河床への沈殿・堆積し、さらに水中での生物学的作用などを受け汚濁物質が低減していくためである。本研究では、石田川の源頭水源である矢太神湧水池、石田川銅橋地点のそ

れぞれで流出率を式（7）で算定した。

　　　【流出率】＝【流出汚濁負荷量】／【発生・排出負荷量】　　　　　　（7）

　ここで、流出汚濁負荷量は表1-20に示した石田川銅橋地点（2003年度）における流出負荷量算定結果を用いた。発生・排出負荷量は1-6-7項「汚濁発生・排出負荷量」で算定した矢太神湧水池からの排出負荷量結果を用いている。発生・排出負荷量は生活系、畜産系、土地系、事業所系ごとに得られた各発生源における排出負荷量を表1-26に示した。また、各流域における矢太神湧水池の流出率を表1-27に、石田川銅橋地点の流出率を表1-28に示している。

　また、表1-26の各発生源における排出負荷量に関して石田川銅橋地点の地形界流域における土地系、生活系、家畜系、事業所系別のT-N、T-P、CODの占める割合を図1-43、1-44、1-45の円グラフで示している。

　すべての水質で家畜系の割合が70〜90％と高いことが分かる。生活系がそれに続きT-Nで15％、土地系がT-N、CODで9〜10％程度ある。

　なお、群馬県の2022（令和4）年2月1日現在の牛肉飼養頭数57,300頭（全国10位）、養豚604,800頭（同4位）、採卵鶏の飼養羽数8,968千羽（同7位）

表1-26　各発生源における排出負荷量

流域	区分	地形界流域			全涵養域		
		COD	T-N	T-P	COD	T-N	T-P
矢太神流域	土地系排出負荷量 (t/y)	23.63477	10.29406	0.333629	28.53642	11.06988	0.359698
	生活系排出負荷量 (t/y)	8.757027	14.77387	1.148251	9.276665	15.71167	1.752838
	家畜系排出負荷量 (t/y)	486.1472	195.6327	74.65163	546.6131	225.2634	81.76913
	事業所系排出負荷 (t/y)	3.668924	6.310164	0.247674	3.668924	6.310164	0.247674
	合計排出負荷量 (t/y)	522.21	227.01	76.38	566.03	251.57	79.89
銅橋流域	土地系排出負荷量 (t/y)	75.73529	32.77856	1.09287	163.755	70.94221	2.382399
	生活系排出負荷量 (t/y)	33.32103	54.17898	6.146004	60.3739	97.18046	11.0703
	家畜系排出負荷量 (t/y)	608.6492	243.101	94.11525	2338.581	947.9087	356.313
	事業所系排出負荷 (t/y)	10.35833	19.04183	0.76996	16.71093	30.03369	1.249123
	合計排出負荷量 (t/y)	727.76	349.10	102.12	2579.42	1146.07	371.01

表1-27　矢太神湧水池流出率

汚濁物質	2002年度流出率（%）		2003年度流出率（%）	
	地形界流域	全涵養域	地形界流域	全涵養域
T-N	7.718	6.781	7.727	6.789
T-P	0.092	0.083	0.052	0.048
COD	0.486	0.432	0.226	0.201

表1-28　石田川銅橋地点流出率

汚濁物質	2003年度流出率（%）	
	地形界流域	全涵養域
T-N	44.274	13.486
T-P	3.897	1.072
COD	12.137	3.424

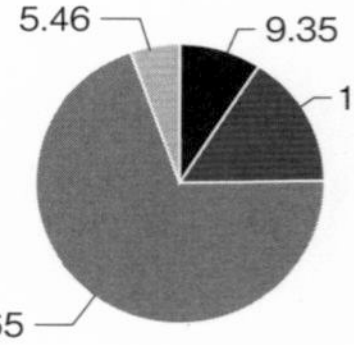

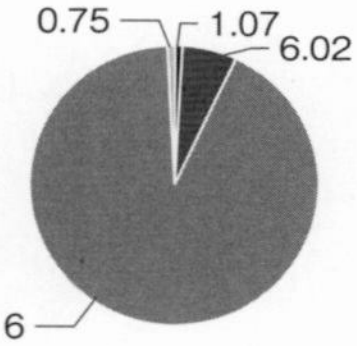

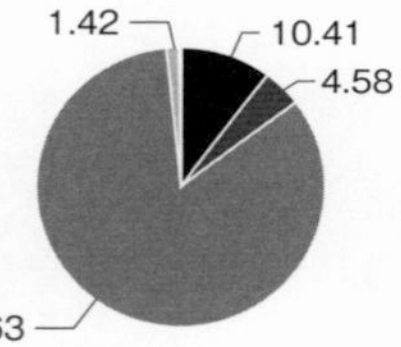

■土地系排出負荷量(t/y)　■生活系排出負荷量(t/y)　■家畜系排出負荷量(t/y)　■事務所系排出負荷量(t/y)

図1-43　T-Nの発生源別排出負荷量の割合（%）

図1-44　T-Pの発生源別排出負荷量の割合（%）

図1-45　CODの発生源別排出負荷量の割合（%）

である。この調査が行われた2000年代の始めのころも群馬県の家畜頭数は全国的にも高い県であった。

表1-26より各地点の各流域について、CODは土地系排出で、T-N、T-Pは家畜系排水がそれぞれ大きな割合を占めていることが分かる。特に、T-Nは約70～85%、T-Pは約85～96%を家畜系が占めている。牛一頭で人の約10倍、豚一頭で人の約5倍の汚濁物質を排出するといわれており、それが顕著に表れた結果となった。しかし、家畜系排水については処理方法が不明であったため、今回の算定には排出率を考慮していないため負荷量を過大に評価していることも考えられる。また、当時、各流域内の自治体における下水道処理人口普及率はほぼ0%であり、このことが汚濁負荷量の増大に影響を及ぼしているものと考えられる。

表1-27より矢太神湧水池における流出率は、T-Nでは2002年度は6.78～7.72%、2003年度は6.79～7.73%、T-Pでは2002年度は0.08～0.09%、2003年度は0.048～0.05%、CODでは2002年度は0.4～0.5%、2003年度は0.2%となった。また、**表1-28**より、石田川銅橋地点における全涵養域および地形界流域の流出率は、T-Nでは13.5～44.3%、T-Pでは1.1～3.9%、CODでは3.4～12.1%となった。

すなわち、汚濁物質が発生源から排出され、水質基準点に流達するまでに吸着、分解、沈殿、堆積などによりその量が低減していると考えられる。また、矢太神湧水池におけるT-Nの流出率は2002年度、2003年度で近い値となった。ここでも窒素の流出は降水量の多少には影響を受けず、一定の濃度で流出する

ことが考えられる。一方、T-Pの流出率はT-N、CODに比べてかなり低いもの
となった。このことは、これまでに述べてきたように、リンの水質濃度が懸濁
態に大きく寄与していることと、土壌への吸着性が高いことが起因していると
考えられる。

1-6-9　まとめ

① 扇状地河川である石田川流域の民間の井戸調査ではT-N（総窒素）、NO₃-N
（硝酸性窒素）は17観測地点（湧水・河川を含む）で環境基準値である
10mg/Lを超える値となっている。23か所中、河川の1か所を除いて
77.3％で極めて高い値である。T-Nの最大値44.8 mg/L、最小値4.1mg/L
である。

② 各発生源における排出負荷量に関しては石田川銅橋地点の地形界流域にお
ける土地系、生活系、家畜系、事業所系別のT-N、T-P、CODの占める割
合を明らかにした。すべての水質で家畜系の割合が70 ～ 90％と高いこと
が分かる。次に、生活系がそれに続きT-Nで15％、土地系がT-N、CODで
9 ～ 10％程度ある。

③ 石田川銅橋地点における全涵養域および地形界流域の流出率は、T-Nでは
13.5 ～ 44.3％、T-Pでは1.1 ～ 3.9％、CODでは3.4 ～ 12.1％となっている。
地形界流域の汚濁負荷は発生源から排出される過程で、水質基準点に流達
するまでに吸着、分解、沈殿、堆積などによりその量が低減していると考
えられる。T-Pは土壌への吸着性が高いため低い値である。

④ 地形界流域、涵養域を考慮した地下水流域でそれぞれの地点での流出率の
算定を試みた。しかし、地下水流域の流れは不圧地下水で定常状態と仮定
した場合であり、低気圧など気象条件や時間的要因などにより様々に変化
するものと考えられる。地下水の流れは複雑であり排出負荷量は過大に評
価している可能性があるため、その検討は今後も必要と考えられる。

～ コラム　栄養塩物質のフローと生態系イメージ ～

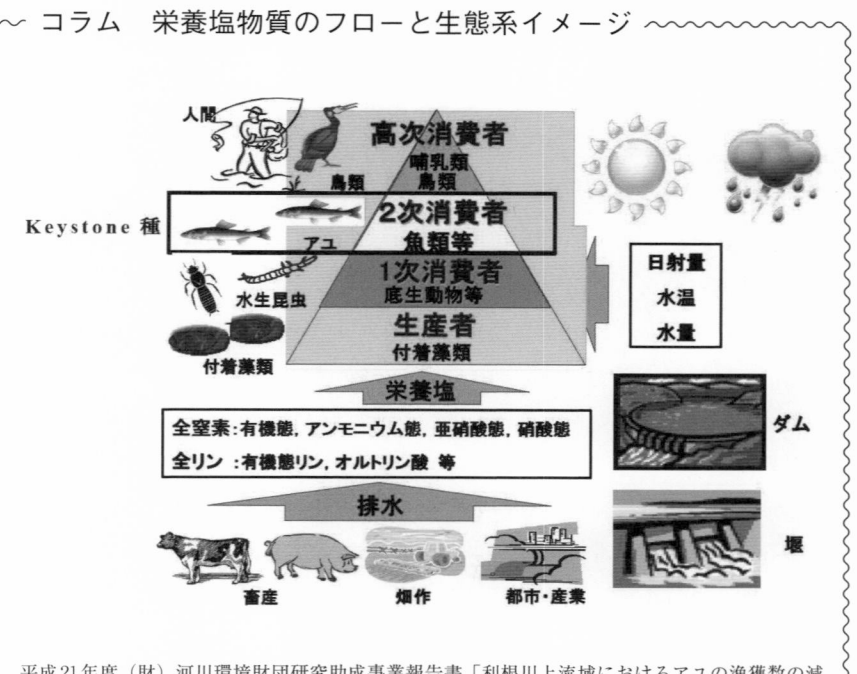

平成21年度（財）河川環境財団研究助成事業報告書「利根川上流域におけるアユの漁獲数の減少と藻類生産量が及ぼす要因に関する研究」より

参考文献

［1-1節］
・群馬県「アユを取り戻す全国の集い群馬県実行委員会」資料：群馬会館ホール、平成16年1月25日
・群馬県農政部蚕糸園芸課：県内アユ放流量と漁獲量の推移（令和2年9月）https://www.pref.gunma.jp/soshiki/107/
［1-2節］、［1-3節］
・津田松苗：汚水生物学、pp.24-25、北隆館、1971年3月
・土木学会編：水理公式集（第1編11章）、土木学会、1987年
・岩佐義明編著：湖沼工学、pp.312-314、山海堂、1990年
・河野光雄、友知正樹：統計学の基礎、牧野書店、2003年12月
・諸田恵土、土屋十圀、朝田聡：底生動物と光環境に基づく瀬-淵構造の検討、水工学論文集、No.487、pp.1555-1560、2004年2月
・沖野外輝夫：河川の生態学、pp.13-39、共立出版、2005年2月.

・大伴舞、土屋十圀：群馬県内の利根川本川におけるアユ減少の要因に関する研究、土木学会関東支部第34回技術研究発表会、Ⅱ-34、2007年3月
・三崎貴弘、土屋十圀：河川の光環境と濁度が付着藻類の増殖速度に与える影響に関する研究、土木学会環境システム研究論文集、Vol.36、2008年10月
・三崎貴弘、土屋十圀：群馬県内における水質変動がアユ漁獲数の減少に及ぼす影響に関する統計的な検討、第43回日本水環境学会年会講演集、2009年3月
・三崎貴弘、土屋十圀：SSに含まれる無機物が河川生物群集に及ぼす影響、土木学会第37回関東支部技術研究発表会講演概要集、2010年3月
・土屋十圀：利根川上流域におけるアユの漁獲数の減少と藻類生産量が及ぼす要因に関する研究、平成21年度河川整備基金助成事業報告書、財団法人河川環境管理財団、2009年

[1-4節]
・群馬県企業局：平成30年度公営企業の概要、第2章電気事業
・電力土木技術協会：水力発電所データベース発電所、https://www.jepoc.or.jp/hydro/
・阿久根寿紀：水力ドットコム、オーム社、2012年11月30日
・高橋裕：首都圏の水、東京大学出版会、1993年6月
・「利根川322キロの旅」刊行委員会編集：上毛新聞社・埼玉新聞社・下野新聞社、茨城新聞社、千葉日報社、平成年8月
・国土交通省関東地方整備局：吾妻川上流総合開発事業（実施計画調査）、2011年7月21日
・三崎貴弘、土屋十圀：浮遊性土粒子による河川生物の生息場への影響、土木学会環境水理部会研究集会、草津セミナーハウス、2010年7月2日～3日
・三崎 貴弘、土屋十圀：利根川上流域の流況変動が底生動物群集に及ぼす影響、水文水資源学会誌、Vol.23、No.4、pp.323-338、2010年

[1-5節]
・日本下水道協会：流域別下水道整備総合計画調査指針と解説、pp.31-64、1999年
・国松孝男、村岡浩爾：河川汚濁のモデル解析、技報堂出版、pp.7,13,48-49、1989年
・市川新：水環境学会誌、Vol.20、No.12、p.1、1997年
・平成2年度環境庁委託業務結果報告書：汚濁河川負荷量の評価手法に関する検討調査報告書、環境庁、p.90、1991年
・梅本諭、駒井幸雄：第30回日本水環境学会年会講演集、p.389、1996年
・相場芳憲：日本林学会誌、Vol.55（11）、p.297、1985年
・坂田慶太郎、土屋十圀：山地森林流域からの汚濁物質の流出に関する基礎調査、水文・水資源学会研究発表会要旨集、2001年8月
・土屋十圀、坂田慶太郎：森林小流域における流況変化と降雨損失量、水資源シンポジウム委員会、水資源に関するシンポジウム論文集、第6回、pp.61-64、2002年8月
・土屋十圀、坂田慶太郎、小菅香苗：山地・森林域からの汚濁負荷量出、水文・水資源学会研究発表会要旨集、pp.162-163、2002年8月
・土屋十圀：中山間地域からの面源汚濁負荷の発生と流出に関する研究（Ⅰ）、水利科学、No.275、第47巻、水利科学研究所、pp.90-110、2004年
・縄田孝彦、小菅香苗、孫士禹、土屋十圀：降雨イベントに伴う幼齢林・杉林域の物質動態、水利科学、No.283、第49巻、第2号、水利科学研究所、pp.36-49、2005年
・土屋十圀：中山間地域からの面水源汚濁負荷の発生と流出機構に関する研究（Ⅱ）、水利科学、No.276、第48巻、第1号、水利科学研究所、pp.96-116、2005年

[1-6節]
・建設省河川局監修：河川水質試験法（案）試験方法編、技報堂出版、1997年
・萩原健二：扇状地河川流域における地下水変動と湧水流出現象の解明（修士論文）、pp.50-57、2004年3月
・武田育郎：水と水質環境の基礎知識、オーム社、pp.158-160、2001年11月
・土屋十圀：中間山村地域からの面源負荷発生・流出機構に関する研究、公益信託下水道振興基金研究助成（研究代表者）、2001年度報告書
・岡本芳美：技術水文学、日刊工業新聞社、pp.111-116、1982年3月
・肥田登：扇状地の地下水管理、古今書院、pp.133-143、1990年3月
・山本荘毅：地下水調査法、古今書院、pp.373-374、pp.381-392、1983年3月
・環境省水環境部地下水・地盤環境室公害環境対策センター：硝酸性窒素による地下水汚染対策の手引、pp.125-128
・国松孝男、村岡浩璽：河川汚濁のモデル解析、技報堂、p.23、p.127、1989年4月
・水ハンドブック編集委員会：水ハンドブック、丸善、pp.681-683、2003年3月
・土屋十圀、萩原健二：扇状地河川における湧水流出現象の解明、土木学会第29回関東支部技術研究発表会講演概要集、2002年3月
・阿佐美忠正、土屋十圀：大間々扇状地における地下水の水質特性、土木学会第30回関東支部技術研究発表会講演概要集、2003年3月
・萩原健二、土屋十圀：扇状地河川における地下水位変動と湧水流出現象、水文水資源学会研究発表会要旨集、pp.72-73、2003年7月
・大橋誠一郎、土屋十圀：大間々扇状地における水文・水質解析、土木学会第31回関東支部技術研究発表会講演概要集、2004年3月
・河野通教、土屋十圀：大間々扇状地における湧水・地下水流出変動解析、土木学会第32回関東支部技術研究発表会講演概要集、2005年3月

第2章

釣り師が好む川の流れと瀬・淵構造

複雑で多様な川の流れとその形態

(1) 瀬・淵の河川形態

　河川という同じフィールドを持ちながら、河川を専門とする工学の分野と生態学で川の生き物を研究対象とする分野の研究者の相互の視点の違い、さらに川で釣りを楽しむ釣り師や一般の方々の興味の対象の相違を明らかにしながら複雑で多様な川の流れと瀬・淵の構造について考えて見る。ただし、河川法改正を機に2000年代からは専門家の意識は大きく変化したことを付け加えたい。

　はじめに、工学の研究分野では、戦前の研究者の安芸皎一は河川形態について著書『河相論』の総論で次のように述べている。「河相とは河川のあるがままの状況を云う。あるがままの状況とは改修、未改修を問わず、現在の河成り、河幅、水深、河床勾配および河床砂礫の構成状態を云うのであって、これらの間には一貫した勢力関係が成り立っており、この勢力関係が平衡を保っている場合には、河川は一般的に安定している。しかし、この勢力関係が不平衡の場合は、しばしば河状に変化を生じ、局部的に著しい異状をきたすのが普通である。」と言及し、さらに「われわれは河川改修に当たってしばしばこれらの事実に直面し、困難を経験した。」と述べている。ここで「勢力関係が不平衡の場合」とは洪水による河床の大きな変動を意味している。すなわち、工学の対象は主に洪水であり河川が決壊・氾濫しないために川の流れを安定させる「治水」が大きな課題である。

　瀬、淵は河川工学から見ると、移動床（movable river bed／河床）の堆積とその流体の局所流の問題として扱われ、湾曲する蛇行河川の場合は洗掘される

水衝部と土砂が堆積する水裏部の形成に関与する2次流（川の横断方向の流れ）
の水理現象である。また、直線河道の場合なら交互砂州と浅い淵の形成および
その移動が注目すべき課題である。河床変動、送流土砂移動の問題は流体の掃
流力との関係から河床の安定を図る視点から扱われてきた。このように、従
来、河川の流体を対象とする河川工学、水理学の立場からは物理的現象として
のみ扱い、生き物の生態環境の側面から河川形態について論じられたことはな
かった。研究フィールドが同じでも視点は単目的に論じられてきた。しかし、
戦後、経済成長し、水質の悪化や川の生き物の被害、公害問題が顕著になるこ
ろから工学分野も川の環境を研究テーマとするなど大きく変化してきた。

　これに対して河川生態学では戦前から地形的な川の形態区分を生き物の生息
環境の場としての研究視点から下記のように河川形態を分類している。

　河川は一般的に、上、中、下流の3つに区分される。いずれも浅くて流れの
速い瀬の部分と、深くて流れの緩い淵の部分が存在する。生態学者の可児藤吉
は1つの蛇行区間における瀬と淵の分布にまず着目している。上流ではその区
間に多くの瀬と淵が交互に出現するのに対して、中・下流部では瀬と淵が1つ
ずつしかない。これらの地形的な特性を前者では瀬と淵が交互に出現するA
タイプ、後者は瀬と淵が1つずつしか出現しないBタイプに区分した。次に、
瀬から淵への流体の流れ込み方で、上流では滝のように落ち込む流れをa型と
し、中流・下流では滑らかに流れ込む型として二分している。そして中流では
波立ちながら流れ込むb型、下流では波立たないで流れ込むc型とした。これ
らの記号を組み合わせたAa、Bb、Bcの3つの河川形態型が、可児(1944)によっ
て**図2-1**のように示されている。

　A：1つの蛇行区間に多くの瀬と淵が交互に出現する

　B：1つの蛇行区間に瀬と淵が1つずつしか出現しない。

　a：瀬から淵へ滝のように落ち込む。

　b：瀬から淵へ波立ちながら滑らかに流れ込む。

　c：瀬から淵へ波立たずに滑らかに流れ込む。

　可児の河川形態の分類は、複雑な河川の地形を極めて単純化してその特徴が
整理されていることである。釣り師らから河川の専門家まで幅広く認識し共有

することができる表現である。ま
た、河川生態学では瀬の流れを二
分し、水面がしわのような波で底
質に沈み石がある場合を平瀬、水
面に白波が立ち、平瀬より流速が
速く、底質に浮石がある場合を早
瀬に分類している。

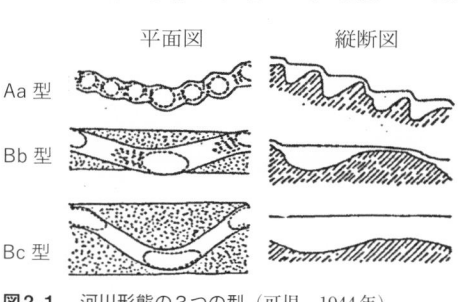

図2-1　河川形態の3つの型（可児、1944年）

　他方、釣り師の村田満はアユの
友釣りの立場から、水面幅員（淵
幅との比）、流速、水面を基準に
して、川底を淵、トロ場、平瀬、
チャラ瀬、早瀬、荒瀬、白瀬の7
つに分類している。これらを比較
する項目を水深、水面、流速、底
質を上げている。瀬は部分的には
河床勾配が比較的大きく、浮石の

写真2-1　瀬・淵　黒部川・猿飛狭（撮影:土屋十圀）

大小の礫による複雑な配列によって局所的に水位面が変動し、それらが干渉し
合い、多様な水面形を形成している流れを見ることができる。この構造が石礫
に付着する藻類、これを捕食する底生動物にとって重要な棲息場となる。ま
た、河川の勾配は連続的に変化するため河川形態のA・B2つのタイプの間に
は中間的な型が認められるとしている。すなわち、これらの河川形態は典型的
な中間型があり、Aa-Bb移行型、Bb-Bc移行型と呼んでいる。また、大河川
においては中流に大盆地がある場合、二重にこれらの区分が存在するとしてい
る。

　河川形態の問題は可児藤吉、津田松苗、水野信彦ら河川生態学者から水生昆
虫、魚類の研究を通して生態系システムと棲息環境の重要性が論じられてき
た。河川形態の3つの型は**図2-2**に示すように、**図2-2（a）**は河川の上流・中
流・下流に典型的に出現している。**図2-2（b）**は中流などに大盆地が存在し
ている大河川では3つの型が連続して再び形成されている（千曲川・信濃川な

ど）。また、笹谷は地形・地理の分
野から釣り師による河川の地形・場
所の認識から釣り場の地形環境を川
相、渓相、流相などと呼んで区分し、
流水形態について明らかにしてい

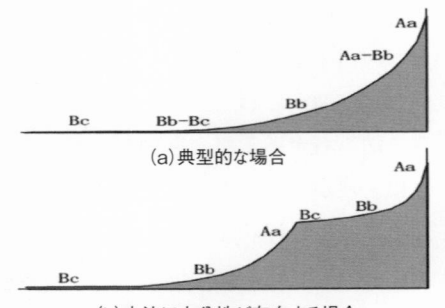

図2-2　河川形態の配列（仮想図）（水野・御勢、1980年）

る。川相は一般的な名称として、渓
相は山地河川における名称、流相は
スケールの小さい部分の名称であ
り、河床の環境総体を流相と定義づ
けている。この視点は釣り師によっ
て認識されている水深、流速、底質、幅員比、水面の組み合わせなどを物理的
な認識区分として、河川の地形環境の特徴を明らかにしている。釣り師の区分
は流水形態の微細な変化を経験的に、独特な発想で表現したものであり、水理
学的にいう常流、射流の区分に比べ極めて表現に多様性がある。

　このように、河川工学者、生態学者および釣り師らは共有する水の流れを「河
相」「流相」と認識し、河川の流水形態を論じている。

(2) 流水形態の水理と釣り師らの呼称

　瀬、淵の流れは、自由水面を持つ流れであり、基本的には流れの慣性力と粘
性力および重力との相対的な効果に支配されている。一般的に、滑らかな開水
路では慣性力に対して粘性の効果が大きいときは層流となり、水の粒子は決
まった流線経路を移動し、流れの薄い層がすぐ隣の層を滑るように流れる。平
坦で滑らかな岩肌やガラス面をゆっくり流れる場合がこれに相当する。また、
粘性力が慣性力に比べ小さいときには流れは乱流となり、この場合、水の粒子
は滑らかでなく固定しない不規則な経路を通り移動する。乱流と層流の間には
両者の混合した遷移状態が存在する。河川のほとんどの流れはこの乱流の状態
にある。層流と乱流の区分は式（1）のレイノルズ数Reによって求められる。

$$Re = V \cdot h / v \qquad (1)$$

　ここで、V：流速、h：水深、v：動粘性係数である。さらに、流相につい

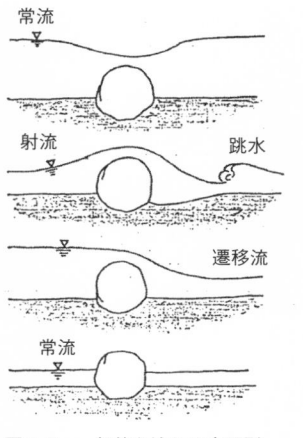

図2-3 一般的な流れの水面形

写真2-2 跳水 薄根川・真田の里（撮影：土屋十圀）

て小さなスケールで見ると突起物としての礫に衝突するときの流体現象は**図2-3**に示したように上流側の水位の位置によって上から常流−射流−遷移流と変化して流れる。一般的に、流れは常流と射流およびその中間の遷移流に区分される。常流と射流の区別は流れの状態の重力に対する慣性力の比によって表されるフルード数Frの式によって示される。

$$Fr=V/(g \cdot h)^{0.5} \qquad (2)$$

ここで、V：平均流速、g：重力加速度、h：水深を表す。水深の変化は洪水および河道内の攪乱や障害物によって引き起こされ、水面は上下に変位し、重力が作用して波が発生する。この波は常流では上流方向に伝わるが、射流では上流に遡らない。一口に瀬といっても釣り師や河川生態学から見ると、荒瀬、早瀬、平瀬、深瀬、浅瀬などと区分され、水深、流速、底質の状態によって流相が異なる。点在する大小の浮き石や沈石の間を流れる瀬は小さなスケールで見ると常流、射流あるいは遷移流の状態が集まって形成されている。

また、射流の流れが常流の流れに遷移する場合に起こる現象を跳水と呼び、フルード数が1.7以下の場合は波状跳水と呼ばれ、表面には渦は形成されず水面は波状となって白濁は生じない。フルード数が1.7以上の場合は完全跳水となり、射流の流れが下流の流れに衝突し、そこで水面が急上昇し、この流れに沿って空気混入により濁り、白い泡沫が発生する。跳水の先端では白濁し、景

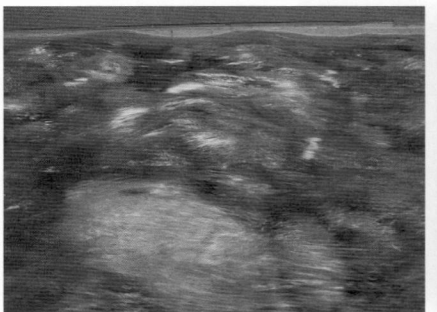 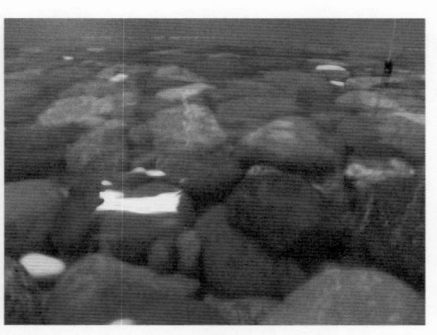

写真2-3　射流−層流　実験水路（前橋工科大学）　　**写真2-4**　常流−層流　実験水路（前橋工科大学）

観的にも素晴らしい流体現象が見られる（**写真2-2**）。水面の急激な上昇、渦、それに伴い白濁する流体現象は、泡沫が光を全反射することにより、清涼感ある景観をつくり出している。

　このような水理現象は自然の渓谷河川、改修河川および人工的な親水河川の流相に関して水理的特性を観測から見ることもできる。また、笹谷が整理した釣り師から見た流相の早瀬、平瀬、瀞、チャラ瀬、ザラ瀬なども水理学的流れとしての4つの様式の中に見ることができる（**表2-1**）。すなわち、Robertson and Rouse による常流-射流、乱流-層流に関する水深と流速およびフルード数の関係を図示すると**図2-4**のように区分することができる。

　さらに、各名称ごとの流相について横断方向に測定した実測値を挿入する

表2-1　流相の類型（笹谷による）

河床型	水深（cm）	流速（km/h）	底質	幅員比	水面
淵	200〜	1以下	砂泥	—	—
深瀞・大瀞	150〜	1以下	小石—砂	—	—
瀞・瀞場	80〜	1	小石—砂	—	—
浅瀞・瀬瀞	80〜150	1	小石—砂	—	—
深瀬・瀞瀬	60〜100	1	小石—砂	—	—
鏡の瀬	40〜80	1	小砂利	—	鏡・透かし
平瀬・浅瀬	40〜80	2	小石—	しわ波さざ波	—
チャラ瀬	10〜20	3	小石1/2	小波	—
ザラ瀬・ザラ場	20〜40	3	小石	1/2	小波
早瀬	40〜80	3	中石玉石	1/3	中波
荒瀬・ガンガン瀬	40〜80	3以上	大石角石	1/4	大波・白波
白瀬・激流	40〜80	3以上	大石角石	1/5	大波・白波

と、例えばチャラ瀬の場合、水深0.04〜1.2m、流速0.15〜1.3m/s、Fr=0.25〜1.3の幅の中にある。しかし、チャラ瀬は水際から流心方向に向かって、厳密には一様にチャラ瀬の流れではなく、局所的な流水部の総称を表現するものと考えられる。また、早瀬は水深0.4〜0.9m、流速0.6〜3.0m/s、Fr=0.25〜1.3の幅の中にある。このように、水理的な流れの区分ではほぼ常流−乱流域の中にあり、チャラ瀬より深くなるに従いザラ瀬、浅瀬、早瀬が続き、流速が小さくかつ水深が大きい方向に向かって深瀬、瀞、深瀞、淵と変化している状況を表すことができる。荒瀬は水深があり、波状跳水に近い方に分布している。

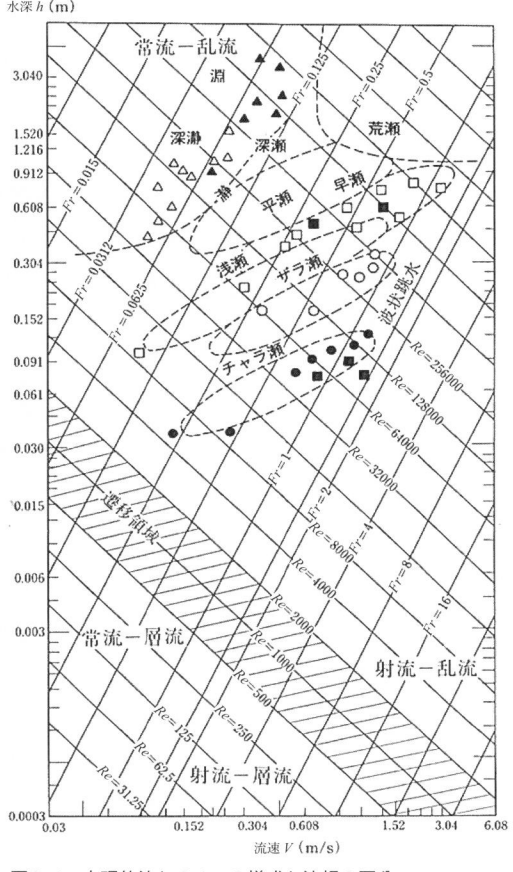

図2-4　水理的流れの4つの様式と流相の区分

2-2　早瀬のフラッシュ効果と藻類生産量

　前節で川の多様な流れを「水理的流れの4つの様式と流相の区分」として示した。川の流れの瀬・淵構造は川の生態系に注目すると魚類、底生動物などの棲息場所（Habitat）であり、縦断的に生物群集を見る場合、「川の構成単位が動物群を完結させる単位である」と言われている。また、瀬と淵の生物群集の違いは流速、水深、底質（石礫、砂泥）および川底の光量によるものとされて

いる（津田、1979年）。以下では物理的な要素のうち、水中の光量に関する重要な指摘を行っている。瀬−淵構造における光環境と生物環境との関係を検討した研究は2000年代前まではなされていなかったが、筆者らの2001～2002年の利根川上流の現地調査から早瀬における「フラッシュ効果」が藻類生産に大きく寄与していることが分かってきた。本研究では、「平瀬」「早瀬」「淵」に関する光量の状態を含めた物理的・生物学的環境の調査を行った。また、生産者である藻類にとって適度な栄養塩と水中の光量は河床に生息する生物環境の構成要因として最も重要であり、それを餌とする底生動物に対する影響も大きいと考えられる。利根川水系の薄根川において平瀬、早瀬、淵における付着藻類、底生動物と光環境に関する現地調査を行った。

（1）調査概要

　この研究では調査対象とする河川として利根川水系薄根川を選定した。薄根川は群馬県利根郡川場村の武尊山に源を発し、群馬県沼田市で利根川に合流する一級河川である。山地河川ではあるが調査区間は中流域で、1つの蛇行区間に平瀬、早瀬、淵が連続する単位形態が1つ存在するBb型（**図2-1**参照）である。本調査の調査区間の平面図および縦断面図を**図2-5**に示した。今回の調査は平面図中のＡ～Ｈのうち、淵、平瀬、早瀬それぞれの代表的な調査地点としてＡ、Ｃ、Ｄを選定した。ここで調査対象とした淵は蛇行した水衝部に形成されており、Ｍ型（蛇行型：Meander type）の淵であると言える。この形態の淵はBb型の区域で見られる典型的な型と言われている。各調査点の流況と測定された諸数値を**表2-2**にまとめた。ま

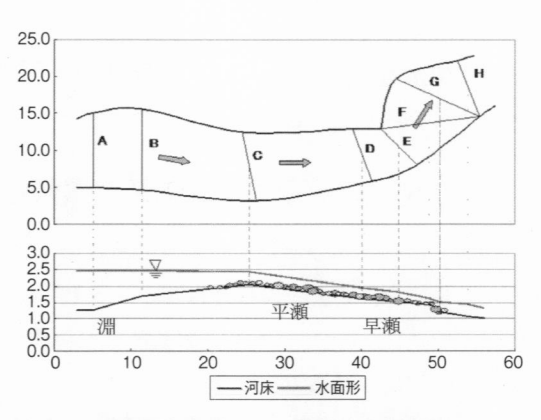

図2-5　調査区間の平面図および断面図（縦横単位：m）

表2-2 各調査地点の流況

調査地点	A（淵）		C（平瀬）		D（早瀬）	
	4月	8月	4月	8月	4月	8月
最大流速 (cm/s)	24.4	22.4	80.5	63.9	101.3	81.8
水深 (cm)	158.0	150.4	47.4	28.8	43.5	19.0
フルード数	0.06	0.06	0.37	0.38	0.49	0.60
水面幅 (cm)	788	791	940	1002	820	847
溶存酸素 (mg/L)	12.6	—	12.2	—	11.6	—
濁度 (NTU)	2.0	—	1.8	—	2.6	—
水温 (℃)	4.5	—	6.0	—	7.5	—

写真2-5 左からA（淵）、C（平瀬）、D（早瀬）

た、A、C、D地点の典型的な様子を**写真2-5**に示した。なお、この河川は
2002年7月、台風による大きな出水が発生している。

（2）調査内容

調査は2003年4月、8月の2回実施した。底生動物の調査は30×30cmのコ
ドラート付サーバーネット（網目0.5mm）によりサンプリングを行った。また、
瀬と淵の物理的環境の指標として、各調査地点で流速、水深の測定および河川
横断測量を行った（**図2-5**）。4月の調査では溶存酸素、濁度および水温の測定
も行った。さらに、河床砂礫の構成を明らかにするためにサンプリングを行
い、ふるいわけ試験によって、瀬と淵の粒度分布も調査した。また、一次消費
者である底生動物と生産者である付着藻類の関係を検討する目的で、河床礫の
付着藻類を採集した。石礫の表面にコドラート（6×6cm）で採集した湿潤状
態の藻類を乾燥させた後、電気炉で600℃で30分間燃焼させ、強熱減量（Igni-
tion Loss）を測定した。さらに、これらの付着藻類が光合成を行う上で必要

である光環境の状態を把握するために、各調査地点における流水中の光量子量を測定し、河床面に到達する鉛直方向の光量および水中への光量の減衰過程を計測した。

(3) 調査結果
①物理的環境調査

　瀬と淵における物理的環境の調査として行った最大流速、水深、河川幅、溶存酸素、濁度、水温の測定結果を**表2-2**に示した。8月の調査では早瀬で流速が最も大きいため、フルード数は0.60で大きな値である。また、淵ではフルード数が最も小さく0.06となり、それぞれの特徴をよく表す結果が得られている。また、4月の調査では融雪出水の影響により、流量が大きく、水深とも各地点で8月の調査結果を上回っていた。しかし、溶存酸素、濁度および水温については瀬と淵での差異は見られなかった。

②河床礫の粒径組成調査

　図2-6に各調査地点の河床礫のふるいわけ試験による粒度分布の結果を示した。淵の粒径組成は平瀬、早瀬と比較して細粒分の割合が極めて多いことが明確に認められる。淵では1.2mm以下の粒径が約90%を占めるのに対し、早瀬、平瀬においてはそれぞれ2%、3%に留まることが分かる。また、平瀬と早瀬の粒度分布には大きな差は生じていないが、粒径50mm以下の割合は平瀬の方が多いのに対し、50mm以上の粒径の割合は早瀬で多いことが分かる。以上の結果は、瀬−淵構造における砂礫の粒径組成の顕著な違いとその特徴を示していると言える。

③光量調査

　2003年4月に行った各調査地点における光量の測定結果を**表2-3**に示した。観測当日

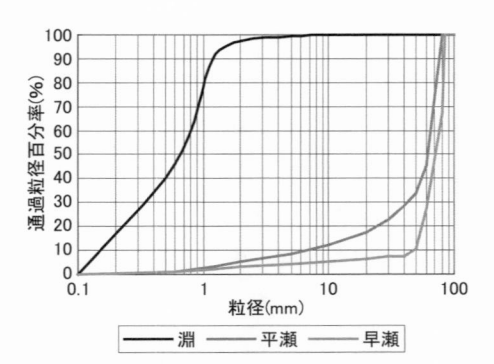

図2-6　各調査地点での粒径加積曲線

の天候は晴れおよび曇天であ
り、日射の状態が必ずしも安定
していなかった。また、測定時
間中にも光量に差が生じるた
め、光量子量の測定値について
は大気中においても測定を行

表2-3 河床面付近における光量測定結果

調査地点	淵	平瀬	早瀬
水深 (cm)	82	21	24
平均値	0.379	0.618	0.445
標準偏差	0.009	0.026	0.105
最大値	0.396	0.656	0.563
最小値	0.370	0.575	0.273
レンジ	0.027	0.081	0.290

い、流水中の光量を大気中の測定値に対する比で扱い、相対光量とした。測定
方法は流水中での光量は水面から淵では10cm間隔、瀬では5cm間隔で水深（鉛
直）方向に測定した。なお、測定にはLI-COR社製の光量子計を使用した。測
定値の単位はE/m^2/s（E：Einstein）である。

　表2-3に河床面付近における相対光量を示したが、淵で最も減少率が大き
く、水深に比例し、河床に到達する光が吸収される結果が得られている。平瀬、
早瀬において値にばらつきが大きいことが見受けられ、特に早瀬において顕著
である。これは一般に瀬において見られる白波を伴う水面振動により流水中に
入射する日光が散乱し、微小時間内で激しく変動していることを裏づけてい
る。8月の調査においても同じく光量の測定を実施したが、同様の傾向を示す
結果が得られている。

【瀬・淵における光環境の違い】

　図2-7は流水中の光量子量の鉛直分布である。各調査地点とも水面から河床
に向かい光量が減衰していく過程が顕著に現れている。しかし、淵では光量が
単調に減衰しているのに対し、平瀬・早瀬では減衰過程におけるばらつきが非
常に大きい。一般的に、水中で光が吸収され減衰する過程は式（3）に示す
Lambert-Beerの法則に従うとされる。

$$I_z = I_0 e^{-\alpha z} \qquad (3)$$

　ここで，I_0は水面の光量子量、I_zは水深zにおける光量子量であり、αは吸
光係数である。吸光係数とは水中の植物性プランクトンの濃度によって決まる
定数である。

　この研究では植物性プランクトンについては調査していないため、この定数
については特定できない。よって、ここでは最小二乗法により鉛直方向の光量

子量の実測データに指数関数を近似させ、定数 a を求めた。この定数を式（3）に代入し求めた式を**図2-7**の各調査地点ごとに示した。また、各近似式と実測値との相関係数 r も同様に示した。この近似式と実測値との相関を見ると、平瀬、早瀬においては前述したように激しい水面振動の影響により実測値のばらつきが大きく、相関係数も低い値を示した。早瀬ではその傾向が極めて強い（**図2-7（c）**）。水中では石礫の間隙は大きく流れは乱流となり気泡も混入し光の乱反射が見られる。したがって、早瀬においては水中で指数関数的に光が減衰するというLambert-Beerの法則が適用できないと言える。

一方、**表2-4**に示すように淵に比べ平瀬・早瀬では付着藻類の強熱減量すなわち藻類が有する有機化合物が豊富で

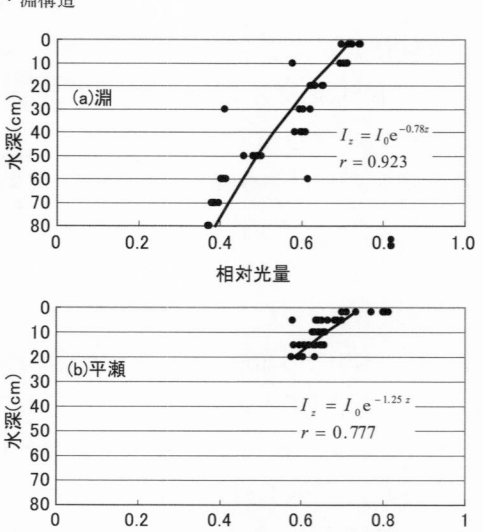

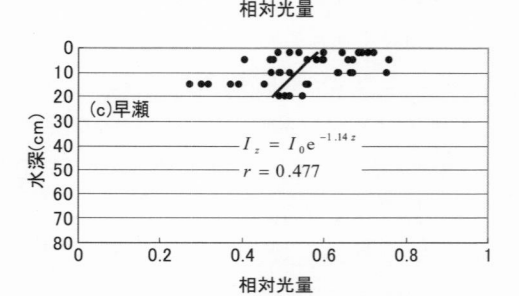

図2-7　淵（a）・平瀬（b）・早瀬（c）の光量子量（相対光量）の鉛直分布

表2-4　付着藻類分析結果

調査地点	淵	平瀬	早瀬
TS:蒸発残留物（%）	39.47	8.69	6.38
含水率（%）	60.53	91.31	93.62
IR:強熱残留物（%）	91.55	51.14	46.90
IL:強熱減量（%）	8.45	48.86	53.10

あった。平瀬、早瀬は藻類生産の場として良好な環境であると言える。藻類は光合成作用を行うため、流水中の日射の状態に大きく依存している。瀬は水深が浅いため、河床に到達する光量子量が多く、日射の状態が優れている。また、早瀬は流水中における相対光量の散乱状態が良好で、粒径が大きく間隙の多い

砂礫間に光量が十分に到達していると考えられる。したがって、藻類生産量の増加に寄与する早瀬の特異な浮石構造を示していると言える。以上の計測結果から、特に早瀬において光の散乱効果が認められる。すなわち、藻類の生産量が最も大きいことから、この現象を"早瀬のフラッシュ効果"と呼び明らかにすることができたものと考えられる。

④付着藻類調査

　この調査（2003年8月実施）では、各調査地点の大礫に付着している藻類をそれぞれ6×6cmの範囲で採集した。湿潤重量を測定し、乾燥させ、乾燥重量を測定した後、電気炉にて燃焼させ、強熱減量を測定した。表2-4に付着藻類の分析結果を示した。強熱減量ILの計算方法は式（4）のとおりである。

$$IL\,(\%) = \frac{IL\,(\mathrm{mg})}{TR\,(\mathrm{mg})} \qquad (4)$$

　ここで、TRとは蒸発残留物（乾燥重量）である。電気炉を用いて600℃で燃焼させた強熱減量は、藻類中に含まれる有機化合物が揮発したものである。表2-4に示したとおり、蒸発残留分に占める平瀬、早瀬の強熱減量は淵のそれよりも大きな値を示している。

　この結果から言えることは、平瀬、早瀬は石礫の付着藻類が光合成を行う場であり、生物生産量の観点から見れば淵よりも優れているということになる。藻類生産量である強熱減量が早瀬において最大値53.1％であることは"早瀬のフラッシュ効果"を裏づけているものと考えられる。なお、光量子量の平均値は、平瀬は早瀬より高い値であるが強熱減量は低い値である。

⑤底生動物調査

　底生動物のサンプリングは30×30cmコドラート付サーバーネット（図2-8）を用いて採集した。分析した結果を表2-5に示している。各調査地点にて2回のサンプリングを行ったが、この表に示した値

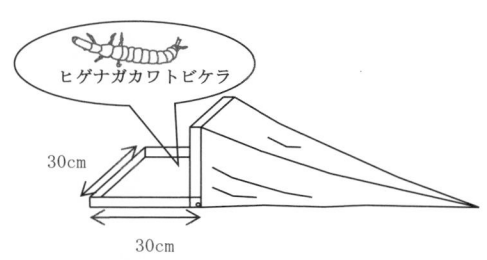

図2-8　水の流れの上流に向けて河床に設置するコドラート（30×30cm）付サーバーネット

は、その2つのサンプ
ルの分析結果を合計し
たものである。した
がって、0.18m²当た
りの種類数、個体数、

表2-5　底生動物調査結果

調査項目	淵		平瀬		早瀬	
	4月	8月	4月	8月	4月	8月
種類数	9	8	26	35	34	30
個体数	2085	47	367	627	698	603
湿重量（g）	2.49	0.11	7.85	4.39	6.87	4.58

湿重量となる。淵における4月の個体数が極めて多い。しかし、優占種はユス
リカ科であり、個体数、湿重量とも95％以上を占める。また、その他、底生
動物の種類数は少ない。8月に淵の個体数が激減したが、これはユスリカ科が
羽化したためだと考えられる。また、平瀬、早瀬における8月の調査結果は4
月の時点と比較し、現存量（湿重量）が減少した。4月の調査では種類数、個
体数とも早瀬が平瀬を上回っていた。しかし、8月の調査の段階では平瀬での
底生動物の生息状況は早瀬と同等にまで増加している。これは4月の段階では
融雪による流量の増加のため、**表2-2**に示したように平瀬と早瀬の環境の違い
がはっきりしていた。しかし、8月の調査の際には流量が減少しており、平瀬、
早瀬の2つの調査地点において明確な差異が見られなくなったのはこのためと
考えられる。この調査では、そのほか底生動物のウルマーシマトビケラに着目
し、1個体当たりの湿重量を求めた。また、生活型による底生動物の分類およ
び採餌型による底生動物の分類を行っている。

（4）まとめ

　早瀬、平瀬、淵においてそれぞれの河床状況の藻類生産量の違いから、底生
動物の種類数、個体数、付着藻類の生産量は異なると言える。特に早瀬では底
生動物は多種でかつ量的に多くなる。この瀬-淵構造間での生物量の相違は河
床状態が浮石構造である早瀬で生じる入射光の散乱に起因すると考えられる。
この現象を"早瀬のフラッシュ効果"と呼ぶことにして提起することができる。

2-3 東京都平井川における多自然型川づくりの実践

(1) 河川改修の生態系への影響

　一般に、開放系である河川の生態系への影響は自然的な要因による影響と人為的な要因による影響に区分される。前者には洪水や火山・温泉の酸性水などがあり、後者にはダム建設、河川改修、水質汚濁などが上げられる。生態系にとってこれらは攪乱であり、その規模によっては生態系の回復が不能になる。生き物の回復が図られる場合でも長い時間を要する。御勢の吉野川での調査（1960年）では伊勢湾台風による大洪水後の底生動物の現存量の遷移には約7年を要したとする報告がある。洪水と同様に生物にとって攪乱となる人為的な河川改修によって受ける生息環境の改変が生物の種類数、現存量の回復に大きく影響することは明らかとなっている。1990年代当初、河川改修後の魚類調査が宇都宮市の田川で行われているが、全国の多くの河川改修工事の前後では底生動物、魚類などの調査はなされていない。

　筆者らは都内の多摩川支川の平井川で東京都の改修工事が行われた1991年8月から1992年3月、4月を挟んで1993年3月まで、河川改修工事前後の生物調査のうち魚類および底生生物に関して調査を実施した。魚類などの生物の生息が回復できるようなマイクロハビタットとしての河床・落差工および護岸を試行錯誤的につくり、河川改修の前後で魚類、底生動物（水生昆虫）の生息状況について知見を得た。調査結果は4年後の河川法改正があった平成9年度（1997年）の土木学会全国大会研究討論会で報告している。

(2) 平井川流域の概要

　平井川は西多摩郡日の出町の日の出山を水源とし、秋川市平沢で多摩川と合流する延長16.5km、流域面積38.9km^{2}の一級河川である。地形的には下・中流域が秋留台地、草花丘陵の台地に囲まれ、上流域は五日市丘陵から多摩山地となっている。渓谷や湧き水の出る崖、河岸の水辺林、ヨシ原など豊かな自然環境にあり、国立公園、都立公園からなる都内では良好な自然環境を有する河川である。水質汚濁に係わる類型指定はA類型に指定されている。多摩川合

流部に近い多西橋における昭和62（1987）年度から平成3（1991）年度の年平均のBOD値は各年度とも2mg/L未満となっている。漁業権が設定されており、アユ、コイ、フナ、ウナギなどが放流されている。また、放流魚以外にも平井川には13種程度の魚種が生息している。当時の河川計画は当面、計画降雨50mm/hr、年超過確率1/3、計画洪水流量360m³/s、計画河床勾配1/130〜1/180で掘り込み式河道であった。

(3) 多自然型改修工事

a. 一般部：自然石・フトン籠工・並び杭

河川改修は河川幅を変えることなく、ほぼ現況河道を生かし、低水路敷の河川断面を拡げ、複断面の河道にした整備である。

河道護岸の法尻部の洗掘防止を図るため河床にフトン籠、護岸法面は自然石（控70cm程度）の空石積とし、法勾配を1:2としている。フトン籠の設置面は流心部の河床より0.5m以上深くし、横断的に水深、流速の異なる環境をつくり、深瀬と浅瀬が連続する流水形態とした。複断面の高水敷は自然植生を考慮し、表土の埋め戻しを行った。また、鳥類の止まり木として並び杭（松丸太・長さ2m、直径15cm）をフトン籠上に設置した。**図2-9**に横断面図を示している。

b. 屈曲部：M型淵（meander）の造成

平井川は改修前より、この蛇行区間に淵が存在していた。この水衝部のM型淵は計画線外の旧河川敷となってしまうが、淵を再生させるためそのまま活

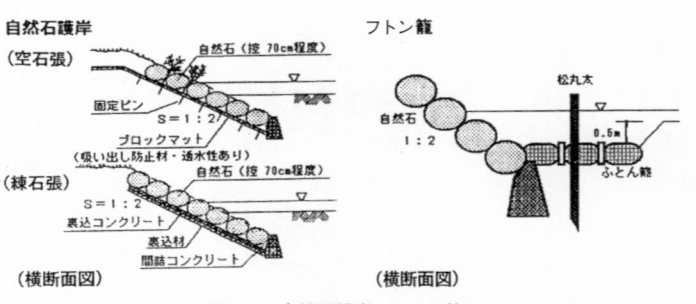

図2-9　自然石護岸、フトン籠工

用し、河床より2m以上の根入れ
部を持たせるとともに、魚巣の造
成を図るため捨石を投入した。図
2-10にM型淵の横断図を、**写真
2-6**に屈曲部の淵と中洲を示した。

c. 落差部：多段式落差工

落差工の設置は魚類の遡上を重
視し、1:5の勾配を基本としたコン
クリートの斜路面に自然石を多段

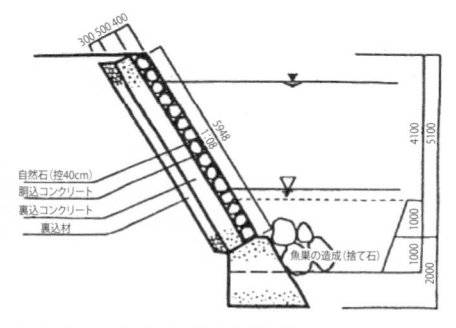

図2-10 屈曲部、M型淵の横断図（mm）

に積み上げるとともに流心部を低くし、落差を1mとした。落差工の直下の護
床工は連結コンクリートブロックとし、計画河床より0.5m深い位置とした。
護床工と下流部のM型淵（蛇行部にできる淵）の造成を行い、屈曲部、M型
淵の横断図の砂礫河床との緩衝部にはフトン籠を使用している。**写真2-7**は多
段式落差工の全景、**図2-11**は多段式落差工の縦断構造を示した。

写真2-6 M型淵と中州

写真2-7 多段式落差工

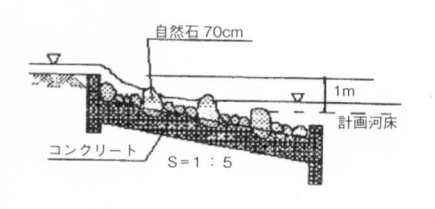

（a）多段式落差工

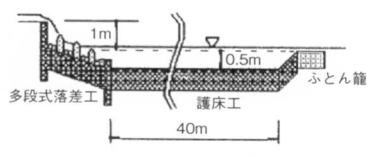

（b）落差工の下流にS型淵（滝などの
直下にできる淵）の造成

図2-11 多段式落差工の構造（縦断図）

(4) 生物調査方法

　魚類調査は1991年8月から1993年3月まで、7季節14回の調査を実施している。調査の方法は投網、手網（タモ網）、びんどうを用いた捕獲調査と目視観察により行った。採捕した魚類については種の同定を行い、個体数の計数、貴重種の有無、各個体ごとに体長などを測定した。底生動物（水生昆虫）調査はサーバネット（25×25cm）および大型の底生動物の採取用として手網を用いた採取法によった。瀬、淵など河川形態を考慮し、1調査地点当たり3回の採集を行った。採取した底生動物は10％ホルマリン液で固定し、種の同定を行い、種ごとに個体数を計数した後、湿重量を測定した。なお、調査地点を図2-12に示した。図中の記号は調査地点であり、河川改修時期と河道の流水形態を示すと以下の通りである。

　下流から淵（St.1）1988年度改修済み箇所、瀬（St.2）1990年度改修済み箇所、淵（St.3）1991年度改修箇所、平瀬（St.4）1991年度改修箇所、瀬（St.5）未改修箇所である。ここでは淵のSt.3、平瀬のSt.4を中心に報告する。

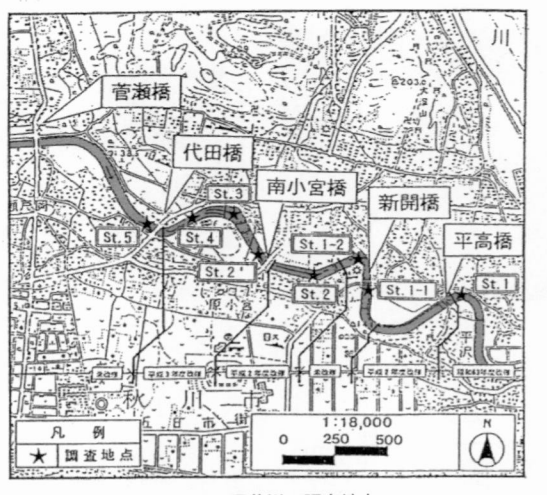

図2-12　平井川の調査地点

a. 調査結果と考察（St.3）

　表2-6に淵（St.3）、**表2-7**に平瀬（St.4）で採捕した魚類の一覧を示した。○印は魚種の個体の確認を示し、種類数の合計を最下段に示した。河川工事は

表2-6　魚種別出現状況（St.3淵）

番号	目	科名	種名 調査方法	8月 夏 タモ網	9月 秋	11月 冬	3月 春 投網	4月	5月	6月	7月 タモ網	8月 夏 投網	9月 死網	10月 死網	11月 秋 投網	12月 死網	1月 死網	2月 冬 投網	3月 死網
	St.3 (H3改修、3区)																		
1	サケ目	キュウリウオ科	アユ				工事中	工事中		○									
2	コイ目	コイ科	オイカワ		○	○	工事中	工事中	○			○		○	○	○	○	○	○
3			ウグイ	○	○	○	工事中	工事中				○		○	○	○	○	○	○
4			アブラハヤ	○	○	○	工事中	工事中								○		○	○
5			タモロコ			○	工事中	工事中		○									
6			モツゴ	○	○		工事中	工事中											
7			カマツカ				工事中	工事中									○		
8			コイ				工事中	工事中	○			○	○				○		○
9			キンブナ	○	○	○	工事中	工事中	○						○				
10			ゲンゴロウブナ				工事中	工事中											
11			ギンブナ		○	○	工事中	工事中	○										
12			キンギョ				工事中	工事中											
13			フナ属sp.				工事中	工事中											
14		ドジョウ科	ドジョウ				工事中	工事中											
15			シマドジョウ	○	○	○	工事中	工事中	○	○	○								
16			ホトケドジョウ				工事中	工事中											
17	ナマズ目	ギギ科	ギバチ		○	○	工事中	工事中											
18	スズキ目	ハゼ科	ジュズカケハゼ		○	○	工事中	工事中											
19			ハゼ属sp.				工事中	工事中											
			種類数合計	7	9	9	－	－	5	2	1	4	1	2	4	5	3	4	4

注：フナ属sp.は、他のフナ属が確認されている場合は1種として扱わない。
　：ハゼ属sp.は、他のハゼ属が確認されている場合は1種として扱わない。
　：調査方法の「投網」は、タモ網等の他の方法で確認された魚種を含む。

表2-7　魚種別出現状況（St.4平瀬）

番号	目	科名	種名 調査方法	8月 夏 タモ網	9月 秋	11月 冬	3月 春 投網	4月	5月	6月	7月 タモ網	8月 夏 投網	9月 死網	10月 死網	11月 秋 投網	12月 死網	1月 死網	2月 冬 投網	3月 死網
	St.4 (H3改修、4区)																		
1	サケ目	キュウリウオ科	アユ				工事中					○							
2	コイ目	コイ科	オイカワ		○	○	工事中		○					○			○	○	○
3			ウグイ	○	○	○	工事中		○			○		○	○	○	○	○	○
4			アブラハヤ	○	○	○	工事中												
5			タモロコ	○			工事中												
6			モツゴ				工事中												
7			カマツカ				工事中												
8			コイ				工事中												
9			キンブナ				工事中												
10			ゲンゴロウブナ				工事中												
11			ギンブナ				工事中												
12			キンギョ				工事中												
13			フナ属sp.				工事中												
14		ドジョウ科	ドジョウ		○	○	工事中						○						
15			シマドジョウ	○	○	○	工事中			○		○	○	○	○	○			
16			ホトケドジョウ				工事中												
17	ナマズ目	ギギ科	ギバチ		○	○	工事中												
18	スズキ目	ハゼ科	ジュズカケハゼ		○	○	工事中												○
19			ハゼ属sp.				工事中												
			種類数合計	4	6	9	－		2	3	2	1	2	4	2	4	3	3

　92年の3月〜4月に実施しているが、この両表には改修の影響を確認するため改修前の91年の調査結果も併せて示している。**表2-6**（St.3淵）の改修前の91年8月、9月、11月の調査ではオイカワ、ウグイ、アブラハヤ、キンブンなどコイ科7種、ドジョウ科はドジョウ、シマドジョウの2種、キギ科はギバチ、ハゼ科はジュズカケハゼ各1種、計11種が採取されている。**表2-7**の平瀬（St.4）においてはモツゴ、ギンブナを除き淵（St.3）と同様な魚種9種が確認されている。

　これに対して、2か月の工事期間を経た92年5月からの河川改修工事後の調査では、淵（St.3）では1か月後の5月にオイカワ、ウグイ、ギンブナなど5種、4か月後の8月に4種、8か月後の12月には3種、改修後約1年間で計9種とな

り改修前に比べ2種減少した。この中で減少した魚種のうちコイ科でアブラハヤ、モツゴ、キギ科でギバチ、ハゼ科でジュズカケハゼ、ドジョウ科はドジョウが確認できなかった。この調査箇所では最大水深1.5mほどの淵の再生を図ったが、ギバチ、ジュズカケハゼなど砂、小砂利の河床に生息する底生魚が戻ってきていないことが分かった。石積み護岸だけで水際の植生による隠れ場所の確保がされてなかったことによるものと考えられる。全体としてオイカワ、ウグイの回復は工事直後から早いが、ギバチなどの河底に生息する魚種が減少している。魚類の中でも遊泳力のあるオイカワなどは瀬を好み、底息性の環境を好むギバチとは異なる。この要因の1つにはそれぞれの魚類の餌となる底生動物の個体数の回復が、淵に比べて平瀬の方が初期の段階では2〜3倍以上も多かったことが考えられる。人為的な瀬・淵造成の難しさがわかった。

b. 調査結果と考察（St.4）

表2-7の平瀬（St.4）に示したように改修工事前後の種類数は、工事前の91年11月秋に9種類、工事後は2〜3種に減少し、1年後の92年秋でも4種類であった。1か月間の工事後、2か月後の5月に3種、5か月後の8月に4種、7か月後の11月には4種、改修後約1年間で計9種が確認された。改修の前後で種類数は変化していないことが分かった。しかし、底息性のギバチは5か月後の8月と10か月後の1月に採取でき、ジュズカケハゼは1年後に確認された。なお、深瀬（St.5:未改修）では放流魚のアユ、コイを含む12種から17種が同期間に確認さ

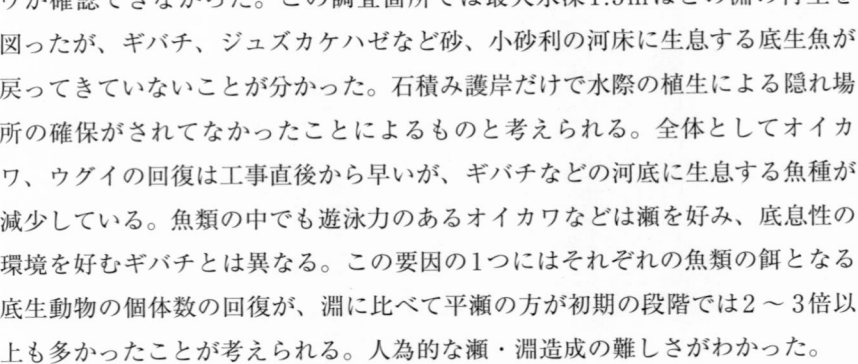

図2-13　底生動物の出現種類数・個体数

れた。魚類の餌となる底生動物の種類数、個体数とも**図2-13**に示すように改修工事直後に、いったん激減する。しかし、底生動物の個体数は約1年後、淵・瀬の各箇所におい改修工事前より2〜5倍に増加している。これによって底生動物の種類数も工事前の約30種類に回復していることが分かった。

（5）結論

・淵（St.3）は、改修工事の**図2-10**屈曲部、M型淵である。改修前は11種採取されたが、改修後約1年間で計9種となり改修前に比べ減少した。

・平瀬（St.4）においては河川改修工事の前後約1年間で計9種が確認でき、改修の前後で種類数は変化していないことが分かった。

・底生動物の個体数は約1年後、淵・瀬の各箇所において改修工事前より2〜5倍に増加している。また、底生動物の種類数も工事前の約30種類に回復していることが分かった。

・魚類はオイカワ、ウグイの回復は早いが、ギバチ、ジュズカケハゼなど川底に生息する魚種が減少していたことが分かった。

・河川生態系の中では洪水などの攪乱と同様に改修工事後の生態系の再生については、藻類→水生昆虫→魚類の順序で下位の生物からより高等な生物へと、遅れて遷移してくることが明らかになった。河川工事と洪水による攪乱後の復元の違いは、後者が支川などストックヤードに避難場所があること、前者の場合はない。今後の調査によらなければならない。

・瀬と淵の生物群集構成の違いは、瀬と淵の流速、底質、水深、河底の光量の程度が異なることによって生じることが知られている。したがって、河川改修の計画段階で非生物的環境要因である水深、流速、流量、河床の礫などを生物の生息に適した設定とする河道設計が必要である。また、開放系の河川におけるミチゲーションは変動要因が複雑なため河川改修工法の違いによる追跡調査を継続することが課題である。

　本調査および河川整備工事は学識経験者、行政の各委員からなる「平井川多自然型川づくり検討委員会」報告（平成5年6月25日）等によって公表された資料を参考にしている。

参考文献

- 安芸皎一：河相論、岩波書店、pp.1-2、1966年
- 可児藤吉：渓流性昆虫の生態、研究社、東京、1944年
- 村田 満：最新アユつり全科、広済堂出版、pp.146-172、1991年
- 水野信彦・御勢久右衛門：河川の生態学、築地書館、pp.184-191、1980年
- 笹谷康之：地形の意味に関する研究（東京工業大学博士論文）、pp.131-143、1990年
- 土木学会編：水理公式集、pp.247-259、1990年
- Ven Te Chow：開水路の水理学、丸善、石原藤次郎訳、pp.11-15、1962年
- 土屋十圀：都市河川の総合親水性に関する研究（東京工業大学博士論文）、pp.133-158、1993年
- 土屋十圀、中村良夫：河道の流水形態と環境水理特性、土木学会・環境システム研究、Vol.20、pp.18-24、1992年
- 谷田一三：淡水生物の生息場所と種の保全、土木学会誌、Vol.83、April、pp.34-36、1998年
- 津田松苗：水生昆虫学、北隆館、1979年
- 諸шт田恵士、土屋十圀、朝田聡：底生動物と光環境に基づく瀬‐淵構造の検討、水工学論文集、第48巻、pp.1235-1240、2004年2月
- 水野信彦、御勢久右衛門：河川の生態学・補訂版、築地書館、1993年
- 中島重旗：土木技術者の陸水環境調査法、森北出版、1983年
- 岩佐義明：湖沼工学、山海堂、1990年
- 土屋十圀、平井正風、風間真理：多摩・山地河川における河床環境と底生動物の変化に関する研究、水工学論文集、第46巻、pp.1235-1240、2002年
- 野上武、渡辺康玄、中津川誠：急流河川における河床地形の定量的区分、水工学論文集、第47巻、pp.1087-1092、2003年
- 長谷川和彦、川村信也、張祐平：群別川におけるステップ・プールの水理特性と底生動物の関係、水工学論文集、第47巻、pp.1111-1116、2003年2月
- 合田健：水環境指標、思考社、1979年
- 宮地重遠：光合成、朝倉書店、1992年
- 津田松苗、御勢久右衛門：川の瀬における水生昆虫の遷移、生理生態12、1964年
- 大串龍一：水生昆虫の世界、東海大学出版会、1981年
- 津田松苗：陸水生態学、共立出版、pp.120-122、1974年
- 島谷幸宏：河川の自然と生態系の保全・創出、土木技術資料、Vol.48、No.12、pp.11-15、1993年
- 秋川流域自然保護団体協議会編：秋留台の自然、都政新報社、p.45、1994年
- 土屋十圀、佐藤一夫、岩永勉、金子義明：いきものの生息環境を考慮した河川改修と生物相に関する調査―平井川における多自然型川づくり―、第40巻水工学論文集土木学会、pp.175-180、1996年
- 土屋十圀：河川改修技術と生態変動の評価、水域環境のためのエコテクノロジーの評価と研究の視点、平成9年度土木学会全国大会研究討論会17資料、p.11、1997年

第3章

多摩川水系における河川生態系の攪乱と再生

3-1　河川改修が続いた川と自然のままの川の底生動物の動態記録

　東京の多摩川水系の支川に秋川（流域面積166.3km²）、平井川（同38.9km²）がある。2つの流域の大半は国立公園、自然公園からなり、山岳地帯は三頭山や日の出山があり、途中から秋留台地という広大な平坦地が広がっている。自然環境も豊かで林業が盛んであり、登山・ハイキング、釣り・川遊びでにぎわう。秋川は中流から、あきる野市、日の出町の境界付近を挟んで流域が隣接している。この境界は秋留台地をJR五日市線が西にまっすぐ伸びている。秋川は通常の河川の維持管理に関わる小規模工事が単発で行われてきたが、あるがままの自然の川である。一方、平井川は、山間部に森林も多いが、市街化の波が押し寄せていた。このため河川整備計画による改修事業が10年間連続して行われてきた。この改修工事は下流で断面の拡幅を伴い、護岸工、護床工、落差工、河床整正などが全面的に行われた。このため底生動物、魚類などにとっては棲息場である淵や瀬は消失し、河道の護岸法面、河床を文字どおり攪乱することになる。

　この両河川は当時の東京都環境保全局によって1986年から1998年まで同一箇所で約18年間（年間4回）、底生動物の継続調査を行っていた。筆者はこれらの資料に加え2000年まで追加調査を行い、両河川の一次消費者である底生動物の動態を調査した。このように河川改修工事が行われた状況にありながら生物調査が同時に行われることは稀であり、貴重なデータである。河川の生態系が河川改修工事によってどのような影響を受けたのか。底生動物を指標に生態系の再生への動態を明らかにすることを目標に、通常の維持管理のみで改修

工事のない秋川と比較することを試みた。この事業は国の多自然型川づくり（1990年通達）の以前からの東京都の環境共生型コラボレーションの川づくりである。

(1) 調査方法と河川工事の概要

　この研究調査では1999年9月、2000年2月に調査を追加し、既往のデータとともに検討することにした。底生動物調査の方法はいずれの地点も30×30cmコドラート（方形枠付きサーバーネット）で計3検体を採取し、定量分析を行っている。

　平井川の河川工事は、この生物調査地点より上流に向かって1989年は約200m、90年750m、91年400m、92年600m、96年100m、97年50mおよび2000年150mの各区間が実施されてきた（表3-1）。なお、91年以降、この環境共生型の河川改修工事は国の通達も追い風となり、生き物に配慮した多段式魚道、木工沈床、牛枠工などの河川工法が行われた。主な改修方法は低水路部の掘削・浚渫、低水護岸の自然石法面覆工、多段式落差工（魚道）等である（2章3節の図2-11を参照）。また、秋川は調査箇所の直上で87年護床固ブロック工事、90年浚渫工事、流域の上流で91～92年災害復旧工事が行われた。このように平井川は河川改修工事が毎年行われたが、秋川は単発な維持管理の工事だけで改修工事そのものはなかった。

表3-1　平井川・秋川の河川工事の経緯

	平井川	秋川
1987年		床固ブロック工事
1989年	200m(護岸・河心)	
1990年	750m(護岸・河心)	浚渫工事
1991年	400m(護岸・河心)	
1992年	600m(河心)	災害復旧工事
1996年	100m(河心)	
1997年	50m(護岸・河心)	
1999年		魚道改良工事
2000年	150m(護岸・河心)	

(2) 調査結果

a. 底生動物の種類数、個体数の経年変動

　河川改修工事が行われた平井川の底生動物の種類数、個体数の経年変化を図3-1に示した。種類数の特徴は、88～89年では冬2月、春5月、夏8月および

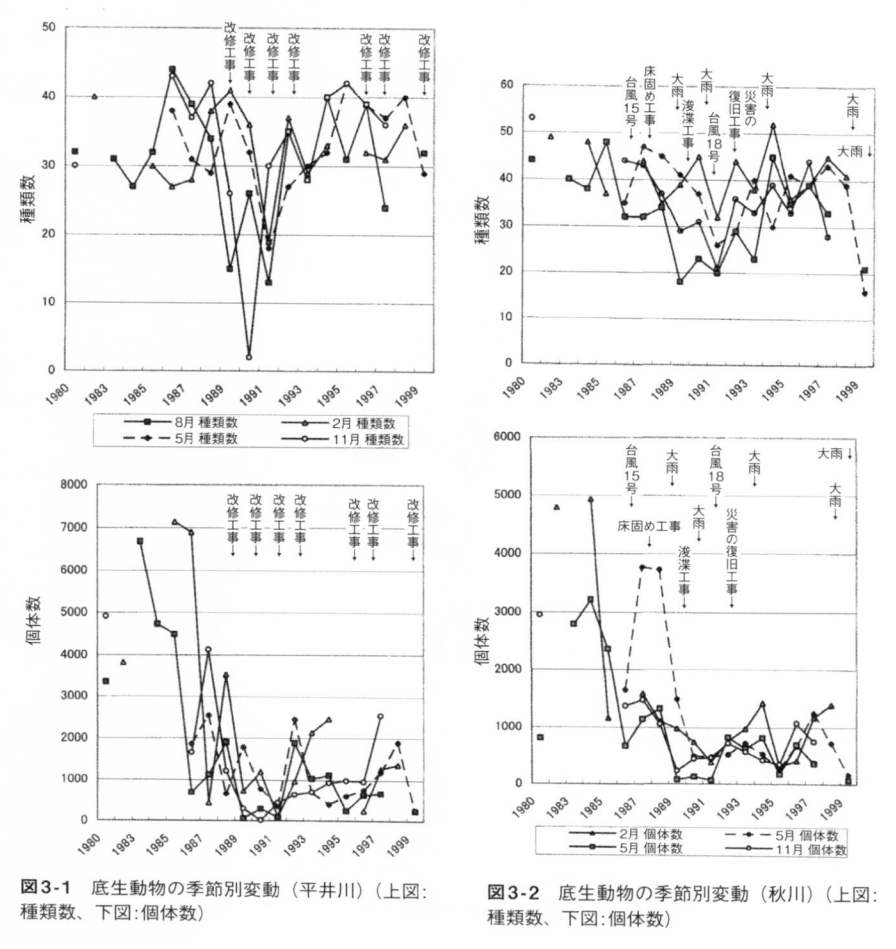

図3-1 底生動物の季節別変動（平井川）（上図：種類数、下図：個体数）

図3-2 底生動物の季節別変動（秋川）（上図：種類数、下図：個体数）

秋11月の季節ごとに40種から15種（8月）、2種（11月）に減少したが、92年に35種に回復し以後は横這いの状況であったことである。個体数は89年以降、漸次減少傾向であり、89年夏・秋、90年から91年の夏および秋には著しく減少した。その後においても個体数は回復傾向には至っていない。この調査期間の優占種はカゲロウ目であり、出現主要種はアカマダラカゲロウ、コガタシマトビケラ、ウルマーシマトビケラであった。底生動物の減少した理由は河川改

修工事が連続的に3か年間実施されたことによるものと考えられる。しかし、この期間には同時に年間降水量も平年の1.3～1.5倍と多く、89年1,938mm、91年2,042mmであった。したがって、底生動物などは二重の攪乱を受けているのでどちらの影響が大きかったのかは不明である。

　一方、**図3-2**に示したように秋川の種類数は94年2月に最大値を示し52種、最小値は89年8月に18種であった。経年的な傾向は90年夏～91年秋にかけて23～21種に減少していた。これは台風による大雨と上流の災害復旧工事によるものと考えられる。その後、回復し続けてきたが、99年5月～8月に減少した。河川改修工事の多かった平井川と比べると秋川の種類数は30種以上ではるかに多いレベルで変動している。しかし、個体数は種類数と同様に大きく減少し、89年以降は低減傾向であった。出現した主要種は平井川と同種のほかはエルモンヒラタカゲロウであり、92年8月以降、カゲロウ類が減少し、コガタシマトビケラの優占種が目立った。

b. 底生動物の季節別変化

　底生動物は年間に幼虫から成虫になる過程で5～7齢も羽化するため種類数、個体数は季節変化を伴う。したがって、底生動物の約16年間の季節別変動を知ることは河川工事や洪水というインパクトを整理する上で重要な視点であると考えられる。

　そこで、箱ひげ法によって2月、5月、8月、11月の4つの季節別に種類数、個体数の最大値、最小値および平均値をグラフ化したものを**図3-3**、**図3-4**に示した。種類数は秋川、平井川とも変動幅が最も少ない季節は2月である。しかし、種類数の平均値は秋川で40種を超え、平井川のそれより大きい。種類数の変動幅が大きいのは河川改修工事が連続的に行われた平井川であり、特に8月、11月に顕著であった。一方、個体数の変動幅が大きいのは両河川とも2月に顕著であった。しかし、平井川は5月に変動幅が極めて小さく、平均値も他の季節より最も小さかった。この原因は主に冬季から春の渇水期に集中する河川改修工事の影響と底生動物の羽化期が考えられる。しかしながら、**図3-4**に示すように、河川改修工事がなかった秋川の5月の変動幅と比較すれば明らかであり、羽化期による減少とは考えらない。

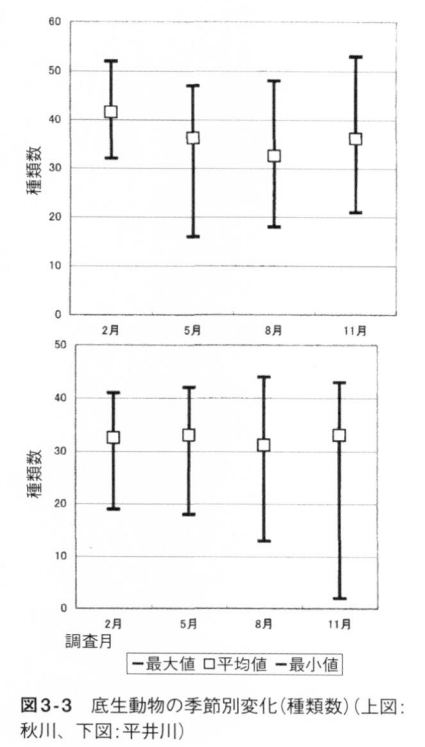

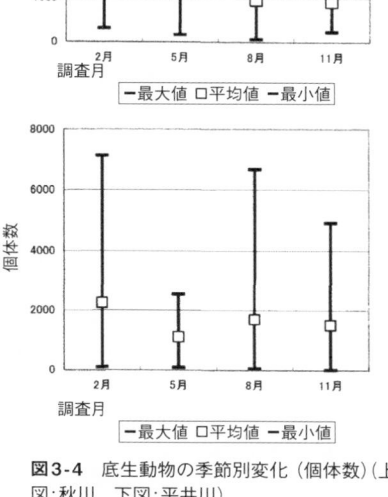

図3-3 底生動物の季節別変化（種類数）（上図：秋川、下図：平井川）

図3-4 底生動物の季節別変化（個体数）（上図：秋川、下図：平井川）

（3）底生動物の生活型とスペクトル分析による周期性

a. 底生動物の生活型による検討

　底生動物は水質や河床形態の違い、すなわち上流から中流、下流までそれぞれに適応した環境に生息する。また、流域によっても底生動物の出現率は大きく異なる。

　底生動物の生活型によって洪水や河川工事といったインパクトをどのように受けているか種類数、個体数の経年変化から検討した。なお、底生動物の生活型の区分と特徴に関しては**表3-2**を参考にした。

　ここでは生活型のうち、造網型（コガタシマトビケラ、ウルマシマトビケラ）、匍匐型（アカマダラカゲロウ、シロタニガワカゲロウ）、遊泳型（フタバコカゲロウ）の3つのタイプを選択した。**図3-5**には改修工事が頻繁に行われた平

表3-2　底生動物の生活型の区分と特徴

生活型	特徴	底生動物
造網型 (net-spinning)	分泌絹糸を用いて捕獲網をつくり、餌をとるもの。	シマトビケラ科、ヒゲナガカワトビケラ科
固着型 (attaching)	強い吸着器官や鈎着器官をもって他物に固着しているもの。あまり大きな移動はしない。	アミカ科、ブユ科など
匍匐型 (creeping)	礫上や礫間をはって移動するもの。	ナガレトビケラ科、ヒラタカゲロウ科、襀翅目（カワゲラ目）、ドロムシ科、ヘビトンボ科
携巣型 (case-bearing)	石や落ち葉で巣をつくるもの。匍匐的に運動もするが、簡巣を持つ点で匍匐型と区分する。	簡巣をもつ多くの毛翅目の幼虫
遊泳型 (swimming)	主に遊泳して移動するもの。	コカゲロウ科、ナベブタムシなど
掘潜型 (burrowing)	砂や泥の中に潜っていることが多いもの。	モンカゲロウ科、サナエトンボ科、ユスリカ科（一部）

（参考）御勢久右衛門「大和吉野川の自然学」

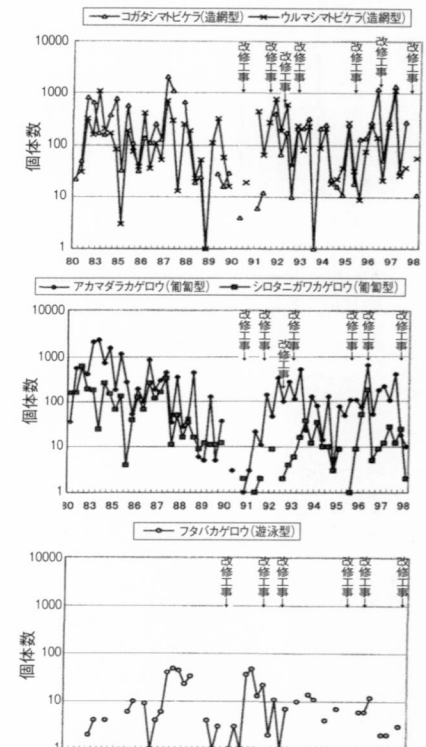

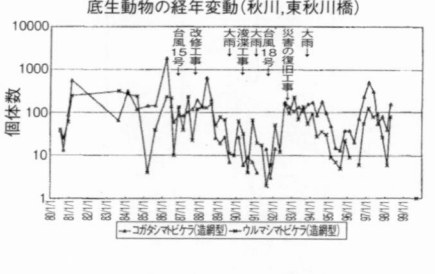

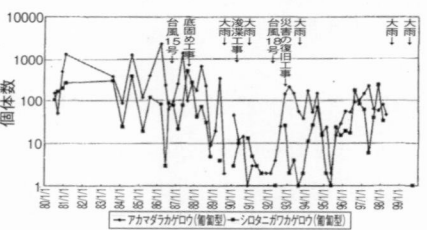

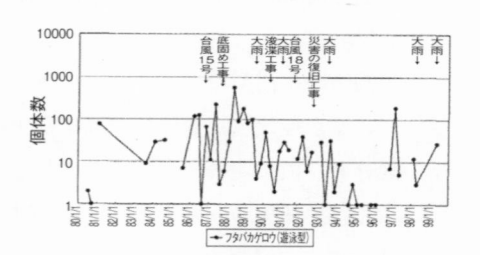

図3-5　底生動物の種別変動（平井川）（上図：造網型、中図：匍匐型、下図：遊泳型）

図3-6　底生動物の種別変動（秋川）（上図：造網型、中図：匍匐型、下図：遊泳型）

井川の造網型、匍匐型の個体数の変動を示した。経年的に個体数100以上を見ると造網型、匍匐型、遊泳型の順に多いことが分かる。造網型は改修工事後も100個体以上に回復している。しかし、匍匐型、遊泳型は回復が遅いことが分かる。それに対して河川工事の少ない秋川では平井川ほどの個体数の低減は見られなかった（**図3-6**）。このように、洪水、河川工事の影響を強く受ける底生動物は生活型によって大きく異なることが分かる。特に底生動物の安定期である渇水期（冬季）などに河川工事が集中するため、底生動物の生活型まで配慮した工事の期間の設定を考えることが必要となろう。

　b.　スペクトル分析による周期性

　底生動物調査は季節別に年間4回行われ、12年間、計48個のデータを基にスペクトル分析を試みた。ここでは生物データの独立性を仮定し、底生動物の種類数、個体数が攪乱を受けランダムに出現しているように見えるが、水生昆虫のもつ羽化などの潜在的な周期性とインパクトである改修工事、洪水などの攪乱による周期性を推定することができる。

　種類数と個体数：図3-7に底生動物の種類数のスペクトル分析の結果を示した。ここに、横軸は周波数であり、周波数の逆数がそのまま周期（月）を表している。例えば、周波数0.01は100か月で8.3年となる。縦軸はその周期に対応するスペクトル密度（強さ）を示している。以下は、同様である。種類数は平井川、秋川とも8.3年の長期的な周期性が認められる。秋川にはそのほかにも2.1年、1.0年、0.5年の4つの周期性が推察される。しかし、平井川の周期性は1.2年、0.6年の3つであり、秋川の半分であった。これは平

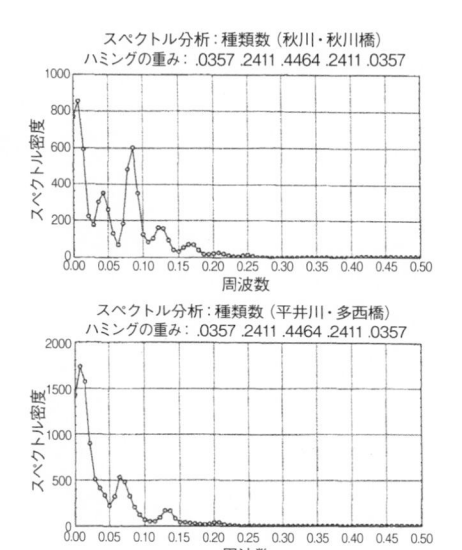

図3-7　底生動物の種類数のスペクトル（上図：秋川、下図：平井川）

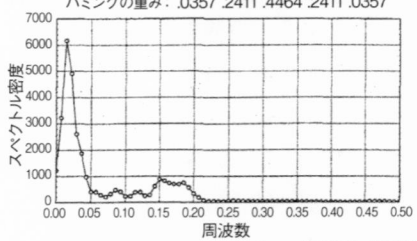

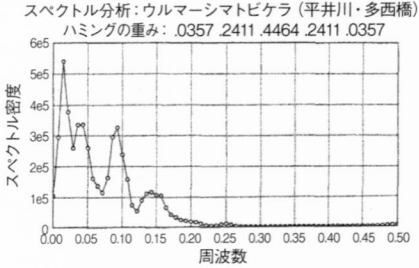

図3-8　ウルマシマトビケラのスペクトル（上図:
秋川、下図:平井川）

図3-9　フタバコカゲロウのスペクトル（上図:
秋川、下図:平井川）

井川がほぼ1年ごとに連続的に改修工事を行ってきた期間があるという人為的
な要因が周期に起因しているものと考えられる。

　種別による個体数の検討：**図3-8**、**3-9**はウルマシマトビケラ、フタバコカ
ゲロウの個体数のスペクトル分析の結果である。優占種である造網型のウルマ
シマトビケラの個体数の事例を**図3-8**に示した。平井川の場合は4.2年、2.1
年、0.9年、0.6年と小刻みな周期性が存在し、種類数の周期性と類似している。
一方、河川改修工事がなかった秋川は4.2年だけの周期性が卓越している。ま
た、遊泳型であるフタバコカゲロウの個体数のスペクトル分析の結果を**図3-9**
に示した。両河川とも長期的な周期は3.3年であり、秋川ではそのほか1.0年、
0.6年の周期性のものが明瞭に存在する。しかし、平井川には見られなかった。
　すなわち、改修工事の行われた平井川では、生活型の違いによる造網型のウ
ルマシマトビケラより、泳ぎながら移動する遊泳型のフタバコカゲロウの回復
がされなかったことが認められる。

(4) まとめ

底生動物の種類数は秋川、平井川とも変動幅が少なく最も多い季節は冬季の2月であり、特に自然のままの秋川で顕著であった。しかし、種類数の平均値は秋川で40種を超え、平井川のそれより大きい。種類数の変動幅が大きいのは河川改修工事が連続的に行われた平井川であった。また、スペクトル分析の結果、種類数の周期性は平井川、秋川とも8.3年の長期的な周期性が認められた。しかし、平井川は短い周期性が確認された。これは平井川がほぼ1年ごとに渇水期（冬季から春季）に改修工事を行ってきたことと周期性が重なることになる。また、底生動物の個体数は秋川が8.3年、1.0年、0.5年の周期で強く現れているのに対して平井川は4.2年が強く現れた。これは流域の環境や規模の違いもあり、人為的な攪乱でもある河川改修工事よって棲息環境場の不安定な状態が続いたことによるものと考えられる。また、平井川は途中から環境共生型の河川工法が取り入れられたが、個別の効果は短期的には評価することはできないことを示している。

3-2 流量変動が底生動物群に及ぼす確率論的特性と中規模攪乱説の検証

(1) 研究の背景

2000年代になり多自然型川づくりが定着し、河川生態系に関する調査・研究が開花した。河川における底生動物は洪水などの自然的インパクトや河川工事などの人為的インパクトを絶えず受けている。底生動物の種の多様性は河川生態系のうち瀬・淵のリーチスケール、局所的なマイクロハビタットスケールなどの空間的構造に大きく依存していることが分かってきた。一方、水系・流域といったマクロスケールではダム、河川工事、流量変動といった長期的なインパクトが種の多様性に大きく影響していることを1981年に大串らが報告している。また、前者の研究では1993年、1996年に長谷川らが渓流のステップ・プールと底生動物の多様性の存在は局所的な流れ場の水理量と深い関係があることを明らかにした。筆者らは2004年3月、瀬・淵構造は光環境によるフラッシュ効果が藻類・底生動物の現存量に大きく影響していることを学会に発表した。また、後者の研究では2002年に田代・辻本によって河床の攪乱頻度を指

標として瀬・淵構造の二次元水理解析による考察が行われた。さらに、渡辺らは2003年に、洪水攪乱、河川工事などの長期的なPress型のインパクトの重要性を指摘し、予見的な評価を人為的なPulse型の回復モデルで検討を行っていた。流量に関しては、現場の流量管理では河川環境を保全するためには正常流量あるいは生態保全流量を確保することの必要性が述べられていた。その事例として1997年に江村・玉井らによって年流量Q_{60}の流量の指標が提示されたが、これらの流量設定は定量化した生物相との明確な根拠が不明であった。このようなことから河川における洪水攪乱と生息する生物量との関係に関心が向けられるようになった。

　以下に示す研究では主に河床に生息する底生動物の変動特性を捉えるために2種類のインパクトの視点から長期的な変動を検討した。一つは洪水のような短期的なPulse型の攪乱に応答する底生動物の変動特性、さらにダム設置や河川改修工事などのような急激なPress型の攪乱に応答する底生動物の変動特性を捉え、その変動要因となるものと底生動物の多様性との関係を明らかにしたいと考えている。その要因を河川流量と位置づけ、流況解析から洪水攪乱と底生動物群集との関係を確率統計的手法によって検討した。

　洪水による自然的な攪乱と人為的な攪乱の違い、さらに底生動物群集が多様性を保つ上で適度な攪乱が必要なことを定量的に示すことを目標とした。なお、調査対象とした多摩川水系支川の秋川、北浅川、平井川は流域に治水上のダムが設置されていない。しかし、平井川は人為的攪乱である河川改修工事が長期にわたり行われた河川である。

（2）調査概要

　底生動物における長期的変動を検討するための東京都による1980年代からの約20年間の多摩川水系における生物調査結果、およびそれに近年の調査結果を加えたものを用いて底生動物群集の変動を定量的に把握することを目指した。東京都の調査は都内の32河川、42か所の調査地点で行っているが、本研究では多摩川水系の秋川、北浅川および平井川を検討対象とした。3河川の底生動物群集の解析データは東京都による1983 〜 1998年の生物調査結果を用い

た。また、1999 〜 2001年については河川整備基金助成事業による調査結果を
使用した。さらに継続的に補完するために2003年9月に同地点の河川において
現地調査を実施した。

　流量データは各生物調査地点の近傍で測定している行政機関の資料を収集し
た。期間は1980 〜 2000年の20年間の日流量データとし、出典は秋川（東秋留
橋）、浅川（浅川橋）は国土交通省京浜河川事務所、平井川（尾崎橋）は東京
都である。

　以下に各調査地点の概要を示す。

　a.　秋川・東秋川橋　　秋川は檜原村の三頭山の南東側山腹斜面に源を発し、
あきる野市落合付近で多摩川と合流する流路延長37.6km、流域面積169.6km^2
の一級河川である。多摩川の支川の中では最も水量が豊かで水質も良好な状態
である。本調査点は東京都の生物調査地点の中では底生動物の種類数が最も多
い箇所である。河床は調査期間を通じて浮石の状態であったが、東秋川橋直下
の床固め工事以降（1987年）は河床が安定化してきている。調査地点の河川
形態は早瀬である。

　b.　北浅川・中央高速下流　　多摩川中流部最大の支川である浅川は、流域
面積154.6km^{2}を有し、高尾山や陣馬山を水源として八王子市を流れ、日野市
百草付近で多摩川に合流する流路延長35.6kmの一級河川である。近隣の生活
排水が多く流入し、冬季に固有水量が減少し水質悪化が著しい時期もあり、底
生動物も減少傾向にあった。しかしながら、八王子市などの流域の下水道普及
率が上昇し水質は改善されてきた。調査地点では河床は土丹が多く、かつて流
れは瀬であり浮石もあったが、近年は平坦化し、沈石が目立つようになった。
この地点の河床形態は平瀬の状態である。

　c.　平井川・多西橋　　平井川は日の出山に源を発し、流路延長18.7km、流
域面積38.4km^{2}の小さな河川である。あきる野市五日市線鉄橋付近で多摩川
中流部に流入するが、調査地点は合流点の直ぐ上流に位置する。この河川では
1990年前後に河川改修が頻繁に行われて直線化され、浮石から沈石への河床
形態の平坦化が生じている。これは主に護岸整備を行った改修工事の影響と考
えられる。本調査地点は平瀬として調査を行った。

　d.　調査方法　　本研究では底生動物調査のほか、概況把握のため河川測量、流量測定、溶存酸素量（DO）、河床砂礫の粒度分布調査、堆積砂泥量調査および付着藻類調査（強熱減量）も実施している。底生動物調査は東京都環境局が行ってきた方法と同様に30×30cmコドラート付きサーバーネット（網目:0.5㎜）を用いた。各調査点から底生動物を採集し、10%ホルマリン添加によって固定された試料を実体顕微鏡および光学顕微鏡を用いて同定を行い、種類数、個体数および湿重量について定性・定量分析を行った。

（3）底生動物の経年変化と分布型

　a.　種類数　　多摩川水系の秋川、北浅川および平井川の1983年から約20年間の生物調査による結果とその5年移動平均値を**図3-10**、**3-11**に示す。底生

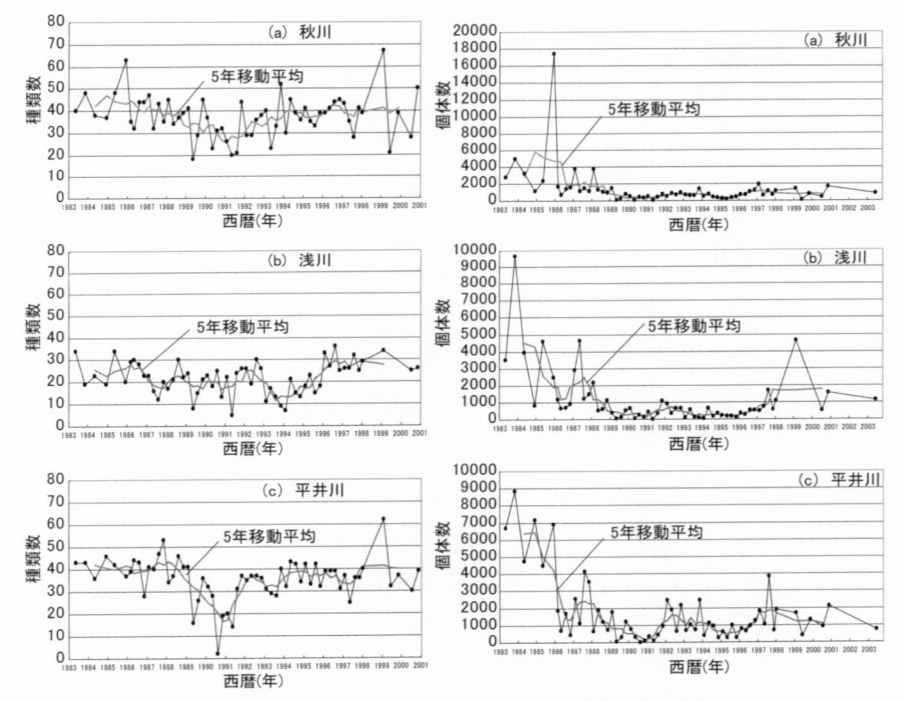

図3-10　底生動物種類数の経年変化　　　　**図3-11**　底生動物個体数の経年変化

動物調査は基本的に毎年2月、5月、8月、11月に行っている。**図3-10**は種類数の経年変化を示したものである。

　秋川は1980年代前半40〜50種程度であったが、80年代後半から低下し始め、30種を下回ることも多くなっている。ここでは床固め工、魚道設置による河床の安定化が影響しているものと考えられる。その後、1991年を境に上昇傾向になり、90年代の後半以降はほぼ40種を維持している。1990年前後は比較的降水量が多く、1991年は前後約10年間で最も多い降水量が記録されている。その結果、洪水攪乱により一時的な種類数の低下の後、回復する傾向になったことは、2002年の筆者らの現地調査報告から分かった。

　平井川は秋川と平行に流れ、秋川より約2km上流で多摩川と合流する。平井川の底生動物の経年変化も秋川と同様に1991年前後で一時的に種類数が減少している。しかし、この傾向は秋川よりも顕著に現れていることが分かる。これは秋川と同様に洪水による攪乱が考えられるが、さらに平井川では3-1節に示したように80年代後半から連続して河川改修工事が行われてきたことが要因である。したがって、秋川との比較においては、平井川での人為的インパクトによる攪乱の影響がはるかに大きいものと考えられる。浅川は一貫して種類数が少ない。調査を開始した1983年以降漸次減少し、90年代中頃には10種ほどにまで低下した。その後、種類数は当初の30種前後にまで回復している。浅川流域は下水道がこの調査期間内に整備されていった経緯があり、水質改善が種の回復をもたらしたものと考えられる。

　b.　**個体数・現存量**　　各河川は個体数、湿重量とも類似した変動を示した。個体数は全体を通して減少傾向にあり、1988年以降は低い状態が続いている。湿重量（現存量）は80年代後半までは個体数と同様に減少傾向にある。しかし、90年代初頭から増加に転じ、増減をくり返しながら、調査開始時の水準まで回復している。80年代の個体数、現存量の減少は種類数の変動要因と同様に河床の安定化と1990年前後で降雨の多い年が数年間続いたこと、および80年代後半からの河川改修工事によるものと考えられる。

　c.　**生活型による個体数・湿重量**　　個体数、湿重量のそれぞれに占める生活型による構成比を示したものが**図3-12、3-13**である。浅川での個体数にお

　ける構成比と湿重量におけるものを比較すると、それぞれ優占する生活型が異なることが分かる。**図3-13**より1980年代は個体数の分類では掘潜型（burrowing）が多くを占める。しかし、次第に減少しそれに伴い全体の個体数も減少している。砂や泥に潜る掘潜型が多く、当時の浅川の河床は砂泥が堆積した状態であったと推察される。

　湿重量による生活型の80年代の分類を見ると個体数では優占していた掘潜型は相対的に微量であり、全体に占める現存量が多いのは匍匐型（creeping）あるいは造網型（net-spinning）である。90年代初頭の一時的な減少後の現存量における生活型の分類は、80年代と変わらず匍匐型、造網型が優占となっている。掘潜型の代表種はミズミミズ科やミズムシなどでありサンプリングの際に大量に採取されることが多いが、サイズが小さく個体が多数出現しても湿重量には反映されない。一方、匍匐型や造網型は底生動物の中では比較的大型なものが多く、少数であっても現存量は大きなものとなる。

　したがって、多量の降水がもたらした増水により撹乱が起こり、覆われてい

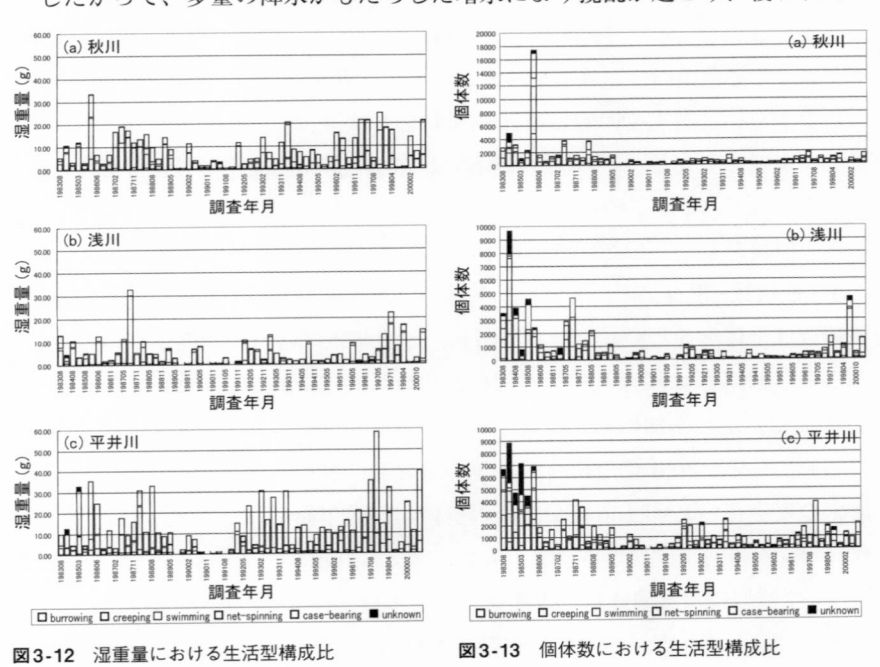

図3-12　湿重量における生活型構成比　　　　**図3-13**　個体数における生活型構成比

た砂泥が送流されたため、掘潜型は姿を消し匍匐型、造網型が優占できる生息場となったと考えられる。以上のことが図3-12、3-13で示されたように90年以降、全体の湿重量は回復しているのに対して個体数は減少したまま推移する状態となった要因と考えられる。

d. 底生動物の季節別変動と分布型　水生昆虫は年間に5〜7齢の羽化を行い幼虫は成虫となり水中から飛び立っていく。このため図3-10、3-11に示したように底生動物の生物量も季節間で大きな変動が見られる。長期的に底生動物の動態を見る場合、その季節的変動を把握することが重要であると考えられる。まず秋川の調査結果に基づき底生動物の種類数、現存量がそれぞれどのような分布形と適合するのか検討した。図3-14、3-15は秋川における種類数、現存量（湿重量）の度数分布である。以下、底生動物の現存量は湿重量を指標として扱う。種類数は正規分布、現存量は対数正規分布に適合すると仮定できる。表3-3は種類数、現存量それぞれの実測値と標本分布に対するχ^2分布による適合度検定を行った結果である。この表が示すように有意水準5%においてこれらの度数分布と標本分布との適合性は採択できる。これを踏まえ、秋川の季節別の種類数、現存量それぞれの実測値と理論値の度数分布も検討した。

その結果、種類数、現存量とも冬期が最も多く、次いで春期が多く、最も少ないのが夏期であった。主要種の羽化期は関東地方でウルマーシマトビケラ、コガタシマトビ

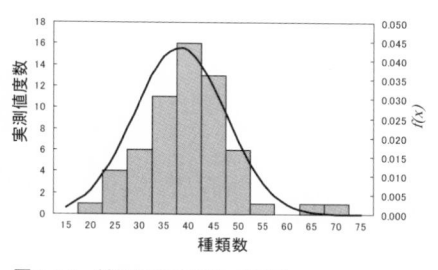

図3-14　種類数度数分布（秋川）

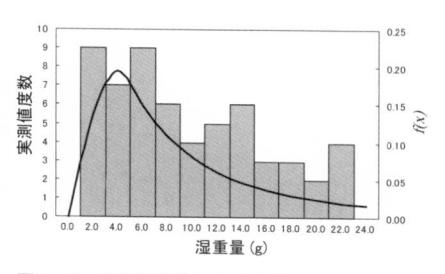

図3-15　湿重量度数分布（秋川）

表3-3　分布型の適合検定

	種類数	湿重量
χ^2	2.6592	10.6364
$\chi^2 0.05(K\text{-}1)$	11.0705	14.0671
自由度	5	7
判定	採択	採択

ケラおよびシロタニカワカゲロウが4〜5月、フタバコカゲロウが5〜6月、アカマダラカゲロウが4〜6月と8〜10月（宮下：フィールドノート、2000年出版文化社）と言われている。したがって、羽化期前で種類数が飽和状態で最終幼齢のためサイズの大きな水生昆虫の幼虫が多数存在する冬期は種が豊富で現存量も最大となると言える。また、平井川の季節変動別の度数分布も作成したが、秋川とは異なり、湿重量においては対数正規分布には従わなかった。これは平井川の河川改修工事による人為的な攪乱があったことにより不規則なインパクトが与えられたためと考えられる。

(4) 河川流量と底生動物群集の動態

　a.　洪水発生後の生物量の増加　　洪水攪乱の後、一時的な底生動物の現存量の減少があり、その後の生物量増加の過程に関する検討を行った。**図3-16**は流量と生物量の比較のデータにもとづく概念図である。年間のうち大きな洪水はおよそ7〜9月に発生する。したがって、11月の調査結果は大規模な洪水の直後となる。11月の調査結果に対する翌年2月の底生動物の個体数、湿重量の増加率を洪水攪乱による減少から回復した状態と位置づけ、最大日流量との関係を検討した。**図3-17**、**3-18**はそれぞれ秋川、北浅川において底生動物の個体数、湿重量の増加率を縦軸に取り、その年の最大日流量を横軸に取り図示したもので、洪水の大きさと、その後の底生動物の回復の程度との関係を示している。秋川では現存量における底生動物の洪水後の増加率は最大日流量に比例して増加している（**図3-17（b）**）。即ち、洪水規模が大きいほど、その後の現存量の回復率は大きくなると考えられる。

　一方、**図3-18（a）** を見ると洪水規模と個体数の回復率との間に有意な関係はあまり見受けられず、北浅川ではこれらの関係は明確な比例関係で示すことはできなかった。しかし、**図**

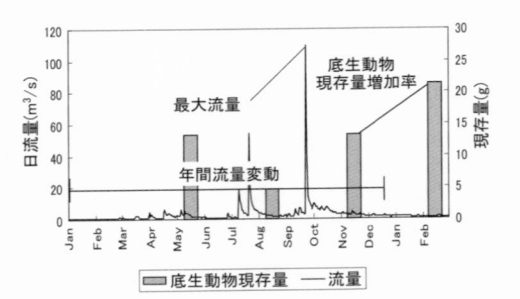

図3-16　流量と生物量の比較の概念図

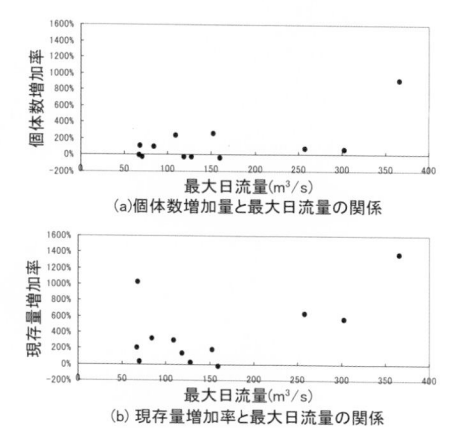

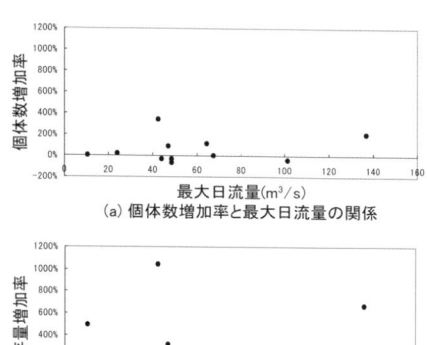

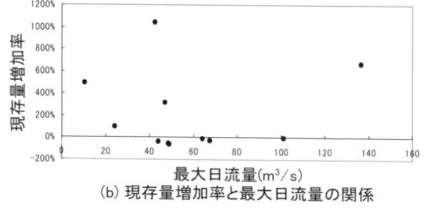

図3-17 秋川における生物量増加率と最大日流量

図3-18 北浅川における生物量増加率と最大日流量

3-18(b)では、個体数に比べ、現存量の増加率が高くなる傾向にあることが読み取れる。洪水規模が大きければ、底生動物に対する被害も大きくなるが、現存量の回復率も大きくなる。現存量の場合にはその傾向が見られ、個体数には見られない。この結果はサイズの大きな種が比較的被害を受けやすいからではないかと推測できる。サイズが小さい種であれば洪水に対して避難場所も容易に見つけられるため、攪乱後の生存率も高いことが推測される。

　b. **攪乱頻度と生物多様性**　今までの検討で攪乱規模を示す代表値として標準偏差や最大日流量では十分説明できない。ここでは、攪乱規模となり得るものとして流量変動の統計的確率手法から算出した1年間における豊水流量の超過確率を適用した。また、渇水流量に対しては非超過確率の検討を行った。

　河川の年間流量特性は流況曲線が用いられる。すなわち、95日目、185日目、275日目、355日目の日流量をそれぞれ豊水流量、平水流量、低水流量、渇水流量として指標化している。ここでは豊水流量を洪水攪乱が起こり得る流量と仮定し、これを超え得る確率、つまり超過確率を攪乱規模に相当する値とした（図3-19）。

　年間の日流量の度数分布は対数正規分布に従う。よって、この対数正規分布から豊水流量の超過確率を求めることができる。これは1年間の中規模洪水か

ら大規模洪水の攪乱頻度を表す指標となる。さらに洪水だけでなく、渇水によっても底生動物相に対して攪乱が起こり得ると考えられる。したがって、流況曲線において355日目にあたる渇水流量も攪乱頻度の指標になると仮定し、この非超過確率とSimpson指数（4-2-1項の脚注参照）の関係を検討した。

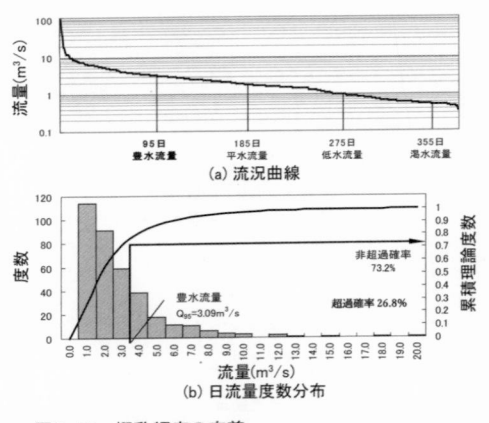

図3-19　攪乱頻度の定義

　秋川、北浅川および平井川において攪乱規模としての豊水流量の超過確率と多様性を表すSimpson指数の関係を示したのが**図3-20**である。横軸に超過確率、縦軸にSimpson指数を取り、プロットされた点に対して、2次曲線の近似を試みた。その結果、秋川、北浅川で相関性のよい近似が得られた。自然度の高い秋川においては流量の欠測などもありデータ数は少ないが、最大値をもつ凸型の2次曲線に対して0.887と良い相関が得られた（**図3-20（a）**）。北浅川においても同様の検討を行った結果、秋川と同じく2次曲線に近似する関係を示した（**図3-20（b）**）。北浅川は相関

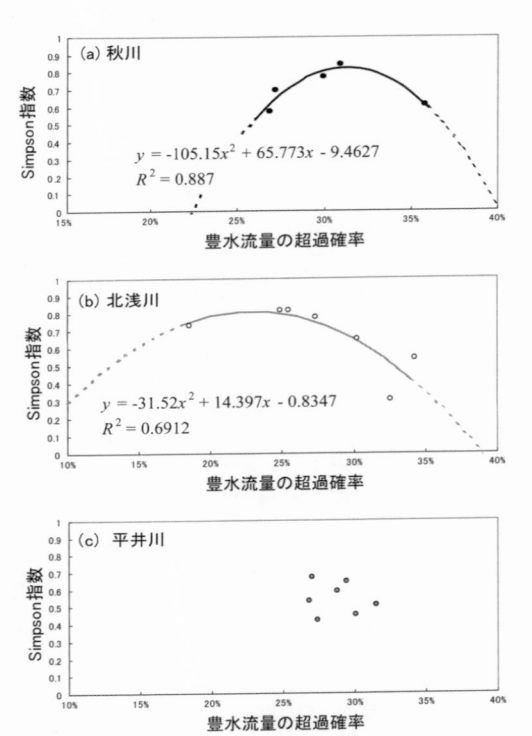

図3-20　洪水攪乱の頻度とSimpson指数

性については秋川ほど高くない。一方、**表3-1**で示したように連続的に長期間
にわたり河川改修工事が実施された平井川は豊水流量の超過確率と生物多様性
を示すSimpson指数との間に有意な関係は見られなかった（**図3-20 (c)**）。プ
ロットされたデータが1か所に集中しているのは河川工事が長期に続いたため
と考えられる。

　上記の検討より多摩川水系において自然度の高い河川では流量変動による攪
乱頻度と底生動物群集との関係は豊水量としての中規模洪水攪乱によって説明
することができると言える。これは攪乱が競争排除を妨げる働きをし、強すぎ
ると個体数が回復されず多様性が減少する。反対に攪乱が弱すぎても競争排除
を止めることができない。適度な攪乱がある状態で多様性は最大になるという
Connell（1978年）の中規模攪乱説を検証したことになる。この検討により、
底生動物にとって最も高い多様性を保つ攪乱頻度が存在することが確認できた
と言える。今回の解析結果を整理すると，**図3-20**に示すように秋川では年間
で豊水流量を超え得る確率31.3%のとき最も高い多様度を示すと推定される。
多様性をSimpson指数で示すと、このときの最大値は0.823であった。浅川は
豊水流量の超過確率は22.8%のときSimpson指数0.809となり最大値を示し
た。なお、Simpson指数が最も高い値を示す渇水流量の非超過確率は北浅川で
は6.9%であり、このときのSimpson指数0.850であった。

（5）結論

　本研究結果より、以下の知見が得られた。

1）河川改修工事が10年にわたり施工された平井川と、自然の状態が多く残さ
　れて自然のままの秋川で、指標である底生動物の長期変化を比べた結果、平
　井川では改修工事が盛んに行われた1990年前後の種類数、個体数の減少が
　激しかった。したがって、改修工事による人為的な攪乱は底生動物の回復ま
　でに長期間を要することが推察される。

2）河川流量変動と底生動物の生物量（種類数、個体数、現存量）の関係は、
　流量の標準偏差、最大日流量などの検討では十分説明ができなかった。しか
　し、統計確率的手法により洪水が引き起こす攪乱について考察を行った結

果、秋川のような自然度の高い河川では、大きな流量変動を受けた場合に底生動物群集は減少するがこれは一時的な現象であり、やがて生物量は増加し、再び多様性を取り戻すことが確認できた。

3) 秋川、北浅川において豊水流量の超過確率とSimpson指数の関係は、豊水流量の超過確率が大き過ぎても小さ過ぎても多様性を示すSimpson指数は小さいことが分かる。むしろ、Simpson指数の最大値は、豊水流量が中規模流量のときに最大値になることである。これにより洪水相当の豊水流量のような攪乱によって適度な攪乱規模、頻度が存在することが明らかになった。これはConnell（1978年）の中規模攪乱説を検証したことになる。

参考文献

・風間真理、和波一夫、土屋十圀：多摩・山地河川の底生動物からみた経時変化、第3回河道の水理と河川環境に関するシンポジウム論文集、土木学会水理委員会、pp.165-170、1998年
・土屋十圀、風間真理、平井正風：底生動物からみた多摩・山地河川の長期的変化に関する研究（その1）―河川改修や洪水の攪乱と底生動物―、生態学リサーチマネジメントをアシストする勉強会第1回発表論文集、pp.1-6、2001年6月
・東京都環境保全局水質保全部：都内河川の15年間の生物調査報告書、1997年
・横浜市環境保全局：横浜の川と海の生物（第8編・河川編）、1998年3月
・水野信彦、御勢久右衛門：河川の生態学、築地書館、pp.37-45、1993年
・御勢久右衛門編著：大和吉野川の自然学、トンボ出版、2002年
・大串龍一：水生昆虫の世界、東海大学出版会、pp.77-141、1981年
・長谷川和彦、川村信也、張祐平：群別川におけるステップ・プールの水理特性と底生動物の関係、水工学論文集、第47巻、pp.1111-1116、1993年
・長谷川和義、上林悟：渓流における淵・瀬（ステップ・プール）の形成機構とその設計指針，水工学論文集、第40巻、pp.898-900、1996年
・諸田恵士、土屋十圀、朝田聡：底生動物と光環境に基づく瀬・淵構造の検討、水工学論文集、第48巻、pp.1555-1560、2004年3月
・土屋十圀、諸田恵士：底生動物群集の多様性に及ぼす流況の確率論的特性、水文・水資源学会誌、Vol.18、No.5．pp.521-530、2005年
・田代喬、辻本哲郎：河床攪乱頻度を指標とした生息場評価による瀬・淵構造の変質に関する考察、水工学論文集、第46巻、pp.1151-1156、2002年
・渡辺幸三、吉村千洋、小川原享志、大村達夫：Pulse型の人為的インパクトを受けた河川底生動物の回復予測モデル、土木学会論文集、No.748／Ⅶ-29、pp.67-79、2003年11月
・江村歓、玉井信行、松崎浩憲：生態的なフラッシュ流量に関する考察と貯水池の連結操作による流況の改善について、土木学会・環境システム研究、pp.415-420、1997年
・東京都環境局：昭和58年度～平成11年度　水生生物調査結果報告書、1985 ～ 2001年

・東京都環境保全局水質保全部：東京の川の生き物と環境―河川水生生物総合解析調査報告書―（その1）・（その2）、1998年

・土屋十圀：河川生態系への攪乱の要因に関する調査研究報告書、財団法人とうきゅう環境浄化財団、2000年

・土屋十圀、平井正風、風間真理：多摩・山地河川における河床環境と底生動物の変化に関する研究、水工学論文集、第46巻、pp.1235-1240、2002年

・宮下直、野田隆史：群集生態学、東京大学出版会、pp.59-61、2003年

・津田松苗：水生昆虫学、北隆館、1983年

第4章

河川生態系の再生に向けて

4-1 河川生態系における攪乱の要因

4-1-1 河川生態系の概念

　生態系という言葉はイギリスの生態学者タンズリー（A.G.Tansley）が1935年にその著書[1]で初めて提唱した概念である。同書の三島次郎訳によると、「自然界において生物と生物、生物と外界とは切り離して考えることはできない"まとまり"をつくっている。無機的自然とその地域に生活する生物が結びついて一つの系をつくる」という考え方である。さらに「生物と非生物は相互に作用しあい、ある地域の生物のすべてが物理的環境と相互的関係をもち、エネルギーの流れがシステム内に明確な栄養段階、生物の多様性、生物と非生物の間の物質の循環をつくり出すような"まとまり"（生物システム）はどれも生態学的な系である。すなわち、生態系（ecosystem）である」と述べている。生態系は開放系のシステムであり、入力環境と出力環境の両方を考慮することが重要な概念である[2]とされている。

　生態系は自然と環境の合一性についての考えに基づくものであり、正式な記述は1800年代のおわりに欧米やロシアの文献に示されている。そして半世紀後、Hutchinson,G.E（1948年）[3]、H.T.Odum（1971年）[4]らの生態学者が数量的な生態系生態学分野を発展させてから注目されるようになった。

　E.P.Odumの『基礎生態学』[2]によれば、生態系の概念は生物と無機的外界がつくり出す系であり、その構成要素は生物部分と非生物部分に分けられる（図4-1）[5]。生態学の分類の基準として、群集や個体などのレベルに基づく分科、自然分類に基づく分科、および生物のすみ場所に基づく分科、研究法などに分

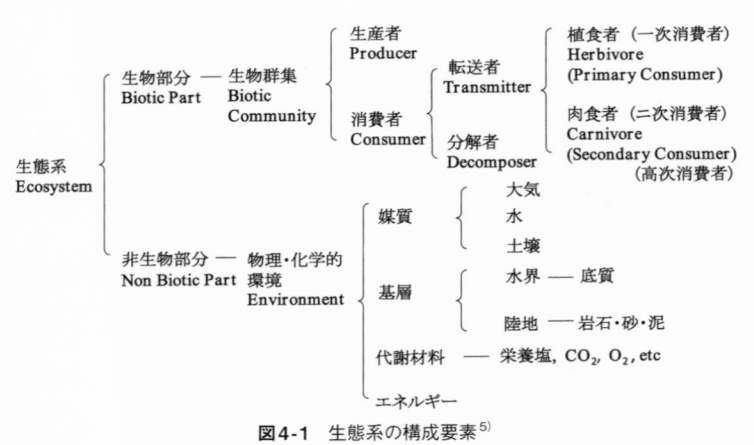

図4-1 生態系の構成要素[5]

けられ、河川生態学は生物のすみ場所の分科に位置づけられている。沖野[6] は、この基本的な構成要素の区分に基づき、河川生態系を河道内の表流水生態系と河川敷生態系に区分し、河川生態系の形成要因を説明している。

　河川生態系の特徴は湖沼のような止水的な閉鎖型の生態系と異なり、開放型の生態系である。すなわち、河川は流水により物理的・化学的にも河川縦断構造のセグメントごとに大きく変化し、河床砂礫や生物群集の動態に大きな影響を与える。一般的に、河川は上流の山地・渓谷から速い流れで始まり、扇状地を流れ、やがて自然堤防や後背湿地の勾配の小さい平野部をゆっくりと流れ、最後はデルタ地形・河口へと流下し海に至る。

　このように河川は上流から下流に水の流れが連続的につながっていることが最大の特徴である。源流から河口まで生物相はその環境条件によって適応しながら異なった生物群集をつくる。栄養塩物質・有機物の一部は捕捉され、多くは流失される。さらに、生物の移入により生産者と消費者のエネルギー交換が行われ、やがて下流へと移出する。このシステムは水系として連続的に行われる。

　Vannote,R.L, the others（1980年）はこの動態を「河川連続体の概念」として提起している（**図4-2**）[7]。近年の研究では河川を"まとまり"のある1つの生態系として取り扱う場合は、この連続体の構造として流域全体を物質系として捉えることの重要性が認識されている。

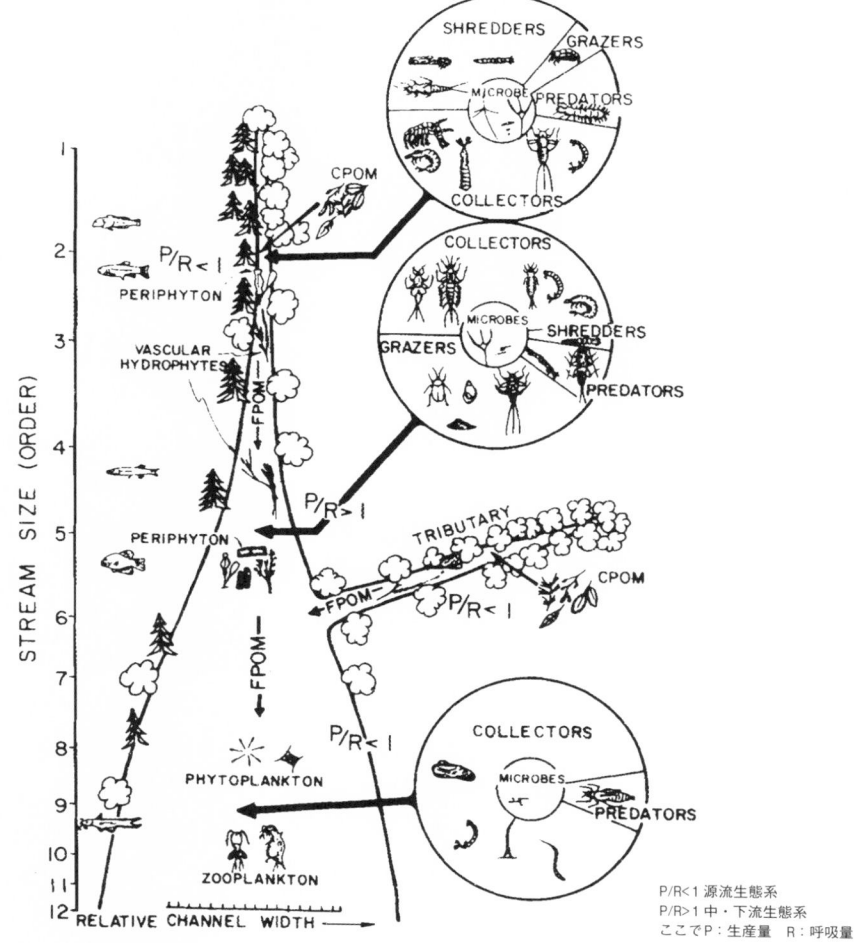

図4-2　河川連続体の概念（Vannote,R.L,1980）[7]

4-1-2　攪乱の要因と応答

　河川生態系は河川流域からの洪水流出や渇水などの流量変動による動的で短期的な影響を受ける。また、河川は堰・ダムなど横断する構造物により長期的な影響を受け続ける。これらにより、生物相の生息環境が著しく改変され、生物種の多様性を劣化させる。例えば、発電ダムなどによる取水のため下流への

流量の低下をもたらし、河川環境の悪化を招いてきた。その事例は、1-4節「もう一つの利根川―トンネルの河（水力発電と導水路）」で示した。流量低下に伴う環境悪化を防ぐため、全国の河

表4-1　河川生態系の攪乱と要因[8]

要因別	攪乱事象
人為的要因	水質汚濁、堰・ダム建設、河川改修など
自然的要因	洪水、渇水、火山泥流、温泉水・酸性水など

川では生態系保全を図る目的で維持流量が検討されるようになった。また、流域からの汚濁排水は水質を悪化させ、藻類・魚類などの生息環境に大きな影響を与え、1960年代から70年代には水質汚濁は公害問題として人間を含む生態系への大きいダメージを与えた。これらは生態系へのインパクトとなり長期的に影響を及ぼすことになる。

　このように本来の潜在的な河川生態系は、人為的、自然的の2つの要因による攪乱を受け、重層的なダメージを負ってきたものが多い。河川生態系の攪乱をもたらす要因を整理したものを**表4-1**[8] に示す。人為的な要因には水質汚濁、堰・ダム建設、大規模な河川改修工事などが挙げられる。一方、自然的な要因は洪水・渇水、火山泥流、酸性水・温泉水などが存在する。河川生態系にインパクトを与えるこれらの事象を攪乱といい、それに対する生態系の応答（response）が最大の関心事となり、生態系の劣化が何をもたらすのかが河川の環境管理の課題となるが、ここでの「応答」は生物種の多様性や現存量（standing crop）を時間の関数として示すことになるが、河川生態系にとってこれらの攪乱は絶えず重複していることが多い。その攪乱の規模と質によっては回復が困難であったり、再生に長い時間を要する場合がある。

　河川の生態系において、一次消費者（primary consumer）である底生動物の生息場は河床砂礫の微生息場（micro habitat）であり、洪水・渇水などによる掃流力の増減、濁水などの物理・化学的環境の変化の影響を受けやすいため、生息場の健全性を評価するのに有効な環境指標（environment indicator）[9]である。生息場は、洪水時の河床の土砂移動や流況変動による攪乱で影響される短期的なインパクトの場合と、堰・ダムなどのように長期間にわたり影響するインパクトの場合によって、その後の「応答」が大きく異なる。このような応答の違いは、底生動物が影響を評価する指標となり得ることを示唆してい

る。近年、底生動物を指標とした研究が
多数報告されている。このうちLake[10]
は攪乱とそれに対する生物の応答を
Pulse型、Press型およびRamp型に分
類している（**図4-3**）[8]。Pulse型は洪水
のような短期間に生じる攪乱、Press型
は急激に攪乱が生じ、その後一定のレベ
ルを維持するダム設置の場合や、土石流
や人為的河道改変により生じる攪乱に相

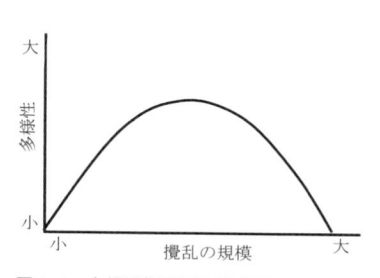

図4-3　攪乱と生物の応答（Lake,P.S.[11]）

当する。また、Ramp型は攪乱の強度や応答が経時的に増加し、減少する渇水
のような攪乱に相当する。

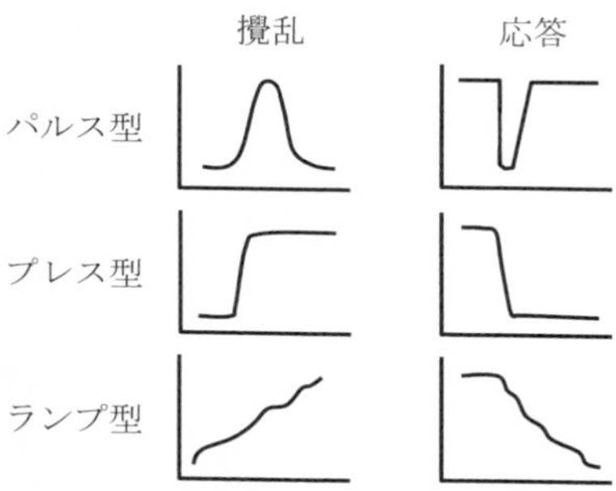

　Pulse型インパクトが底生動物群集に与える影響に関しては、御勢は生態学
の研究の立場から吉野川における伊勢湾台風後の底生動物群集の回復過程を調
査している[12]。また、渡辺らは土木分野の立場から人為的なインパクトを想定
し、底生動物の回復予測モデルの適用を行っている[13]。しかし、ダムなど人為
的構造物のPress型を意識し、上下流を対象とする洪水現象が底生動物の群集
構造に与える影響の違いを研究した事例は多くないのが現状である。

4-2　生物の多様度と中規模攪乱説の検証

4-2-1　洪水攪乱と生物多様性

　一般的に攪乱は生物種間の競争排除を妨げる働きがあるが、規模や頻度によ
りその機能は大きく変化する。攪乱の規模が大きすぎると回復に要する時間が
長く、種の減少を招く場合もある。反対に
小さすぎると十分に競争排除を抑えること
ができない。すなわち、攪乱の規模（流量，
洪水頻度など）が大きくとも小さくとも種
の多様性は小さくなる。したがって、多様
性を保つには適度な攪乱が必要とされる
（**図4-4**）。これはConnel（1978年）中規

図4-4　中規模攪乱説の模式図

模攪乱説（intermediate disturbance hypothesis）[14]と呼ばれ、植物性プランクトンや陸上植物などを対象とした調査により、広く確認されている。

　この理論をもとに攪乱規模と生物動態の関連性を確認するため、統計的な取扱いをもとに解析を行っている。著者と諸田は、河川における生物多様性を評価する場合の研究[15]として、底生動物を指標に、自然度の高い河川においては、豊水流量の超過確率と生物の多様性を表すSimpson指数[注1]の関係が上に凸の2次式となることを明らかにしており、適度な攪乱頻度が存在することを指摘し、中規模攪乱説を実証している[15]。しかし、上記の研究は自然河道でダムなどの人為的な構造物が存在していない河川事例のため、短期的なPulse型のインパクトの現象を条件としている（3章2節を参照）。今後はダムの存在のもとで洪水を模した人為的なダム放流を想定した影響予測、実際の洪水現象が底生動物の群集構造や多様性に与える影響を明らかにすることが必要になると考えられる。

4-2-2　Pulse型/Press型の攪乱

　従来の研究・調査では攪乱規模を示す代表値として年最大・最大日流量、60日流量、標準偏差が使われることが多い。しかし、生物調査が少ないなど攪乱の応答を十分説明できていない[16]。以下に示す秋川・北浅川・平井川の例では攪乱規模となり得るものとして流量変動に着目し、統計的確率手法から算出した1年間における豊水流量の超過確率を適用している。また、渇水流量に対しては超過確率の検討を行い、河川の年間流量特性は流況曲線を用いている。すなわち、95日目、185日目、275日目、355日目の日流量をそれぞれ豊水流量、平水流量、低水流量、渇水流量として指標化している。ここでは豊水流量を洪水攪乱が起こり得る流量と仮定し、これを超え得る確率、つまり超過確率を攪乱規模に相当する値と定義している。年間の日流量の度数分布は対数正規分布

注1）　Simpson指数SI（Simpson Index）：生物群集の多様性を評価する指数で、下記の式で表される。
　　Simpsonの多様性指数と呼ばれている。
　　　　$SI = 1 - \Sigma (n_i/N)^2$
　　ここで、n_iは個々の種における湿重量、Nは種ごとの総湿重量である。
　　　3-2-2項に示した事例ではSimpson指数を求める生物量として、湿重量を用いている。

に従う。よって、この対数正規分布から任意の豊水流量の超過確率X(%)を求めることができる。これは1年間の中規模洪水から大規模洪水の攪乱頻度を表す指標となり得る。さらに、洪水だけでなく、渇水によっても底生動物相に対して攪乱が起こり得ると考えられる。したがって、流況曲線において355日目にあたる渇水流量も攪乱頻度の指標になり得ると仮定し、この非超過確率と底生動物のSimpson指数（SI）の関係を検討している（3-2節（4）「河川流量と底生動物群集の動態」を参照）。

　秋川、北浅川および平井川において攪乱規模としての豊水流量の超過確率と多様性を表すSimpson指数（SI）の関係を示している（再掲図4-5）。横軸に豊水流量の超過確率、

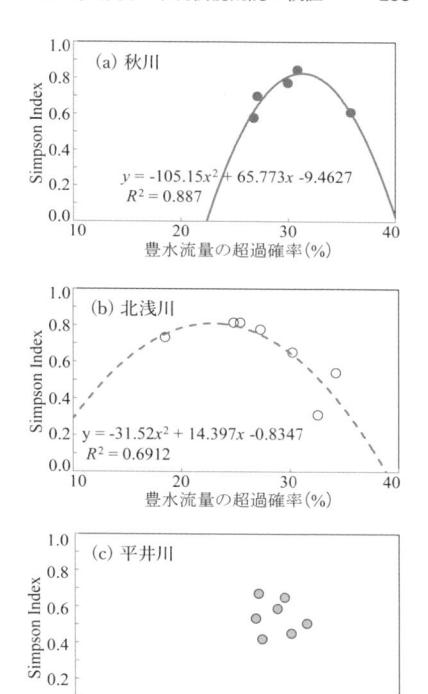

図4-5　洪水攪乱の頻度とSimpson Index

縦軸にSimpson指数（SI）をとり、プロットされた点に対して、2次曲線の近似を試みた。その結果、秋川、北浅川で相関性のよい近似が得られている。自然度の高い秋川においては流量の一部に欠測もあるが、最大値をもつ凸型の2次曲線に対して0.887と良い相関が得られている（**図4-5（a）** 秋川）。北浅川においても同様の検討を行った結果、秋川と同じく2次曲線に近似する関係を示した（**図4-5（b）**）。北浅川は相関性については秋川ほどには高くない。

　したがって、この2次式を中規模攪乱曲線（intermediate disturbance curve）と定義すれば、一般的に次のように示される。

$$y = -ax^2 + bx + c \qquad (1)$$

ここで、y：多様度あるいは種類数、x：攪乱頻度あるいは規模、a, b, c：河道の

流況特性で決まる係数である。式（1）を攪乱頻度xで微分してゼロとすると多様性指数を最大にする超過確率の値が求められる。

　一方、12年間にわたり連続的に河川改修工事が実施された平井川は豊水流量の超過確率と生物多様性との間に有意な関係は見られない（**図4-5（c）**）。この結果は、ほぼ1か所にプロットが集中していることから、河川改修工事が長期に続いたためPress型の攪乱の典型例と言える。

　さらに渇水流量の非超過確率と底生動物のSimpson指数を検討している。その結果、秋川ではあまり有意な関連性は見られなかったが、北浅川においては最大値を持つ2次曲線と相関の高い状態で近似されている。自然度の高い秋川でこれらの関係が明確に現れなかったため、渇水による攪乱と生物多様性との関係を考察する手法としてはさらなるデータを蓄積した上での検討が必要である。

　以上の検討より、多摩川水系において自然度の高い河川では流量変動による攪乱頻度と底生動物群集との関係は豊水流量としての中規模洪水攪乱によって説明でき得ると考えられる。これは攪乱が競争排除を妨げる働きをし、強すぎると個体数が回復されず多様性が減少する。反対に攪乱が弱すぎても競争排除を止めることができない。適度な攪乱がある状態で多様性は最大になるというConnell（1978年）[14], [17]の中程度攪乱説を検証していることになる。

　したがって、底生動物にとって最も高い多様性を保つ攪乱頻度が存在することをこの手法で確認することができるものと考えられる。この研究の解析結果を整理すると、**図4-5**に示すように秋川では年間で豊水流量を超え得る確率31.3％のとき最も高い多様度を示すと推定できる。多様性をSimpson指数で示すと、このときの最大値は0.823である。北浅川は豊水流量の超過確率は22.8％のときSimpson指数0.809となり最大値を示した。さらにSimpson指数が最も高い値を示す渇水流量の非超過確率は北浅川では6.9％であり、このときのSimpson指数0.850である。

4-3　河川生態系の回復に向けて

　前節では河川生態系と攪乱の関係を主に底生動物を指標として述べてきた。E.P.Odumが述べているように水の流れは溶存気体や栄養塩の濃度に大きな影響を与えるだけでなく、種のレベルの制限要因として、あるいは群集レベルの生産を増加させるエネルギー補助として直接作用する。そのため、川の中の動物や植物の多くは流水の中で自らの位置を維持するために形態的、生理的に適応している。河川という特殊な環境では明確な耐性の限界を持っていることが知られている。一方、水の動きは生物生産力を高めるエネルギー補助として湿地生態系においては生産力の鍵になる。湿地林では増水や水位変動は生産力を高める補助となり、流れは「停滞」より「ゆっくりした流れ」が、さらに「季節的洪水」は生産力を一層増大させることをConnerとDayは彼らの研究（1976年）の中で紹介している。本研究で対象とした底生動物は、Pulse型の洪水では、御勢らが示した**図4-6**のように、吉野川における伊勢湾台風後の底生動物の現存量の増加が河川の上流から下流に向かって見られ、かつ各箇所の現存量が極相（climax）にいたるまで数年を要していることが分かる。この数年の間には中小規模の洪水攪乱があったとしても着実に回復することを意味している。これは河川が洪水や渇水という動的インパクトがあっても生態系は時間とともに「動的安定」を保つことができることを示している。しかし、Press型の攪乱では完全な生態系の再生を図ることには限界があり、人間の直接的、補完的な手法によって回復を図ることが試みられている。

　近年は自然再生、生物多様性を図る動きが見られるものの、河川のダム下流での維持流量の確保だけでは、生物多様性の保全、さらにはダム建設以前と同じような生物相を回復させること

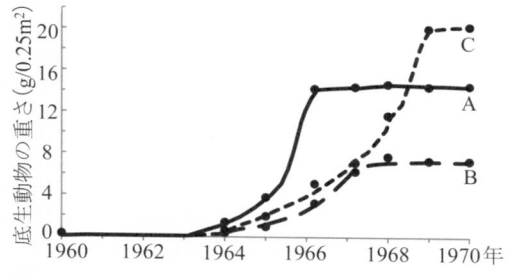

図4-6　吉野川における伊勢湾台風後の底生動物の現存量の増加曲線　A:筏場（最上流）, B:迫（上流）, C:上市（中流）（御勢[12]）より引用）

は極めて困難である。我が国の河川は台風・梅雨期の洪水によるダイナミックな流況変動が特徴であるが、ダムは土砂供給量を減少させるとともに洪水流量を貯留し、平滑化させるため、下流への攪乱の強さを弱めるとともに、その頻度を減少させる。このため、ダムのさらなる有効活用を行うことによって河川本来のより自然な流況を取り戻し、河川環境を回復させる試みが試験的に実施されている。ダムなどにより流量コントロールや下流への土砂供給量の減少などの人為的インパクトを受けた河川においては、ダム下流の河川環境改善を目的としたフラッシュ放流試験、ならびにダム貯水池に堆積した土砂の排砂、置き土還元試験が実施されるようになってきた。これらの対策の調査も重要である。今後は限られた水資源を利用した河川生物の生息環境の改善、生物多様性の保全には効果的なダム放流量の規模や頻度を導き出すことが課題となる。さらに近年の激甚化する水害の軽減策としてのダム事前放流による効果的な中規模攪乱曲線を意図したダム放流を試験的に行い、生態系の回復と治水の効果を検証する取り組みに期待したい。

参考文献

1) Tansley, A. G.：The use and abuse of vegetational concepts and terms, Ecology, Vol.16, No.3, pp.284-307, 1935.
2) Odum, E. P. 著、三島次郎訳：基礎生態学、培風館、pp.10-11、1991 年
3) Hutchinson, G. E.：Circular causal systems in ecology, Ann. New York Acad. Sci., Vol.50, No.4, pp.221-246, 1948.
4) Odum, H. T.：Environment, power, and society, New York: Wiley-Interscience, 1971.
5) 三島次郎：トマトはなぜ赤い―生態学入門―、pp.14-18、1992 年
6) 沖野外輝夫：河川の生態学、共立出版、p.13、2002 年
7) Vannote, R. L., G. W. Minshall, K. W. Cummings, J. R. Sedell and C. E. Cushing：The river continuum concept, Canadian Jour. Fisheries & Aquatic Sciences, Vol.37, pp.130-137, 1980.
8) 土屋十圀：河川改修技術と生態変動の評価―水域環境のためのエコテクノロジーの評価と研究の視点―、平成 9 年度土木学会全国大会研究討論会 17 資料、p.11、1997 年 9 月
9) 波多野圭亮、竹門康弘、池淵周一：貯水ダム下流の環境変化と底生動物群集の様式、京都大学防災研究所年報、48 号 B、pp.915-934、2005 年
10) Lake, P.S.：Disturbance, patchiness, and diversity in streams, Journal of the North American Benthological Society, 19, pp.573-592, 2000.
11) 小倉紀雄、山本晃一：自然的攪乱・人為的インパクトと河川生態系、技報堂出版、pp.263、2005 年

12) 御勢久右衛門：大和吉野川における瀬の底生動物群集の遷移、日本生態学会誌、Vol.18、No.4、pp.147-157、1968年

13) 渡辺幸三、吉村千洋、小川原亨司、大村達夫：Pulse型の人為的インパクトを受けた河川底生動物の回復予測モデル、土木学会論文集、No.748/Ⅶ-29、pp.67-79、2003年

14) 宮下直、野田隆史：群集生態学、東京大学出版会、pp.59-61、2003年

15) 土屋十圀、諸田恵士：底生動物群集の多様性に及ぼす流況の確率論的特性、水文・水資源学会誌、第18巻、第5号、pp.521-530、2005年

16) 江村歓、玉井信行、松崎浩憲：生態的なフラッシュ流量に関する考察と貯水池の連結操作による流況の改善について、土木学会・環境システム研究、pp.415-420、1997年

17) Connell, J. H. : Diversity in tropical rain forests and coral reefs, Science, Vol.199, No.4335, pp.1302-1310, 1978.

あとがき

　本書の執筆の終盤、2023年7月、梅雨前線の影響で西日本を中心に発達した雨雲がかかっていた。その後、福岡県、大分県では線状降水帯が発生した九州北部では断続的に非常に激しい雨が降り12時間降水量は英彦山358.5ミリ、耳納山357.0ミリの観測史上1位の記録的な大雨となった。「大雨特別警報」が発令された両県では、線状降水帯による集中豪雨により、土砂災害や河川の氾濫で尊い命が奪われた。筑後川の支川赤谷川などの集落では2017年7月の九州北部豪雨でも大きな被害となった地域である。この地域の山間部は花崗岩が広く分布し、これが風化して真砂土となり豪雨域で流木を伴う土砂災害が発生している。また、大分県側の筑後川水系花月川の支川小野川は水を巧みに利用した水車でも知られる朝鮮渡来の小鹿田焼のふるさとである。耶馬渓谷を流れる山国川は石造りの名橋が多い川で知られている。かつて、視察の折、大分県庁の大学時代の旧友に案内されたこともあり、人命とともにこれらの歴史的伝統遺産も無事であることを念じた。

　最近、日本列島に発生した線状降水帯のうち被害の大きな豪雨水害は、2012年7月の九州北部豪雨水害から2021年までの10年間に7回発生している。また、同期間に被害の大きな台風は4回であった。線状降水帯に対する防災・減災対策の重要性が喫緊の課題となっている。気象庁気象研究所は1995〜2009年の豪雨を解析し、台風に直接影響しない集中豪雨261事例のうち、線状降水帯に伴う豪雨は約6割の168事例に上ったことを明らかにしている。このうち105事例（約6割）が九州地方を含む西日本・南日本で発生している。気象庁が2022年6月からはじめた線状降水帯の気象予測の技術開発に改めて期待したい。

　2023年の夏の天気に関する気象庁と気象研究者の見解では、「気象に影響を及ぼす現象に3つの異常がある」と指摘している。即ち、「太平洋熱帯域の海面水温が高い中・東部のエルニーニョ現象に加えて、太平洋の熱帯域で東風が

強くなり、この海域の海面水温が低くなるラニーニャ発生時の『名残』がある。」これは「ラニーニャ発生時に太平洋西部に暖かい海水が留まっていることであり、2021年から続いている」更に、「インド洋熱帯域西部の海面水温の高さである」という。いずれにしても赤道直下の3つの熱帯域の広範囲で海面水温が高いことで、日本でも暑い夏になる可能性があることを指摘していた（毎日新聞）。その後、日本列島は40℃に近い記録的な猛暑の夏が続いている。

　上記のように、異常気象が次々に発生する下で、地球温暖化の記録更新が続く中、国連のグテーレス事務総長は「気候変動が制御不能に陥っていることを示している」、「最も必要な対策は温室効果ガスを排出削減することだ」と言及し、「私たちが対策を遅らせることに固執するなら破滅的な状況に移行する」と記者団にメッセージを残した。これは2023年、西ヨーロッパ、アジア、アメリカ南部など世界各地で40℃を超える深刻な熱波が4月から6月まで続いていたことも背景にあった。

　さて、日本のCO_2排出量は世界で5番目である。温暖化対策である緩和策はもっと危機感を持って優先されなければならない重要課題である。日本政府は2021年4月閣議決定し、「2030年度までに温室効果ガス46％削減（2013年度比）を目指す」としている。しかし、この削減目標について「科学的な根拠が示されておらず、気候変動から国民の命を守るには不十分」という批判がある（学生組織「未来のための金曜日」2021年4月23日衆議院環境委員会の参考人）。一方、主要な排出源となる石炭の利用をやめる「脱石炭」の動きがヨーロッパで加速している。フランスは2022年、ギリシャは2028年と石炭火力発電所の全廃の期限を定めている。しかし、日本では石炭火力が発電量に占める割合は約3割という高い現状にある。1970年代の公害問題では被害者と企業との裁判では因果関係の科学的根拠に対して蓋然性を根拠にして社会的な合意が図られてきた。地球の気候変動と温暖化はかつての時代以上に、世界の研究者の英知によって科学的にも明らかにされている。世界のCO_2排出量の最も多い日本を含む先進9ケ国とEUが野心的な削減目標を高め、実行しなければ気候変動が「制御不能」になるかもしれない。

　2023年の夏に発生している線状降水帯による九州・筑後川、東北・雄物川

の被害状況はそれを象徴しているような河川氾濫・土砂災害の被害である。住民は突然襲われる豪雨と河川氾濫に悲鳴を上げている。かつて、河川災害は台風などの豪雨による自然災害という認識のもと、世論は「天災論」が定着していたが、もうそのような時代ではない。地球は人新世の時代と言われるように新たな年代に突入している（人新世の提唱者：オゾン層の形成の研究でノーベル化学賞受賞者パウル・クルッツェン）。気象危機下の現在、治水対策の現場は、異常な豪雨現象に対して、西に、東へと「もぐらたたき」のように翻弄されている。かつて中国の禹王の故事に習い、「水を治める者は国を治める」と言われてきた。天災論が通用しない時代、益々その責任が重くなっている。

　最後に、筆者が河川の治水や環境に関わる仕事や研究に興味を持ってこれまで半世紀以上になる。回想すると厳しい指導を受けた院生時代の林泰造中央大学教授（当時国際水理学会会長）の下で、川や海域の水理実験は膨大なデータを測定し、写真は研究室で現像し、手動のタイガー計算機を使い、正確で厳密な研究が求められた。実験は内外の研究者を迎えて行われた。この頃、治水に関して影響を受けた著書は高橋裕著「国土の変貌と水害」（1971年岩波新書）でもあった。

　社会人では東京都土木技術研究所河川研究室の水理・水文・環境の分野の研究に没頭し、降雨や河川水位の観測機器の管理とデータの収集のために台風と豪雨があればいつでも被災現場に向かった。当時、テレメーター機器など高度情報システムもないアナログの時代であった。都市河川の中でも、神田川は1958年から20年間に19回の浸水被害を出し、東京都は10年近い水害裁判が続いた。詳細は2014年上梓の「激化する水災害から学ぶ（鹿島出版会）」をご覧いただきたい。また、「総合治水対策」の始まりで貯留・浸透技術の開発とマニュアル作りに追われた。

　その後、大学に赴任することになり、主に、研究の対象を利根川、多摩川の首都圏の主要な河川において、研究室の学生たちと調査・研究を行ってきた。本書では第Ⅱ部の環境に関わる分野では、河川調査で次々に謎の課題が発生し、これを解き明かし、新たな知見を得ることで、更に前進することができた。改めて「教学相長」の想いで当時の学生たちに感謝する次第である。ここに、

学会発表の研究論文などの一端を掲載し紹介している。

　また、筆者が河川生態系に関わる水質や底生動物の調査を行うようになった背景には主に二つある。一つに1960〜70年代は水俣病、イタイイタイ病など公害問題が社会の大関心事であり、大きな影響を受けた。著書では小林純著「水の健康診断」（1971年岩波新書）であった。隅田川をはじめ悪臭が続いた全国の河川の水質・大気は悪化し、人間の健康と命が破壊されていた。しかし、公害対策基本法が成立し、河川・湖沼・海の水域ごとに環境基準が制定され、規制が強化された。その結果、下水道の水処理技術が高度処理へと進展し、環境行政の成果に現れ、今日に至っている。

　二つめは、少年の頃、近くの千曲川河畔で夏は釣りや川遊びで夢中になり、つりのエサは川で現地調達し釣りに興じていた。河床の浮石の裏にはトビケラ、カゲロウの幼虫などの「ザザ虫」をたくさん捕まえた。早瀬で竿をさし、ハヤ、ウグイなどを釣った体験がある。しかし、伊勢湾台風で大洪水があり、しばらくの間、川はどこも濁水でエサも取れず、さっぱり釣果はなかった。川虫や魚は洪水でどこに消えてしまったのか不思議であった。魚たちは洪水時、水中の酸素も少なくなり、淀んだ流れの水面に口を上げ、水辺の植生の近くに避難している様子をしばしば観察した。洪水であふれた水田の水が引くころ、いままで支川や農業水路に逃げ込んでいた魚が川に戻る様子がしばしば見えた。水の流れは連続性があるから彼らは自由に移動ができる。これらの避難場所、即ち、ストックヤードは川の生物の重要な生息空間であることを後から知ったのであった。

　最後に、本書を上梓するにあたり、第Ⅰ部の水害に関する調査では全国の直轄河川を管理している国土交通省の現地の河川事務所をはじめ、東京都、岩手県、久慈市、岡山県、長野県の各自治体の河川管理者からはご多忙の中にも関わらず資料収集では大変お世話になりました。第Ⅱ部の河川の環境に関する調査では資料収集や情報に関しては、国土交通省利根川ダム統合管理事務所、高崎河川国道事務所、品木ダム水質管理所をはじめ、群馬県庁、群馬県衛生環境研究所、川場村、水資源機構利根導水総合管理所並びに東京都建設局、環境局、

下水道局に改めて感謝申し上げます。

　本書の執筆作業は大学退職後のコロナ禍のパンデミックを含む約10年間の現地調査および学会への報告や論文作業によって、遅々として進まなかった。しかしながら、最後に、本書を上梓することができましたのは、（株）丸善プラネットの水越真一総括部長のご理解とご協力を戴き出版の機会を得ることができました。ここに深く謝意を表する次第です。

　　2023年　猛暑の文月にて　　　　　　　　　　　　　　　　土屋　十圀

土屋十圀（つちやみつくに）

著者略歴
1946年 長野県生まれ
1972年 中央大学大学院理工学研究科修士課程土木工学専攻修了
1972年 東京都庁建設局勤務、東京都土木技術研究所河川研究室にて、河川の水理・水文・環境の研究に従事
1988年 東京都土木技術研究所河川研究室主任研究員
1998年 前橋工科大学工学部建設工学科（現・社会環境工学科）教授、工学部長・副学長を歴任
2006年 中央大学大学院兼任講師、同大学理工学研究所客員研究員
2012年 前橋工科大学名誉教授、2015年芝浦工業大学講師（非）、上智大学特別講師を歴任

専門は河川工学・環境水理学・水文学・自然共生システム論
博士（工学・東京工業大学）、技術士（建設部門）

学会活動
土木学会フェロー終身会員、水文・水資源学会、日本自然災害学会、日本水環境学会、国際水理学会、国内の河川・水害調査、フランス・スイス・ドイツ・米国・中国等の河川調査に参画

主な単著・共著書
『都市の中に生きた水辺を』信山社（1996）
『水文・水資源ハンドブック』朝倉出版（1997）
『親水工学試論』信山社サイテックス（2002）
『水ハンドブック』丸善出版（2003）
『水環境ハンドブック』朝倉出版（2006）
『全世界の河川辞典』丸善出版（2013）
『激化する水災害から学ぶ』鹿島出版会（2014）
「環境水理学」土木学会（2015）

気候危機―激甚化する川・劣化する川

2023 年 12 月 20 日　初版発行

著作者　　土屋　十圀　ⓒ 2023

発行所　　丸善プラネット株式会社
　　　　　〒101-0051 東京都千代田区神田神保町二丁目17番
　　　　　電話 (03) 3512-8516
　　　　　https://maruzenplanet.hondana.jp

発売所　　丸善出版株式会社
　　　　　〒101-0051 東京都千代田区神田神保町二丁目17番
　　　　　電話 (03) 3512-3256
　　　　　https://www.maruzen-publishing.co.jp

組版・印刷・製本　富士美術印刷株式会社
ISBN　978-4-86345-550-4　C3040